普通高等教育"十三五"规划教材 风景园林与园林系列

园林绿化工程概预算

鲁敏 ◉ 主编　　陈强　姜玲　刘大亮　程正渭 ◉ 副主编

化学工业出版社

·北京·

《园林绿化工程概预算》共九章，主要包括：园林绿化工程概预算基础、园林绿化工程定额、工程量"清单计价"概述、园林绿化工程工程量计算方法、园林绿化工程工程量清单计价编制与示例、园林绿化工程工程量清单计价应用实例、园林绿化工程施工图预算的编制、园林绿化工程预算审查与竣工结算及园林绿化工程预算经济管理。理论结合实践案例说明，条理清晰，言简意赅。

　　《园林绿化工程概预算》不仅可作为高等教育本、专科院校园林专业师生的教学参考书和教学教材用书，也可作为广大园林绿化工程预算人员、工程造价人员、审计人员、工程项目经理及工程管理人员使用的工具书，也是初学工程造价、概预算专业人员的良师益友。

图书在版编目（CIP）数据

园林绿化工程概预算/鲁敏主编. —北京：化学工业出版社，2015.9（2022.3重印）
普通高等教育"十三五"规划教材·风景园林与园林系列
ISBN 978-7-122-24105-4

Ⅰ．①园…　Ⅱ．①鲁…　Ⅲ．①园林-绿化-建筑概算定额-高等学校-教材②园林-绿化-建筑预算定额-高等学校-教材
Ⅳ．①TU986.3

中国版本图书馆CIP数据核字（2015）第112781号

责任编辑：尤彩霞		文字编辑：谢蓉蓉
责任校对：王　静		装帧设计：韩　飞

出版发行：化学工业出版社（北京市东城区青年湖南街13号　邮政编码100011）
印　　装：北京捷迅佳彩印刷有限公司
787mm×1092mm　1/16　印张17　字数440千字　2022年3月北京第1版第7次印刷

购书咨询：010-64518888　　　　　　　　售后服务：010-64518899
网　　址：http://www.cip.com.cn
凡购买本书，如有缺损质量问题，本社销售中心负责调换。

定　　价：42.00元

《园林绿化工程概预算》
著作者人员名单

主　　　编：鲁　敏

副　主　编：陈　强　姜　玲　刘大亮　程正渭

其他参编人员：李科科　赵　鹏　冯兰东　王　菲　杨盼盼

刘顺腾　刘　佳　贺中翼　王恩怡　宗永成

景荣荣　丁　珍　陈嘉璐　吴　芹　崔　琰

郭　振　李　成

前　言

　　《园林绿化工程概预算》是依据国家最新颁布并于2013年4月1日开始执行的《建设工程工程量清单计价规范》（GB 50500—2013）（以下简称《清单计价规范》）编写而成的。新规范总结了《建设工程工程量清单计价规范》（GB 50500—2008）实施以来的经验，针对执行中存在的问题，修订了原规范正文中不尽合理、可操作性不强的条款及表格格式。新标准的颁布实施有利于促进我国工程造价管理职能的转变，有利于规范市场计价行为、规范建设市场秩序，有利于适应我国加入世贸组织和与国际惯例接轨的要求，同时对全面提高我国园林绿化工程造价管理水平具有十分重要的意义。

　　本书以市场需求和行业发展为导向，以职业岗位标准为基础，吸取了工程量清单计价方面的最新内容，系统阐述了园林绿化工程概预算的基本知识、费用组成及计价原理，对传统的定额计价与现行的清单计价模式做了全面的比较；在阐述全面执行《清单计价规范》要点及工程量清单和清单计价的概念、依据的基础上，既规定了工程通用部分的工程量清单和清单计价编制的原则，又分别介绍了园林分部分项工程与措施及其他项目的工程量清单和清单计价编制的过程和技巧；根据建设工程在招标投标中采用工程量清单计价的需要，既论述了工程量清单与现有定额、工程成本报价之间的关系，又具体汇总了与工程量清单计价密切相关的工程造价、利润、税（率）费、人工费、机械台班费、运费及材料损耗费（率）等内容。

　　本书做到理论与实践相结合，将现实园林绿化工程施工经验和概预算的编制实例融入到各章节中去，知识全面、内容翔实、概念清楚、观点新颖、注重规范性，有基本理论，也有操作方法、技巧和策略，具有很强的实用性、指导性和可操作性。

　　本书不仅可作为广大园林绿化工程预算人员、工程造价人员、审计人员、工程项目经理及工程管理人员使用的工具书，还可作为大专院校园林专业师生的教学参考书和教材，同时本书也是初学工程造价、概预算专业人员的良师益友。

　　在此书编写过程中，参考了部分相关成果和资料，在此，向有关书籍的作者表示感谢。还有孔亚菲、秦碧莲、刘功生、郭天佑、赵学明、李达、闫红梅、郑国强、孙晓红、高凯也参与了部分编写工作，在此一并致谢。

　　由于新的《建设工程工程量清单计价规范》刚颁布实施，有些配套条件尚不健全，有诸多问题有待研究探讨和完善，加之时间仓促，疏漏和不妥之处，欢迎批评指正。

编者

2015年6月

目　录

第一章

园林绿化工程概预算基础

对于任何一项工程，都可以根据设计图纸在施工前确定工程所需要的人工、机械和材料的数量、规格和费用，预先计算出该项工程的全部造价，即工程概预算。

园林建设工程需要投入一定数量的人力、物力、财力，经过工程施工创造出园林产品，园林工程的直接产品是通常所称的园林景观。其中包括：园林建筑、园林小品、园林植物、假山、水景等工程。园林建设工程，属于基本建设工程，必须遵守基本建设程序。通常意义上，综合性园林绿化施工建设工程包含两大方面：一是园林绿化施工与养护工程（简称绿化工程）；二是园林（土建）工程（简称园林工程）。

园林绿化工程主要包括种植施工和养护两部分。种植施工就是把种植设计的平面图立体化，让设计理想成为现实；园林养护，即对种植施工后的绿地进行科学的养护管理，完美体现绿化设计的意图，最终充分发挥绿地的功能和作用。因此，在园林绿化工程中，施工人员既要具备理解设计图纸所表达的意图的能力，又要掌握现场施工的相关技能，如苗木的选择、掘苗、苗木的包装运输、种植、修剪和养护管理等技术内容。绿化工程范围包括栽植土工程，植物材料选配，树木栽植工程，草坪、花坛、地被栽植工程，运动型草坪工程，大树移植工程等。园林工程范围包括园林土方工程、园林建筑与小品工程、假山与置石工程、水体与水景工程、园路与广场工程、园林给排水工程及防水工程、园林供电工程、园林装饰工程等方面内容。

园林建设消耗的人力、物力、自然资源等，都需要一定的费用支出。而园林建设产品的形式、规模、造型、标准等千变万化，承担园林建设的单位不同，所需人力物力也不同，不能用简单、统一的定价。然而，园林建设产品，又具备许多共性，因而园林工程建设施工作业，也有统一的模式和方法。园林绿化工程概预算作为一门专业学科，主要研究如何根据园林绿化工程的特点，依据施工图或设计要求，根据各具体的施工条件及施工技术经济指标等，先行计算出拟建园林绿化工程施工项目所需人工、材料、机械等的数量及费用，最终估算出全部工程造价的方法。

园林绿化工程概预算涉及很多方面的知识，如正确理解图纸、施工的工序及技术、预算定额等的相关法规文件及材料价格、人员工资等社会生产力资源的有关资讯，园林绿化工程项目划分、工程量计算方法和取费标准等。了解并掌握这些知识，是进行园林绿化工程概预算的基础。

现行的园林建设工程计价方法，包括"工程量清单计价法"（以下简称"清单计价"）编制的概预算和"工程概预算定额计价法"（以下简称"定额计价"）编制的概预算两种。为了便于适应各地方实行的不同的园林建设工程概预算方式，以及人们传统习惯上的概预算的计算方法，本书将同时介绍"清单计价"和"定额计价"两种方法的有关内容。

第一节　园林绿化工程概预算概述

一、园林绿化工程概预算的基础知识

（一）园林绿化工程概预算的概念

1.园林绿化工程概预算的一般概念

（1）建设工程概预算　施工单位在开工之前，根据已批准的施工图纸和既定的施工方案，按照现行的工程预算定额或工程量清单计价规范计算各分部分项工程的工程量，并在此基础上，逐项套用或计算相应的单位价值，累计其全部直接费用；再根据各项费用取费标准进行计算；直至计算出单位工程造价和技术经济指标，进而根据分项工程的工程量分析出材料、苗木、人工、机械等用量。

（2）园林绿化工程概预算　一方面是指在园林建设中，根据不同的建设阶段设计文件的具体内容和有关定额、指标及取费标准，对可能的消耗进行研究、预算、评估；另一方面指对上述研究结果进行编辑、确认进而形成相关的技术经济文件。

（3）园林绿化工程概预算学　园林绿化工程概预算是研究如何根据相关诸因素，事先计算出园林建设所需投入等方法的专业学科。主要内容包括以下几方面：

① 园林绿化工程概预算相关的因素　影响园林绿化工程概预算的因素非常复杂，如工程特色、施工作业条件、技术力量条件、材料供应条件、工期要求等。以上诸因素，对园林绿化工程概预算的结果都有直接影响；相关法律法规，对园林绿化工程概预算的具体方法、程序等又有相关的要求。

② 园林绿化工程概预算的方法　根据不同的目的，园林绿化工程概预算的方法不同。我国现行的工程预算计价方法有"清单计价"和"定额计价"两种。对计算方法的研究主要包括：工程量计算、施工消耗（使用）量（指标）计算、价格计算、费用计算等。

③ 园林绿化工程技术经济评价　主要是对规划设计方案的评价、对施工方案的评价等。

2.广义的园林绿化工程概预算

就学术范围而言，园林建设投入应包括自然资源，历史、文化、景观资源以及社会生产力资源的投入与利用。

广义的园林绿化工程概预算应包括对园林建设工程所需的各种投入量或消耗量，进行预先计算，获得各种技术经济参数，并利用这些参数，从经济角度对各种投入的产出效益和综合效益进行综合比较、评估等的全部技术经济的系统权衡工作和由此确定的技术经济文件。

3.综述

为了达到园林建设的目的，保证投资效益，园林建设需要根据项目自身的特点，对拟建园林建设项目的各有关信息进行甄别、权衡处理，进而预先计算工程项目所需的人工、材料、费用等技术经济参数。园林绿化工程概预算的中心目的是通过对项目的投入、产出效益进行权衡、对比，获得合理的工程投入量值或造价。主要包括：

（1）获得各种技术经济参数

① 工程投入　计算项目建设所需的人工（人员、工种、数量、工资）、材料（材料规格、数量、价格）、机械（机械种类、配套、台班、价格）等的用量。

② 价格　计算园林绿化工程项目建设所需的相应费用价格。

（2）确定技术经济指标

① 人工　确定人员、工种、数量、工资等的消耗指标（劳动定额指标）。

② 材料　确定材料规格、数量、价格等的消耗指标（材料定额）。

③ 机械　确定机械种类、配套、台班、价格等的消耗指标（机械台班定额）。

④ 价格　各项费用及综合费用指标的确定。

（3）从经济角度进行效益预测

① 自然资源投入与利用。

② 历史、文化、人文、景观资源的投入与利用。

③ 社会生产力资源的投入与利用。

④ 园林施工企业、园林建设市场的经济预测以及园林建设单位、部门对园林产品的效益预测。

（二）园林绿化工程概预算的意义

不同于一般的工业、民用建筑等工程，园林绿化工程具有一定的艺术性，由于每项工程各具特色，工艺要求不尽相同，且项目零星、地点分散、工程量小、工作面大、形式各异、受气候条件的影响较大，因此，不可能用简单、统一的价格对园林产品进行精确的核算，必须根据设计文件的要求、园林产品的特点，对园林绿化工程从经济上进行预算，以便获得合理的工程造价，保证工程质量。

1. 园林绿化工程概预算是园林建设的必要程序

作为基本建设项目中的一个类别，园林建设工程项目的实施，必须遵循建设程序。编制园林绿化工程概预算，是园林建设中的重要一环。园林绿化工程概预算书，是园林建设中重要的技术经济文件。

① 方案优选　园林绿化工程概预算是园林建设工程规划设计方案、施工方案等的技术经济评价的基础。园林建设中，通常要进行多方案的比较、筛选，才能确定规划设计和施工方案（施工组织计划、施工技术操作方案）。园林绿化工程概预算通过预算，获得各方案的技术经济参数，作为方案优选的重要内容。因此，编制园林绿化工程概预算是园林建设管理中进行方案比较、评估、选择的重要工作内容。

② 园林建设管理的依据　园林绿化工程概预算书是园林建设过程中必不可少的技术经济文件。在园林建设的不同阶段，一般有估算、概算、预算等经济技术文件；在工程项目施工完成后又有结算；竣工后，还有决算（此即"园林绿化工程预决算"；而估算、概算、预算、后期养护管理预算等则通常被统称为"园林绿化工程概预算"）。园林绿化工程概预算文件是工程文件的重要组成部分，一经审定、批准，必须严格依照执行。

2. 企业经济管理

园林绿化工程预算是企业进行成本核算、定额管理等的重要参照依据。企业参加市场经济运作，制订经济技术政策，参加投标（或接受委托），进行园林项目施工，制订项目生产计划、年度生产计划，进行技术经济管理都必须进行园林绿化工程概预算的工作。

3. 制订技术政策

技术政策是国家在一个时期内对某个领域技术发展和经济建设进行宏观管理的重要依据。通过园林绿化工程概预算，事先估算出技术方案的经济效益，能对方案的采用、推广或者限制、修改提供具体的技术经济参数，相关管理部门可据以制订技术政策。

（三）园林绿化工程概预算的用途

① 是确定园林建设工程造价的重要方法和依据。

② 是进行园林建设项目方案比较、评价、选择的重要基础工作内容。

③ 是设计单位对设计方案进行技术经济分析比较的依据。

④ 是建设单位与施工单位进行工程招投标的依据，也是双方签订施工合同、办理工程竣工结算的依据。

⑤ 是施工企业组织生产、编制计划、统计工作量和实物量指标的依据。

⑥ 是控制园林建设投资额、办理拨付园林建设工程款、办理贷款的依据。

⑦ 是园林施工企业考核工程成本、进行成本核算或投入产出效益计算的重要内容和依据。

⑧ 园林绿化工程的概预算指标和费用分类，是确定统计指标和会计科目的重要依据。

二、园林绿化工程概预算的种类

园林绿化工程概预算依据具体应用及编制依据不同，通常可分为估算、概算、预算等类型。按不同的设计阶段，一般可分为设计概算、施工图预算和施工预算三种。

1. 估算

园林建设项目立项估算：用于项目可行性研究。

① 用于园林建设项目研究从初步可行性研究中投资额估算，即对园林建设项目投资额进行比较粗略的估计，其估算投资误差范围在正负20%。

② 园林建设项目用于可行性研究中投资和建设成本估计，即用于对园林建设项目进行初步的技术经济评价，其估算投资误差在正负10%。

2. 设计概算

包括用于初步设计和详细设计的技术经济评价的投资计算。内容包括从筹建到竣工验收过程中的全部费用。设计概算是初步设计文件的重要组成部分。它是由设计单位在初步设计阶段，根据初步设计图纸，根据有关工程概算定额（或概算指标）、各项费用定额（或取费标准）等有关资料，事先计算和确定工程费用的文件。

其作用如下：

① 是编制建设工程计划的依据；

② 是控制工程建设投资的依据；

③ 是鉴别设计方案经济合理性、考核园林产品成本的依据；

④ 是控制工程建设拨款的依据；

⑤ 是进行建设投资包干的依据。

3. 施工图预算

施工图预算是指在施工图设计阶段，工程设计完成之后，工程项目开工之前，由施工单位根据已批准的施工图纸，在既定的施工方案前提下，按照国家颁布的各类工程预算定额、单位估价表及各项费用的取费标准等有关资料，预先计算和确定工程造价的文件。

其作用如下：

① 是确定园林绿化工程造价的依据；

② 是办理工程招标、投标、签订施工合同的主要依据；

③ 是办理工程竣工结算的依据；

④ 是拨付工程款或贷款的依据；

⑤ 是施工企业考核工程成本的依据；

⑥ 是设计单位对设计方案进行技术经济分析比较的依据；

⑦ 是施工企业组织生产、编制计划、统计工作量和实物量指标的依据。

4. 施工预算

施工预算是施工单位内部编制的一种预算。是指施工阶段中，在施工图预算的控制下，施工企业根据施工图计算的工程量、施工定额、单位工程施工组织设计等资料，通过工料分析，预先计算和确定工程所需的人工、材料、机械台班消耗量及其相应费用的文件。施工预算数值，不应超过施工图预算数值。

其作用如下：

① 是施工企业编制施工计划的依据；

② 是施工企业签发施工任务单、限额领料的依据；

③ 是施工企业开展定额经济管理、实行按劳分配的依据；

④ 是劳动力、材料和机械等合理调度管理的依据；

⑤ 是施工企业开展经济活动分析和进行施工预算与施工图预算对比的依据；

⑥ 是施工企业控制成本的依据。

上述类型，参见表1-1。

表1-1　常用园林概预算类型

项目	概算		预算	
	估算	规划设计概算	施工图预算	施工管理预算
用途	用于建设准备的初期初步拟定宏观投资规模的估量，权衡规划方案	1.用于规划，设计方案的经济分析比较 2.编制建设工程计划 3.权衡建设投资	1.用于招标、投标、签订合同（确定工程造价） 2.用于施工方案比较 3.是工程拨付款的依据 4.是竣工结算的依据 5.是贷款的依据	施工组织管理成本核算
精度	粗放	较粗放	精细	精细
制作单位	建设单位（或受委托单位）	设计单位	1.建设单位（或受委托单位） 2.投标单位（或施工单位）	1.施工企业 2.作业单位
制作依据	1.参照已建同类性质、同等规模园林建设项目的投资单位价格 2.概、预算定额	1.设计图 2.概、预算定额 3.相关法规、文件 4.正常施工条件 5.平均消耗标准	1.施工图 2.项目清单或项目划分 3.工艺、质量要求 4.施工现场条件 5.工期要求 6.参照预算定额及相关法规、文件 7.正常施工条件 8.平均消耗标准	1.施工图、技术交底 2.项目清单或项目划分 3.工艺、质量要求 4.施工现场条件 5.工期要求 6.参照预算定额及相关法规、文件 7.企业定额或作业单位具体管理的实际情况 8.市场情况 （1）劳动力市场情况 （2）主要材料市场情况 （3）机械租赁市场情况 9.采用措施
主要内容	建设投资估算价格及分析	项目建设投资计价及分析、权衡比较	1.各种工程量清单及计价 2.施工费用造价综合 3.总造价 4.说明书	1.各种工程量清单及计价 2.施工费用造价综合 3.总造价 4.技术经济评价或说明 5.说明书

5.后期养护管理预算

对养护期内的相关养护项目所需费用支出进行预算而编制的施工后期管理用的预算文件。

6.竣工决算

工程竣工决算分为施工单位竣工决算和建设单位竣工决算两种。

① 施工单位竣工决算　它是以单位工程为对象，以单位工程竣工结算为依据，核算一个单位工程的预算成本、实际成本和成本降低额，所以又称为单位工程竣工成本决算。它是由施工企业的财务部门进行编制的。通过决算，施工企业内部可以进行实际成本分析，反映

经营效果，总结经验教训，以利提高企业经营管理水平。

② 建设单位竣工决算　是在新建、改建和扩建工程项目竣工验收后，由建设单位组织有关部门，以竣工结算等资料为基础编制的，一般是建设单位财务支出情况，是整个建设项目从筹建到全部竣工的建设费用的文件，它包括建筑工程费用，安装工程费用，设备、工器具购置费用和其他费用等。

竣工决算的主要作用是：核定新增固定资产价值，办理交付使用；考核建设成本，分析投资效果；总结经验，积累资料，促进深化改革，提高投资效果。

设计概算、施工图预算和竣工决算简称"三算"。它们之间的关系是：概算价值不能超出计划任务书的投资估算金额。施工图预算和竣工决算不得超过概算价值。三者都有独立的功能，在工程建设的不同阶段发挥各自的作用。鉴于目前国内的园林定额和实际生产情况的要求，本书重点介绍园林绿化工程施工图预算。

第二节　园林绿化工程概预算编制的依据、程序和内容

一、园林绿化工程概预算的编制依据

1.概述

影响园林绿化工程概预算的因素很复杂，有些因素对园林绿化工程概预算编制有直接的、决定性的影响，是园林绿化工程概预算编制的主要依据；有些因素对园林绿化工程概预算的影响是间接的，但是也很重要。

园林建设项目的目的不同，则编制园林绿化工程概预算的主要依据也不相同，一般来说，编制园林绿化工程概预算的依据主要有：园林建设项目的基本文件；工程建设政策、法律法规和规范资料；建设地区有关情况调查资料（有关市场等社会生产资源条件），类似施工项目的经验资料、施工企业（或可调动）施工力量等。编制时应根据具体需要，分清主次和参考，以便权衡利用。

2.园林绿化工程概预算编制依据

为了提高概预算的准确性，保证概预算的质量，在编制概预算时，主要依据下列技术资料和有关规定。

① 施工图纸。施工图纸是指经过会审的施工图，包括所附的设计说明书、选用的通用图集和标准图集或施工手册、设计变更文件等，它是编制预算的基本资料。

② 施工组织设计。施工组织设计也称施工方案，是确定单位工程进度计划、施工方法、主要技术措施、施工现场平面布局和其他有关准备工作的技术文件。在编制工程预算时，某些分部工程应该套用哪些工程细目（子项）的定额，以及相应的工程量是多少，要以施工方案为依据。

③ 绿化工程概预算定额。预算定额是指在正常施工条件下、采用合理的施工组织，使用合格的材料和产品，确定完成某一分项工程需要的人工、材料及机械台班的数量和费用。预算定额是确定工程造价的主要依据，它是由国家或被授权单位统一组织编制和颁发的一种法令性指标，具有极大的权威性。我国目前由建设部统编和颁发的《全国统一仿古建筑及园林工程预算定额》共四册，其中第一册为《通用项目》，第二册为《营造法原作法项目》，第三册为《营造则例作法项目》，第四册为《园林绿化工程》。各地颁发的预算定额（或单位估价表）中附录有材料预算价格、人工工资标准、施工机械台班单价，供编制施工图预算时进行换算。由于我国各地材料价格差异很大，因此各地均将统一定额经过换算后颁发执行。

④ 取费标准。工程费用由直接费用、间接费用、计划利润和税金四部分组成。除了直

接费用根据预算定额直接计算外，其余三项费用应按有关部门规定的费率计取。

⑤ 国家及地区颁发的有关文件。国家或地区各有关主管部门制定颁发的有关编制工程预算的各种文件和规定，如人工与材料的调价、新增某种取费项目的文件等，都是编制工程预算时必须遵照执行的依据。

⑥ 材料概预算价格，人工工资标准，施工机械台班费用定额。

⑦ 园林建设工程管理费及其他费用取费定额。工程管理费和其他费用，因地区和施工企业不同，其取费标准也不同，各省、市地区、企业都有各自的取费定额。

⑧ 建设单位和施工单位签订的合同或协议。合同或协议中双方约定的标准也可成为编制工程预算的依据。

⑨ 工具书及其他有关手册。各类园林工程概预算的主要依据，参见前文表1-1。

二、园林绿化工程概预算的编制内容

（一）园林绿化工程建设项目总概算

园林绿化工程建设项目总概算文件内容一般包括以下各项。

1. 概算编制目录

一种方法是按主体工程部分、辅助工程部分和共用设施工程部分排列，编制概算目录，例如，建设一个大型污水处理厂。其主体工程，指进水总泵房、初陈池、曝气池、二次沉淀池、污泥浓缩池、污泥消化池、污泥泵房等；辅助工程部分，指机修间、鼓风机房等；共用设施工程，指为主体工程和辅助工程服务的项目，如给水工程、排水工程、供电及通信工程、供热工程和煤气工程等。另一种方法是按系统工程排列，例如，污水处理系统、污泥处理系统、回水处理系统、总图配合工程、厂区建筑工程以及外围配套工程等。总之，要按相关的项目以单项工程为单位排列，以供审查和分析投资。

2. 总概算的说明书

为了使上级主管机构和有关审查部门全面了解工程及其投资情况，必须说明工程的简况及概预算编制的原则、依据、指导思想和方法等。

① 工程简况　主要说明建设的规模、建设目的、设计能力、设计标准、工艺要求和建设期限等。

② 编制依据　主要介绍设计任务书、技术经济文件、各类概算定额的采用、主要原材料和设备价格的来源、其他费用定额标准，以及单位估价表的编制依据等。

③ 编制方法　说明编制的程序和编制的方法、原则，以及补充单价等。

④ 投资分析　说明各项投资比例，与类似工程的比较，分析工程投资高或低的原因，并根据经验和资料评估该工程的设计是否经济合理，是否技术先进，还应提出节省投资的建议。

⑤ 主要材料和设备情况　说明主要设备（包括机械设备、电气设备）的选型、价格情况，以及钢材、木材、水泥、特殊新材料的数量和解决的途径。

⑥ 其他需要说明的情况　建设项目的特殊条件和投资上存在的问题，同时提出请有关上级主管部门帮助解决的问题。

⑦ 概算调价　有的工程工期长，国家对原材料的价格调整，影响到工程投资的加大，因此，概算价值必须要随之调增，工程才不因缺少资金而停建或缓建。

⑧ 工程备用费　说明为工程预留的备用费计算方法和费用内容。

3. 工程单位概算书

这是确定某单项工程中，单位工程建设费用的文件。它是根据单位工程的分部、分项工程量和概预算定额及对应的其他费用定额进行编制的。如某配水厂泵房，这个单项工程包括几个单位工程：土建工程、设备安装工程、采暖及卫生工程、电气照明、自动化仪表灯。

4.单项工程综合概算

单项工程综合概算是确定某一个单项工程的全部建筑安装工程费用的综合性文件，是根据若干个单位工程概算汇总编制而成的。

（二）采用"定额计价"法编制园林绿化工程概预算

采用"定额计价"法编制绿化工程概预算的内容如下。

1.编制说明书

一般包括：

① 工程的概况；

② 编制的依据；

③ 编制的方法；

④ 技术经济指标分析；

⑤ 相关问题说明。

2.工程概（预）算书

一般包括：

① 单项（单位）工程概（预）算书：建设工程和安装工程；

② 其他工程和费用概（预）算书；

③ 综合概（预）算书；

④ 总概（预）算书。

（三）采用"清单计价"法编制园林绿化工程概预算

采用"清单计价"法编制工程量计价清单的内容如下。

1.工程量清单的组成（由招标人编制）

① 工程量清单总说明（项目工程概况、现场条件、编制工程量清单的依据及有关资料、对施工工艺材料的特殊要求、其他）；

② 分部分项工程量清单；

③ 措施项目清单；

④ 其他项目清单；

⑤ 规费项目清单；

⑥ 税金项目清单。

2.工程量清单计价表的组成（由投标人编制）

① 封面，包括工程量清单、招标控制价、投标总价、竣工结算总价；

② 总说明；

③ 汇总表，包括工程项目招标控制价（投标报价）汇总表、单项工程招标控制价（投标报价）汇总表、单位工程招标控制价（投标报价）汇总表、工程项目竣工结算汇总表、单项工程竣工结算汇总表、单位工程竣工结算汇总表；

④ 分部分项工程量清单表，包括分部分项工程量清单与计价表、工程量清单综合单价分析表；

⑤ 措施项目清单计价表；

⑥ 其他项目清单计价表，包括其他项目清单与计价汇总表、暂列金额明细表、材料（工程设备）暂估单价表、专业工程暂估价表、计日工表、总承包服务费计价表、索赔与现场签证计价汇总表、费用索赔申请（核准）表、现场签证表；

⑦ 规费、税金项目清单与计价表；

⑧ 工程款支付申请（核准）表。

三、园林绿化工程概预算的编制程序

工程概预算的编制，应在了解设计图纸、掌握施工组织设计或施工技术组织措施并深入现场调查施工地区条件的基础上进行。只有准备工作做好，才能把绿化工程预算编制好。

具体编制程序如下。

（一）搜集各种编制依据资料

编制预算之前，要搜集齐全下列资料：施工图设计图纸、施工组织设计、预算定额、施工管理费和各项取费定额、材料预算价格表、地方预决算材料、预算调价文件和地方有关技术经济资料等。

1. 熟悉施工图纸及准备有关资料

编制施工图预算前，应熟悉并检查施工图纸是否齐全、尺寸是否清楚，了解设计意图，掌握工程全貌。另外，针对要编制预算的工程内容搜集有关资料，熟悉并掌握预算定额的适用范围、工程内容及工程量计算规则等。

2. 了解施工组织设计及施工现场情况

编制施工图预算前，应了解施工组织设计中影响工程造价的有关内容。如施工方法、余土外运的工具与运距、材料与构件的堆放位置等。

（二）项目可行性研究报告的编写

可行性研究是在建设前期对园林建设工程项目的一种考察和鉴定，是基本建设程序的组成部分。它的主要任务是：按照城市规划或城乡绿地规划的基本要求，对拟建项目在技术、工程、环境效益、社会效益和经济效益上是否合理进行全面分析、论证，做多方案比较，并作出评价，为投资决策提供可靠的依据。

可行性研究一般由咨询、监理、设计单位承担，有时也可由工程承包单位承担。提交的成果主要是项目可行性研究报告和相关材料。

1. 可行性研究报告编写的一般要求

① 能全面分析项目的现状、发展前景及效益目标；

② 所提出的项目指导思想、规划设计思路切合实际；

③ 能对项目实施的必要性和可行性作出科学的评价和说明；

④ 引用的调查资料翔实，有说服力；

⑤ 对项目的投资有合理的评估；

⑥ 内容规范，文字简练，观点明确。

2. 可行性研究报告的主要内容

① 前言　说明建设项目的目的、性质，项目提出的历史背景和依据。

② 项目用地的基本情况　用地现状分析，自然、社会、经济条件。

③ 项目基本情况　说明项目建设的规模、建设期限、地点、项目内容、资金来源等。

④ 项目建设的必要性　要从各方面全面分析比较，找出特色点和优势。

⑤ 项目建设的可行性　即说明已具备的基本条件：目标效益如何（环境、社会、经济效益），国家或地方有何鼓励性政策，实现"四通（即路通、水通、电通、通信通）一平（即场地平整）"条件，现有的机械装备水平，项目工程设计施工力量，资金筹备是否完成，征（占）地手续费完成与否等。

⑥ 项目效益评估　对项目可能产生的环境、生态、社会和经济效益作出科学合理的评估，按建设期预测日均游人量、年游人量，确定项目成本回收年限。

⑦ 技术保证措施 分析项目可能给环境生态带来的负面影响，制订出科学有效的技术措施。

⑧ 结论 通过上述分析论证，最后得出结论：项目能否可行。

⑨ 附件 须附上与该项目有关的其他材料，如图、表、照片、证明书等。

3. 可行性研究报告编写步骤和方法

① 拟出报告编写提纲，确定报告框架；

② 确定项目的性质和指导思想；

③ 分析已整理的调查资料；

④ 着手编写（按上述内容要点逐一撰写）；

⑤ 检查补充修改，定稿打印装订。

（三）工程量计算

1. 计算分项工程量

分项工程是工程施工的基本工程单位，应根据施工顺序确定各项工程名称，依据预算定额规定的工程量计算规则，依次计算出各分项工程量。

2. 汇总工程量

各分项工程量计算完毕经复核后，按预算定额规定的分部、分项工程顺序逐项汇总并调整列项，为套预算单价提供方便。

（四）工程费用计算

1. 套预算定额基价（预算单价）

把确定的分项工程项目及其相应的工程量抄入工程预算表内，在预算定额中套用相应的分项工程项目，并将其定额编号、计算单位、预算定额基价以及其中的人工费、材料费、机械台班单价一同填入工程预案算表内。

2. 计算工程直接费

计算各分项工程的合价并汇总，即为该项工程的直接费。同时列表计算出各种材料的消耗数量，以便计算材料差价。

3. 计算各项取费

工程直接费确定后，根据本地区规定的各种费用定额（取费标准），以直接费用（或人工费）为计算基础，计算出其他直接费用、间接费用、计划利润及税金等费用，最后汇总出工程造价。

（五）校核审核

施工图预算编制完毕后，应由有关人员对预算的各项内容进行全面检查核对，消除差错，保证工程预算的准确性。

（六）编写说明、填写封面、装订成册

编写预算说明一般包括以下内容。

① 工程概况 通常要写明工程编号、工程名称、建设规模等。

② 编制依据 编制预算时所采用的施工图名称、标准图集、材料做法以及设计变更文件；采用的预算定额、材料预算价格及各种费用定额等资料。

③ 其他有关说明 是指在预算表中无法表示且需要用文字做补充说明的内容。

工程预算封面通常需填写的内容有：工程编号及名称、建设单位名称、施工单位名称、建设规模、工程预算造价、编制单位及日期等。

最后，把预算封面、编制说明、工程预算表按顺序编排装订成册，请有关人员审阅、签字、加盖公章后预算才算完成。

（七）熟悉施工图纸和施工说明书，参加技术交底，解决疑难问题

设计图纸和施工说明书是编制工程概预算的重要基础资料。它为选择套用定额子目，取定尺寸和计算各项工程量提供重要的依据。因此，在编制预算之前，必须对设计图纸和施工说明书进行全面认真的了解和审查，并参加技术交底，应熟悉并检查施工图纸是否齐全、尺寸是否清楚，了解设计意图，掌握工程全貌，共同解决施工图中的疑难问题。针对要编制预算的工程内容搜集有关资料，熟悉并掌握预算定额的适用范围、工程内容及工程量计算规则等。

（八）熟悉施工组织设计和了解现场情况

施工组织设计是由施工单位根据工程特点、施工现场的实际情况等各种有关条件编制的，它是编制预算的依据。所以，必须完全熟悉施工组织设计的全部内容，并深入现场了解现场实际情况是否与设计一致，才能准确编制预算。编制施工图预算前，应了解施工组织设计中影响工程造价的有关内容。如施工方法，余土外运的工具与运距，材料与构件的堆放位置等。

（九）学习并掌握好工程概预算定额及其有关规定

必须熟悉现行预算定额的全部内容，了解和掌握定额子目的工程内容、施工方法、材料规格、质量要求、计量单位、工程量计算规则等，以便能熟练地查找和正确地应用。

（十）确定工程项目、计算工程量

工程项目的划分及工程量计算，必须根据设计图纸和施工说明书提供的工程构造、设计尺寸和做法要求，结合施工现场的施工条件，按照预算定额的项目划分，工程量的计算规则和计量单位的规定，对每个分项工程的工程量进行具体计算。它是工程预算编制工作中最繁重、细致的重要环节，工程量计算的正确与否将直接影响预算的编制质量和速度。

1. 确定工程项目

在熟悉施工图纸及施工组织设计的基础上要严格按定额的项目确定工程项目，为了防止丢项、漏项现象的发生，在编排项目时首先将工程分为若干分部工程。

2. 计算工程量

工程量计算不单纯是技术计算工作，它对工程建设效益分析具有重要作用。分项工程是工程施工的基本工程单位，应根据施工顺序正确确定各项工程名称，依据预算定额规定的工程量计算规则，依次计算出各分项工程量。各分项工程量计算完毕经复核后，按预算定额规定的分部、分项工程顺序逐项汇总并调整列项，为套预算单价提供方便。正确地计算工程量，对基本建设计划，统计施工作业计划工作，合理安排施工进度，组织劳动力和物资的供应都是不可或缺的，同时也是进行基本建设财务管理与会计核算的重要依据。

在计算工程量时应注意以下几点：

① 在根据施工图纸和预算定额确定工程项目的基础上，必须严格按照定额规定和工程量计算规则，以施工图所注位置与尺寸为依据进行计算，不能人为地加大或缩小构件尺寸。

② 计算单位必须与定额中的计算单位相一致，才能准确地套用预算定额中的预算单价。

③ 取定的建筑尺寸和苗木规格要准确，而且要便于核对。

④ 计算底稿要整齐，数字清晰，数值准确。对数值精确度的要求，工程量算至小数点后两位，钢材、木材及使用贵重材料的项目可算至小数点后三位，余数四舍五入。

⑤ 要按照一定的计算顺序计算，为了便于计算和审核工程量，防止遗漏或重复计算，计算工程量时除了按照定额项目的顺序进行计算外，也可以采用先外后内或先横后竖等不同的计算顺序。

⑥ 利用基数，连续计算。有些"线"和"面"是计算许多分项工程的基数，在整个工程量计算中要反复多次地进行运算，在运算中找出共性因素，再根据预算定额分项工程量的有关规定，找出计算过程中各分项工程量的内在联系，从而迅速完成大量的计算工作。

（十一）编制工程预算书

1.概、预算书的组成

（1）单位工程概、预算书　是确定单位工程所需建筑费用的文件。单位工程包括建筑工程和设备及其安装工程两大类。建筑工程分为一般土建工程、水暖（卫生）工程、电气照明工程、特殊构筑物工程、煤气管道工程等。设备及其安装工程分为机械设备及其安装工程、电气设备及其安装工程等。所有这些工程的概、预算书均属单位工程概、预算书。

（2）其他工程和费用概、预算书　是确定未包括在单位工程概、预算书内的，与整个建设项目有关的其他工程与费用的文件。其他工程与费用一般包括：

① 土地补偿费和安置补偿费；

② 建设单位管理费；

③ 生产职工培训费；

④ 研究试验费；

⑤ 办公及生活用家具购置费；

⑥ 联合试运转费；

⑦ 供电费；

⑧ 施工机构迁移费；

⑨ 矿山巷道维修费；

⑩ 引进技术和进口设备项目的其他费用。

其他工程和费用概、预算书以独立项目列入总概算书或综合概算书。

（3）综合概算书　是确定工程项目（单项工程）全部建设费用的综合文件，根据单项工程内各单位工程概算书及其他工程和费用概算书汇编而成（在不编总概算书的情况下，其他工程和费用概算书才列入综合概算书之内）。

（4）总概算书　是确定一个建设项目从筹建到竣工投产全部建设费用的总文件，根据各个综合概算书与其他工程和费用概算书两大部分汇编而成。此外，还要列入预备费和回收金额。

2.编制工程预算书的步骤

（1）确定单位预算价值　填写预算单价时要严格按照预算定额中的子目及有关规定进行，使用单价要正确，每一分项工程的定额编号，工程项目名称、规格、计量单位、单价均应与定额要求相符。

（2）计算工程直接费用　单位工程直接费是各个分部分项工程直接费的总和，分项工程直接费则是用分项工程量乘以预算定额工程预算单价而求得的。

（3）计算其他各项费用　单位工程直接费计算完毕，即可计算其他直接费用、间接费用、计划利润、税金等费用。

（4）计算工程预算总造价　汇总工程直接费用、其他直接费用、间接费用、计划利润、税金等费用，最后即可求得工程预算总造价。

（5）材料差价　指材料的预算价格与实际价格的差价。材料差价一般采用两种方法计算：

① 主要材料差价的计算　主要材料（如钢材、木材、水泥、玻璃等）差价的计算是在编制施工图预算时，按预算定额中相应项目给定的材料消耗定额计算出使用的材料数量，汇总后，用实际购入单价减去预算单价再乘以材料数量即为某材料的差价。将各种找差的材料差价汇总，即为该工程的材料差价，列入工程造价。

② 其他材料差价的计算　为了计算方便，其他材料差价的计算一般采用调价系数进行调整（调价系数由各地自行测定）。

（6）校核　工程预算编制完毕后，应由有关人员对预算的各项内容进行逐项全面核对，保证工程预算的准确性。

（7）编写"工程预算书的编制说明"，填写工程预算书的封面，装订成册　编制说明一般包括以下内容：

① 工程概况　工程编号、工程名称、建设规模等。

② 编制依据　编制预算时所采用的图纸名称、标准图集、材料做法以及设计变更文件；采用的预算定额、材料预算价格及各种费用定额等资料。

③ 其他有关说明　是指在预算表中无法表示且需要用文字做补充说明的内容。

工程预算封面通常需填写的内容有：工程编号、工程名称、建设单位名称、施工单位名称、建设规模、工程预算造价、编制单位及日期等。最后，把预算封面、编制说明、工程预算表按顺序编排装订成册，请有关人员审阅、签字，加盖公章后预算才算完成。

（十二）工料分析

工料分析是在编写预算时，根据分部、分项工程项目的数量和相应定额中的项目所列的用工及用料的数量，算出各工程项目所需的人工及用料数量，然后进行统计汇总，计算出整个工程的工料所需数量。

（十三）复核、签章及审批

工程预算编制出来后，由本企业的有关人员对所编制预算的主要内容及计算情况进行一次全面检查核对，以便及时发现可能出现的差错并纠正，审核无误后并按规定上报，经上级机关批准后再送交建设单位和建设银行审批。

概预算书编制程序如图1-1所示。工程量清单编制程序如图1-2所示。

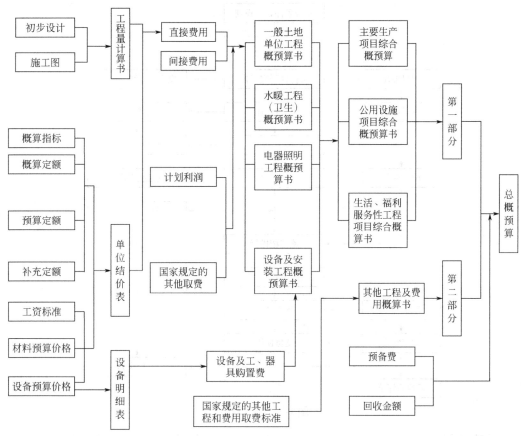

图1-1　概预算书编制程序

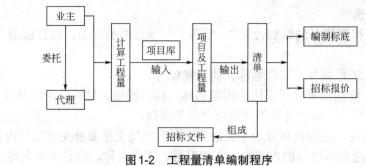

图1-2 工程量清单编制程序

第三节 园林绿化工程的技术经济评价

一、园林绿化工程的建设程序

建设程序是指一个建设项目从酝酿提出到该项目建成投入使用的全过程。各阶段建设活动有先后顺序和相互关系的法则，该法则反映了进行工程项目建设中各相关经济组织之间的密切关系，客观上要求工程建设项目必须遵循法律、科学的办法来管理，这是建设项目顺利进行的重要保证。

目前我国建设项目的程序，一般可概括为建设前期、施工准备、施工、竣工验收等阶段，每一阶段中，又包含若干环节和不同的工作内容，如图1-3所示。

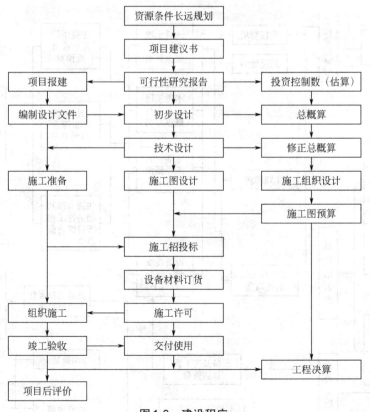

图1-3 建设程序

园林建设程序属于建设程序，它的进行必须依照建设程序的步骤逐步展开，总体来看，包括园林建设项目从构想、选择、评估、决策、设计、施工到竣工验收、投入使用、发挥效益的全过程。

园林建设项目的实施一般包括：立项（编制项目建议书、可行性研究、审批）；勘察设计（初步设计、技术设计、施工图设计）；施工准备（申报施工许可、建设施工招投标或施工委托、签订施工项目承包合同）；施工（建筑、设备安装、种植植物）；维护管理；后期评价等环节。参见图1-4。

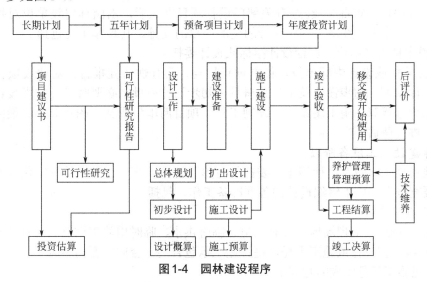

图1-4　园林建设程序

1.园林建设项目前期准备阶段

园林建设项目在开工建设之前要切实做好各项准备工作。这阶段的主要工作是组建项目法人；征地、拆迁场地平整；完成施工用水、电、路等工程；组织设备、材料订货；工程建设项目报监；委托建设监理；招标投资，择优选定施工单位；办理施工许可证等。此阶段一般包括项目建议书、可行性研究、项目评估（审批）三项文件准备工作。

（1）项目建议书　项目建议书是建设某一具体园林项目的建议文件，根据地区规划或发展需要所提出。编制项目建议书是园林建设程序中最初阶段的工作，是投资决策前对拟建项目的总体轮廓设想。主要是对拟建项目进行基本说明，论述建设的必要性、可行性和获益的可能性，供建设管理部门选择并确定是否进行下一步的工作。

在此阶段，对投资额（或资源投入）进行估算是非常重要的，包括对各种资源投入的估算和对投资或建设、管理费用的估算等。

园林项目建议书中一般包括：

① 项目建设依据以及建设的必要性；

② 拟建项目的规模、范围、区位、自然资源、人文资源等情况；

③ 投资估算及资金筹措来源；

④ 社会效益、经济效益、生态环境效益、景观效益等的估量；

⑤ 建设时间、进度安排。

（2）可行性研究　项目建议书批准后，即可开始进行可行性研究，在勘查、现场调研的基础上，提出可行性研究报告。

可行性研究是保证实现最佳经济效益的一项步骤，是园林基本建设程序的关键环节。

可行性研究报告的基本内容为：

① 项目建设的目的、性质、意义、提出背景和依据；

② 建设项目、市场预测的依据，项目建设地点、范围及自然资源、人文资源等的现状分析；

③ 项目内容　面积、拟建设施或项目工程质量标准、单项造价、总造价等；

④ 项目建设进度和工期估计；

⑤ 投资估算和资金筹措方式；

⑥ 社会效益、经济效益、生态环境效益、景观效益、游憩效益等的效益评估。

（3）项目评估（审批）　经过有关部门进行项目立项后，由园林建设单位对拟建工程项目在技术上、艺术上、经济上等所进行的全面详尽的安排。其具体实施包括：

① 建设主持人（单位）进行设计招标或设计委托；

② 由受委托或设计中标单位，依据项目批复、可行性研究报告，对建设项目分步骤进行勘查、总体规划、初步设计及工程总概算；初步设计审批；必要时进行技术设计或详细设计、修正工程总概算；施工图设计、编制工程"项目清单"或施工图预算等。最终提交全部设计文件，进行评估。

2.园林建设施工准备阶段

园林建设施工一般有自行施工、委托承包单位施工、群众性义务植树绿化施工等。项目开工前，要充分做好施工组织设计的各项准备工作。包括：

① 办理施工许可。

② 征地、拆迁、清理场地、临时供电、临时供水、临时用施工道路、工地排水等。

③ 进行施工招投标或施工委托，签订施工承包合同。合同主要内容为：

a.所承包施工任务完成的时间；

b.合同双方在保证完成任务的前提下所承担的义务和权利；

c.项目工程款的数量及支付方式、时间期限等；

d.对合同未尽事宜和争议问题的处理原则。

④ 施工企业编制《施工组织设计》及《工程预算》。

⑤ 参加施工企业与甲方合作，依据计划进行各方面的准备，包括人员、材料、苗木、设施设备、机械、工具、现场（临建、临设等）、资金等的准备。

3.建设实施阶段

建设项目具备了开工条件并取得工程建设项目施工许可证后才能开工，这标志施工准备阶段结束，施工阶段开始，项目即进入了建设实施阶段。要根据批准的年建设计划，做好投资资金的落实，设备和材料的选型采购及组织协调工作。生产性建设项目，还要适时组织专门班子，做好生产准备工作。生产准备是衔接建设和生产的桥梁，是建设程序中的重要环节，是建设阶段进入生产经营的必要条件。施工单位依照施工计划进行施工，做到按时、按质、按量地完成施工项目内容。开工后，工程管理人员应与技术人员密切配合，做好工程管理、质量管理、安全生产管理、成本管理、劳务管理、材料管理等工作。

4.技术维护、养护管理阶段

现行园林建设工程，通常在施工竣工后需要对施工项目实施技术维护一至数年。项目维护期间的费用执行园林养护管理预算。

5.工程竣工验收阶段

竣工验收是工程建设过程的最后一环，是全面考核项目建设成果、检验设计和工程质量的重要步骤，也是项目建设转入生产或使用阶段的标志。工程建设项目施工阶段结束，应当及时竣工验收。通过竣工验收，一是检验设计和工程质量，保证生产性项目按设计要求的技术经济指标正常生产；二是有关部门和单位可以总结经验教训；三是建设单位对经验收合格的项目可以及时移交固定资产，使其转入生产系统或投入使用。现行的园林建设管理，有些项目需随工程进度分步检验并在项目施工完成时进行单项、分项验收；总竣工验收，目前多实行待"养护期满"方才进行。

① 验收的范围　所有建设项目按照批准的设计文件所规定的内容和施工图纸的要求全部建成。

② 验收的准备工作　主要有按归档要求整理技术资料，绘制竣工图纸、表格，编制竣工决算，编写工程总结等。

③ 组织项目验收　工程项目全部完工后，经过验收符合设计要求，具备必要的文件资料，由项目主持单位向负责验收单位提出验收申请报告，并由验收单位进行审查、评价、验收，对工程的遗留问题提出具体意见并限期完善。

6. 建设项目后评价阶段

建设项目的后评价是工程项目竣工并使用一段时间后，对立项决策、设计施工、竣工等进行系统评价的一种技术经济活动，是固定资产投资管理的一项重要内容。通过项目评价总结经验、研究问题、肯定成绩、改进工作，不断提高决策水平。

目前我国开展的建设项目后评价一般按三个层次组织实施，即项目单位的自我评价、行业评价、主要投资方或各级计划部门评价。园林绿化工程建设项目后评价一般由建设主管部门组织有关专家进行，一般包括对设计、施工的评价，游人的反馈意见也作为评价的重要依据。

二、园林绿化工程技术经济评价

园林绿化工程概预算是园林技术经济评价的核心内容。

（一）园林建设工程的特点及施工质量要求

园林建设在人们生活中的作用举足轻重，从某种意义上说，园林建设就是要为人们提供健康、文明、生态质量良好的环境基础。它对人的影响是多维的、综合的、深远的。

就广泛的意义而言，园林建设工程是以环境利用、改造为内容，以获得时刻对人有益的（景观优美、以提供游憩活动为主要功能的）理想环境空间及空间氛围为目的的基本建设工程。

就具体的工程项目而言，园林建设工程不同于其他基本建设工程，它尤为强调富含文化内涵的景观创作的艺术性、生态环境建设的科学性和以人为本的功能性等。其一，园林建设工程，在其已投入使用以后，一般还要经过大量的维护、管理工作，才能达到园林设计目标实质性的完成，因为园林设计目标的充分实现，如园林植物种植目的的实现，园林环境文化积淀等，要在较长时间内才能完成；其二，不同项目的园林建设工程，内容要求不同，其建设施工中所采用的工艺也不尽相同，而同一建设项目，也会因种植施工季节性强、施工现场条件复杂、作业地点分散、项目繁杂等而各具特色。

1. 园林建设工程的特点

与其他建设工程比较，园林建设工程有如下特点。

（1）目标多重性　园林设施的性质、用途等很复杂，每一设施一般都具有多重目的。园林建设的目的主要包括：

① 改善生态环境，提高环境质量，并使之可持续利用；

② 创造适合的游憩活动条件；

③ 形成优美景观，营造健康、有特色的文化氛围；

④ 城市防灾、安全。

需要强调的是园林建设一般不能简单地以获得资金回报为目的，其中心目的是建设"每时每刻都于人身心有益的环境"，这是园林建设工程的特点。

（2）社会性　园林建设产品受当地的社会、政治、文化、风俗、传统、自然条件等因素的综合影响。所有这些因素决定着园林空间布局、景物造型、设施布置、园林建筑及构筑物形式和设计风格。所以世界各地、各民族的园林形成了不同历史时期、不同风貌、具有明显特色的园林建设风格。

（3）地域特色性　园林建设要考虑地域的差别，利用地方乡土植物、特色景观、地域文化、风俗传统、经济技术等条件，创造出各具特色的园林产品。

① 每一园林建设项目由于所涉及的因素、特点与目的不同，只能单独地设计与生产。

② 就园林艺术创作而言，园林建设中的有些产品，如雕塑、书法、绘画、诗词、楹联等，追求"不能归类"的独特的艺术形式或内容。不能规范化、标准化生产。

（4）融合与和谐性　工程作业涉及内容广、技艺复杂，物尽其用、一物多用、互相兼顾、统一和谐，是园林设施布置的主要原则。

① 多方面和谐　一方面指园林产品、园林建设强调各方面的和谐性，环境的和谐、景观的和谐、空间的和谐、美的空间形式与适宜游憩内容的和谐等；另一方面，作为一项系统工程，园林建设中的每一步骤、每一工艺都带有多种性质的工种，必须经过计划、协作配合才能进行正常的生产活动。

② 多种设施融合　园林中的设施包括园林建筑、小品、水景、照明、排水、给水、卫生、体育运动、文化艺术等设施，在各种设施能够发挥各自功能的前提下，还要求各种设施发挥总体作用来满足人们的需要。

③ 施工作业技术与艺术的融合。

（5）季节性　园林种植施工有很强的季节性，不同季节栽植植物，直接影响种植成活率、施工投入、植物生长好坏及后期养护管理难易等。

（6）固定性　一方面指已建成的园林工程不能移动，只能在指定建设地点建造施工；另一方面，园林设施或终极产品一般是固定的整体（或不可分解使用，或分解重组后即成为全新的产品）。

2. 园林建设项目的质量要求

除了要遵循基本建设的质量要求，如可靠性、安全性、耐久性、经济性、科学性等之外，园林建设工程还需满足以下质量要求。

（1）造景要求　对景观的质量要求主要表现为统一、协调、对比、节奏、韵律、比例、尺度、色彩搭配等具有特色并能令人感官愉悦、身心健康等的形式美要求。一般包括如下层面：

① 空间布局（空间塑造）层面的质量要求；

② 景物构成（或称设施的景观构成）层面的质量要求；

③ 基础景观氛围（如愉悦、幽静、活跃、休闲等）营造层面。

（2）生态环境要求　生态环境质量要求是园林建设工程的又一重点，主要表现为改善生态环境、卫生条件方面。好的生态质量，应既适合局部，又适合整体，并且可持续利用。一般包括如下层面：

① 植物因地制宜，物种合理搭配、层次丰富。

② 通风、采光、温度、湿度等自然条件适宜。

（3）游憩设施要求　园林建设中的各种游憩设施应以表现积极、健康、美好、适宜的内容为主，并且质量应充分考虑适合群众参与。

（二）园林工程技术经济评价

1. 园林工程技术经济评价的含义

园林工程技术经济评价是指对园林工程中所采用的各种技术方案、技术措施、技术政策的经济效益进行计算、比较、分析和评价，以便为选用最佳方案提供科学依据。园林工程设计和施工方案的技术经济评价，就是为了比较、分析与评价设计和施工方案中的经济效益。

园林工程技术经济评价内容包括园林规划方案、园林设计方案、园林施工方案等。

2. 园林工程技术经济评价的基本原则与程序

（1）园林工程技术经济评价的基本原则

① 先进技术与经济合理统一的原则　从理论上讲，技术先进与经济合理应是统一的，即先进的技术同时有好的经济效益。然而在具体情况上，拥有先进技术，但因当时当地的条件限制，经济效益有可能不及另一技术经济效益好。因此，在进行技术经济评价时，力求做到既有先进的技术，又要保证合理的经济，力求做到两者统一。

② 从全局的角度计算经济效益的原则　园林工程技术经济评价，不仅要计算建设施工直接的经济效益，同时要考虑相关投资的经济效益；不但要详细计算给各园林建设部门带来的经济效益，还要考虑给相关行业部门甚至整个国民经济带来的各种效益和影响。

③ 兼顾目前的经济效益和长远的经济效益的原则　在技术经济评价时，既要评价建设阶段的各投入的经济效益，又要考虑后期养护经营的方便及其所需的经济投入情况。

④ 经济效益、生态效益、社会效益、景观效益等统一的原则　园林建设工程技术的评价是以经济效益为主要依据的。然而在很多情况下，除经济效益方面以外，园林建设工程技术的评价还涉及生态效益、社会效益、景观效益等很多方面。因此在具体的情况中，在考虑经济效益的同时更要对生态效益、社会效益、景观效益、游憩效益等进行综合评价。

（2）园林建设技术经济评价的程序

① 根据技术经济评价的目的，明确评价的任务和范围。

② 研究和确立可能的技术方案。

③ 确定反映方案的技术经济指标体系　一般可分为工程技术指标、经济指标、景观及艺术指标、生态环境指标、其他因素或指标（如安全因素、社会防灾减灾、健康性等）等。对评价指标体系的要求是：能全面反映方案主要方面的基本特征；指标的概念要确切；指标要容易计算。

根据方案评价的目的，将方案的指标分为主要（基本）指标、一般（辅助）指标。

④ 计算方案的各种指标。

⑤ 方案的分析和评价。

⑥ 综合论证、方案选择。

对方案进行全面分析、论证、综合评价，根据要求，选择最佳方案，作出最终决定。

3. 园林工程技术经济评价的意义

（1）方案优选　通过评价，能够对该项技术方案的投用，事先计算出它的经济效益。通过分析，找出各种不同技术方案的经济价值，据以选用技术上先进、经济上合理的最优方案。

（2）制定政策的根据　通过评价，能对该项技术方案的采用、推广或限制提供意见，为园林行业各级部门制定合理的技术路线、政策提供科学合理的依据。

（3）提高园林企业技术水平　通过评价，可以为进一步提高经济效益提出建议，以便有力地促进园林技术的发展，提高园林企业的技术水平和园林建设的投资效益。

4. 园林设计方案评价的原则和要求

（1）园林设计方案评价的基本原则　应根据园林建设目的、要求的实际情况，依据园林设计规范中的相关规定为评价原则。主要包括如下方面：

① 生态环境的相关原则；

② 技术规范和实际操作的原则；

③ 景观性原则，如风格、布局、协调统一等；

④ 安全性、健康性、适用性原则。

（2）园林设计方案评价的要求

① 全面　整合、系统权衡。

现实应用与可持续利用；人与自然关系（强调以人为本时，应对自然环境给予可持续利用的关照；强调自然，同时注意人文关怀）；经济、技术、环境、文化艺术、社会等的全面评价立场、出发点和原则。

② 可比　多方案比较要有可比性。若使用功能和建设目标不同，它们之间就不存在可替代的可能，不具备可比条件。

③ 主次　突出主要指标。

5.园林工程施工方案评价的特点与内容

（1）园林施工方案评价的特点

① 要考虑工期的时间因素。

② 只考虑施工的决策问题，不考虑宏观评价。

（2）施工方案评价的内容　施工方案是施工组织设计的核心，是编制施工进度计划、施工平面图的重要依据。

施工方案技术经济评价的主要内容有：

① 施工工艺方案的评价　指分部分项工程的施工、措施项目等的方案，包括施工技术方法，如不同工种的人力施工，施工机械配套、选择等；

② 施工组织方案的评价　施工组织方案，主要指园林施工组织方法，如流水施工、平行施工、交叉施工、施工衔接等组织方法。

第四节　园林绿化工程概预算相关主要课程简介

一、园林设计图识别

1.概述

正确进行园林设计图的识别是进行园林绿化工程概预算的基础。园林技术图主要包括规划图、设计图、施工图等，它是园林建设中进行技术表达与交流的主要工具。对园林规划图、设计图、施工图的解读内容一般应包括以下几方面：

① 拟建园林的技术构成；

② 拟建园林的景观构成；

③ 拟建园林的生态环境构成；

④ 拟建园林的历史文化基础；

⑤ 拟建园林的游憩内容和导向。

2.园林设计文件的深度

设计单位必须保证设计的质量，设计需经过多个方案比较以确保其合理性。设计所使用的基础资料、引用的技术数据等要确保准确、真实。

（1）规划图设计　主要由图纸和设计说明书两部分组成。

① 图纸部分包括：园林建设项目位置图、现状分析图、近期和远期用地规划范围图、总体规划平面图、整体效果图、重点景物或景区的平面图或效果图等。

② 规划图文字说明部分包括：建设项目设计的主要依据及立地条件（包括批准的项目建议书、任务书或摘录，项目所在地自然条件、社会条件、人文环境、资源利用情况、公共设施情况、交通状况等）、项目的基本状况（包括规模、区位、服务半径、游人容量，设计项目组成，分期建设情况，对生态环境、景观、服务等设施的技术分析）、规划构思（包括立意、主题、空间布局、景观效果分析，交通游览线路即景观序列分布等）、种植规划说明（包括立地条件、原有自然植被分析，配置原则、植物名录等）、功能与效益分析（包括对环境影响的预测、对人们生活影响的预测、对各种效益的估价等）。

（2）初步设计图设计　初步设计是在总体规划设计得到批准后进行的。初步设计文件包括设计图纸、设计说明书、工程量总量表和概算。

① 图纸部分包括：总平面图、竖向设计图、道路广场设计图、种植设计图、建筑设计图、综合管网图。

② 说明书部分包括：对总体规划图文件中说明书部分提出全面技术分析及处理措施；各专业设计配合关键部位的控制要点（材料、设备、造型、色彩）的选择原则；工程量总表（项目清单、项目工程量）；设计概预算。

（3）施工图设计　在初步设计获得批准的基础上，进行施工图设计。施工图设计包括施工图纸、设计说明书和预算。

二、园林绿化工程

（一）概述

（1）工程总项目　是指若干期工程项目的总和，或是指在一个场地上或数个场地上进行施工项目的总和。如一个住宅小区的开发工程、一座公园的建设工程。

（2）单项工程　是指具有独立的设计文件，竣工后可以独立发挥生产能力或工程效益的工程。如一个园林中的一条廊、一个广场、一个喷泉、一条小路、一个公共设施项目等。

（3）单位工程　是指具有单列的设计文件，可以进行独立施工，但不能单独发挥作用的工程。它是单项工程的组成部分。如一个园林中的给排水工程、绿地的灌溉工程等。

（4）分部工程　一般是指按单位工程的各个部位或是按照使用不同的工种、材料和施工机械而划分的工程项目。它是单位工程的组成部分。如一般土建工程划分为：土石方、砖石、混凝土及钢筋混凝土、木结构及装修、屋面等分部工程。

（5）分项工程　是指分部工程中按照不同的施工方法、不同的材料、不同的规格等因素而进一步划分的基本工程项目。

（6）施工过程、工序、操作过程、作业　园林施工过程分类参见图1-5。

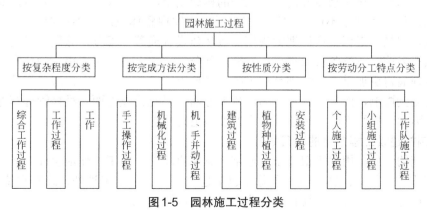

图1-5　园林施工过程分类

① 施工过程　是指在建设工地范围内所进行的某一生产过程。综合施工过程，是指为最终获得一种产品而进行的、组织上又相互关联的工作过程的总和。

② 工序　是在技术上相通、组织上不可分割的最简单的施工过程。从施工技术操作来看，工序是最小的施工过程，不能再继续划分。但是从作业者的作业过程来看，工序可以分解成若干个操作过程，而操作过程又可以分解成许多作业动作。

③ 园林工程的作业　包括技术操作和艺术创作。

a. 技术操作　包括土木工程技术、水利工程技术、园艺栽培技术等，以及在此基础上发展的如假山工艺技术、水景工艺技术、生态环境改良技术等。

b. 艺术创作　包括各类牌匾、雕塑、诗词歌赋、书法绘画等艺术作品创作，利用山水、地形、植物构成的优美的形、色、声、味，自然环境带来的各种自然气息、惬意环境以及由此综合而成的景观艺术创作。

（二）园林绿化工程的特点

园林绿化工程的规划阶段主要是将设计者的意图集中反映在设计图纸上，而工程施工管理则是具体落实规划的意图和设计内容的极其重要的手段，施工管理应在充分理解规划设计意图的基础上进行。随着人民生活水平的提高以及环境意识的日益增强，园林建设已是城市建设中重要的一环，它的建设规模虽各有不同，但它是一个集园林绿化工程、园林建设、园林建筑在内的建设工程；有的虽不大，但涉及的工作内容却十分庞杂，所谓"麻雀虽小，五脏俱全"。工程的内容从征地拆迁、清理场地到定点放线、地形塑造、挖池、驳岸、叠石、铺地、植树种草、建亭筑榭、敷设管道、灯具安装等，可谓工种齐全，面面俱到。工程的进行，既有规划工程顺序，但也可能有相互的交叉，甚至需要有应急的临时措施；工程所牵涉的部门既有规划设计，又有勘测、建筑、施工以及物质供应、苗木供应乃至建设银行等部门。所以一项园林建设工程往往需要多部门相互协作，共同完成。作为管理人员就应将各个工种科学地组合起来，协调好与各部门的关系，高效率地进行建设，在施工过程中进行严密的管理工作，这才是施工管理的主要课题。

园林绿化工程的空间同样也是广阔的，在进行建造这些园林空间的同时，要注意考虑它的地域性，如何运用自然界的植物创造出各地域的特点。与其他建设项目相比，园林设施的多样性以及它与人们的生活息息相关则是它的另一特点，这些设施的目的不仅在其使用功能，还在于园林设施多数是供人观赏和使用的，故必须给人以美的享受以及设施应具有安全性及舒适感，各类设施的形状、材料以及规模应与周围的景观相协调，这也是园林设施的特点之一，而其最大的特点在于植物材料的种植，应使它们随着时间推移以及气候的变化仍能保持相对稳定的植物景观。

大规模的园林绿化包括多种内容，工程的构成复杂，工期长。如果没有搞清楚各个工程的衔接关系，施工管理也不健全的话，竣工后就会发现整体设施很不协调，局部质量降低，质量上的误差明显。工程上往往把大规模的园林建设分成若干部分，分别委托给若干承包单位建造。当很多施工单位各自承担整体中的一部分时，由于各个施工单位的技术水平参差不齐，施工管理显得更加重要。特别是在工区的交接点附近如在质量上出现差异的话，不但设施的功能要受到影响，而且在美观方面、景观方面、景观构成方面、维修管理等方面也难免不出问题。因此，搞好工区相接部分的施工管理尤其重要。

（三）园林建设工程常用的项目划分

园林设施的性质、用途等很复杂，通常具有多重功能，施工工作应全面兼顾。工种多是园林建设工程的特征。园林建设工程除了包括建筑工程的基本工种外，还有它特有的工种，如水景、种植等。园林施工中具有代表性的分项工程如表1-2。

表1-2　园林绿化工程的主要分项工程构成

园林建设工程		
（1）准备及临时设施工程	（11）园林排水工程	（21）抹灰工程
（2）施工测量放线工程	（12）园林供电照明工程	（22）玻璃工程
（3）平整建设场地工程	（13）砌体工程	（23）吊顶工程
（4）地基与基础工程	（14）脚手架工程	（24）饰面板（砖）工程
（5）绿化工程	（15）钢筋工程	（25）涂料工程
（6）假山工程	（16）模板工程	（26）刷浆工程
（7）水景工程	（17）混凝土工程	（27）细木花饰工程
（8）园路工程	（18）木结构工程	（28）钢架工程
（9）铺地工程	（19）屋面工程	（29）油漆工程
（10）园林给水工程	（20）防水工程	（30）收尾工程

围绕园林构成的六大要素：山体、水体、植物、石、道路、建筑，我们习惯上将园林建设分土方工程（土山）、水景工程（水体）、绿化工程（植物）、假山工程（石）、园路工程（包括广场铺装、道路）、园林建筑小品（建筑）几个部分，还包括一些设施工程如给排水工程、照明工程等。实际上，上述每个工程项目都是由多个单项工程构成的，同时有的单项工程在施工工程中也包括其他分项工程的内容。各种园林建设项目所涉及的分项工程根据设计时的结构形式、工程规模、复杂程度等各不相同，进行园林建设时，在确定采取的施工方案和技术措施之前，首先要分析各工程需要有哪些分项工程的配合。

《园林工程》的分项一般包括如下内容。

1. 土方工程

园林施工中的土方工程除了包含所有基建土方工程的项目之外，还以园林地形改造（如挖湖、堆山等）及整理绿化用地等为作业技艺特色。主要作业内容包括土体挖掘、堆放、筛选、运土（装、运、卸）、和土（做入不同材料）、填筑、平整、夯实等内容（图1-6）。

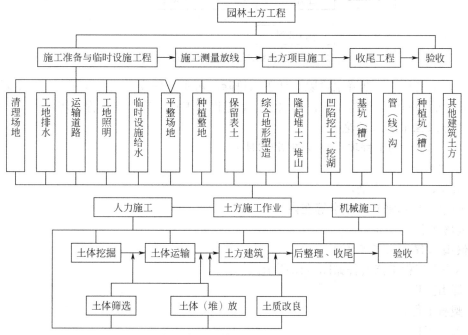

图1-6　园林土方工程的分项工程构成及作业流程

2.园林给排水工程

（1）给水工程 包括造景给水、绿地喷灌给水、生活给水、消防给水等设施工程。主要作业内容为管沟施工、管道铺设（管件安装）、设备安装及调试等（图1-7）。

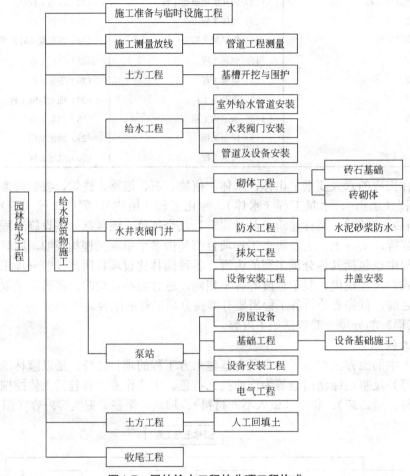

图1-7 园林给水工程的分项工程构成

（2）排水工程 包括降水排除、地下水排除、污水处理及排放等（图1-8）。主要作业内容为防止地面冲刷破坏设施工程，排水沟、管道设施工程，渗水井工程，污水处理工程。

3.水景工程（水工设施）

园林水景工程的工程项目组成如图1-9所示。

① 小型水闸。

② 驳岸、护坡、水池。

③ 喷泉（包括瀑布、跌水等在内）。

4.园路（铺地）工程

5.假山工程（山石施工）

园林假山工程工艺流程如图1-10所示。

① 假山工程。

② 塑石工程。

③ 置石工程。

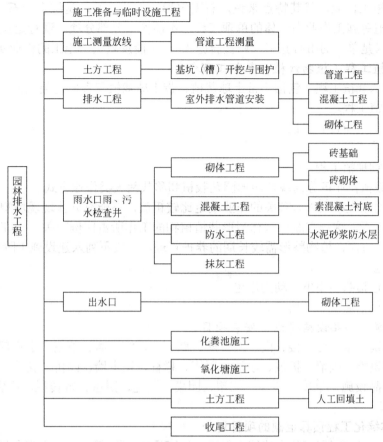

图1-8　园林排水工程的分项工程构成

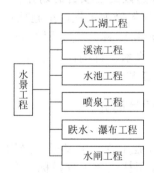

图1-9　园林水景工程的工程项目组成

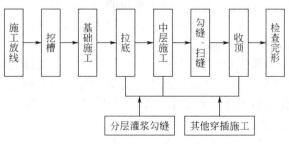

图1-10　园林假山工程工艺流程

假山工程施工作业，就其特点来说，石无定形，土石相间，是综合山石、土体、水景、道路、植物种植等施工作业为一体的单项工程，不能简单分部分项。现行定额中的假山工程列项，实际上只是单一的山石施工（属置石施工），不能反映假山施工的作业实际。

6.植物种植工程（植物栽植，养护工程）

① 乔、灌木栽植工程　包括不带土球栽植、带土球栽植和容器包装栽植。

② 绿篱栽植工程。

③ 花卉栽植（布置）工程。

④ 草坪播植工程。

⑤ 攀援植物种植工程。

园林植物栽植作业可分为现场塑形园艺栽植和移栽两大类作业方式。

由于现行的工程概预算对有关的作业规定比较粗放，不能充分体现现场塑形园艺型栽植的作业工作量水平。这一方面与园林塑形栽植植物的工作所占比例有关，故在建设期只包括简单修剪；另一方面，植物整形需较长期的养护管理，一般不列入建设施工阶段。

7.园林供电

① 强电　包括照明用电、动力用电。

② 弱电　包括通信、广播等。

8.园林建筑、小品设施建设、安装项目

① 园林建筑　亭、台、楼、阁、榭、舫、廊、楼、馆、斋、茶室、小卖部、花架等。

② 园林构筑物　围墙、护坡、水池、驳岸、栏杆、挡土墙、园桥、花池、花坛等。

③ 园林小品设施　景墙、园门、雕塑、园桌、园凳、照壁、宣传栏、广告牌、指路牌、布告栏、灯具等。

（四）园林绿化工程预算定额的项目划分

包括《绿化工程定额》《仿古建筑工程定额》《庭院定额》等，详细内容参见以后章节。

（五）"清单计价规范"对园林建设工程项目的划分

"清单计价规范"将项目分为分部分项工程、措施项目工程、计日工、其他项目工程等。其中园林绿化工程工程量计算规范将园林建设工程的分部分项工程分为绿地整理、栽植苗木、园路、园桥、塑假山、驳岸、原木、竹构件、亭廊屋面、花架、园林桌椅、喷泉、杂项等141个项目，详细内容参见以后章节。

三、园林绿化工程施工组织设计简介

（一）概述

园林施工组织设计是有序进行施工管理的基础，是用来指导施工的技术、经济、组织、协调和控制的综合性文件，是进行园林绿化工程投标、企业施工管理、园林绿化工程概预算的依据，属《园林施工与组织管理》内容。在拟参加园林建设施工的项目施工前，编制园林绿化工程施工组织设计，是园林绿化工程施工单位必须完成的一项法定的技术性工作。

园林绿化工程施工组织设计的主要内容包括：施工技术方案、施工组织方案。

园林施工组织设计包括以下类型：

① 园林绿化工程项目施工组织总设计　以一个园林建设项目为对象，用以指导其建设全过程、全局性施工活动的技术、经济、组织、协调和控制的综合性文件。

② 单项（位）绿化工程施工组织设计　以一个园林单位（项）绿化工程为对象编制的园林绿化工程施工组织文件。

③ 分部（项）绿化工程施工组织设计　以一个分部（项）绿化工程项目为对象编制的

园林绿化工程施工组织文件。

④ 投标前园林建设施工组织设计　为了投标而编制的园林绿化工程施工组织设计文件。

（二）园林绿化工程施工组织设计的主要内容

（1）园林绿化工程概况。

（2）园林绿化工程施工特点。

（3）园林绿化工程施工方案　重点说明施工工序和施工方法。一般包括：

① 工程施工的进度计划；

② 人员的分配使用计划，包括管理、辅助人员和各工种人员（用工）计划；

③ 主要材料、半成品、设备等采购、加工计划；

④ 机械、工具和设备的租赁、调度、使用（用量、用时）计划；

⑤ 安全生产计划；

⑥ 用水、用电计划；

⑦ 资金分配及使用计划；

⑧ 工程施工的场地计划。

（4）劳动定额、主要材料定额、机械台班定额　园林施工组织设计中根据施工的具体要求、侧重点不同，有的以工期要求为重点，有的以质量为重点，有的以工期和综合管理费用为主要线索编制。

第二章

园林绿化工程定额

第一节 园林绿化工程定额概述

一、园林绿化工程定额的概念

从字面上讲，定即规定，额即额度或限额，定额就是生产产品和生产消耗之间数量的标准。从广义的角度理解，园林绿化工程定额即园林绿化工程施工中的标准或尺度。具体来讲，园林绿化工程定额是指在正常施工条件下，在施工过程中，为了完成单位园林绿化工程施工作业所必需的消耗一定的人工、材料、器械设备、能源、时间及资金等的标准数量。由于这些消耗受技术水平、组织管理水平及其客观条件的影响，其消耗水平是不相同的。因此，为了统一考核其消耗水平，就需要有一个统一的消耗标准。所谓的正常施工条件下，是指施工过程按生产工艺和施工验收规范操作，施工条件完善，劳动组织合理，机械运转正常，材料储备合理等。也就是在正常的条件下，完成单位合格产品所必需的人工、材料、机具设备及其资金消耗的标准数量，这个标准数量就称为定额。

工程预算根据其编制依据及作用不同分为园林工程设计概算、施工图预算两种。

1. 园林工程设计概算

设计概算是由设计单位在初步设计或扩大初步设计阶段时根据图纸，按照各类工程预算定额和有关的费用定额等资料进行编制的。它是控制工程投资、进行建设投资包干和编制年度建设计划的依据。

设计概算有项目总概算、单项工程概算和单位工程概算之分。它是由单个到综合、局部到总体，逐个编制汇总而成的。

① 项目总概算　包括工程建设费用和工程建设其他费用。如：土地补偿费、单位管理费、勘查设计费等。

② 单项工程概算　包括园林建筑概算（单位：万元/m²）、园林绿化概算（单位：万元/m²）、园林工程概算，如水体、道路、假山等（单位：万元/m²或万元/m³等）。

③ 单位工程概算　包括工程直接费、间接费、计划利润、税金等。

2. 施工图预算

施工图预算是指在施工图设计阶段，当工程设计完成后，在工程开工之前，由施工单位根据施工图纸计算的工程量、施工组织设计、现行预算定额（单位估价表）、各项费用定额（或取费标准）等有关资料，预先计算确定工程造价的文件。

施工图预算是确定工程造价、实行经济核算和考核工程成本、实行工程包干、进行工程结算的依据，也是建设银行划拨工程价款的依据。

二、园林绿化工程定额的性质

在我国，园林工程定额的性质主要表现在以下几个方面。

（一）法令性

定额的法令性，即定额是由国家建设主管部门、地方主管部门及其他授权机关统一制定并颁发的，在定额适用范围内，任何单位在执行和使用过程中都必须严格遵守和执行，不得随意改变定额的内容和水平，即具有法令性。如需要进行调整、修改和补充，必须经授权部门批准。当各种定额经国家或授权单位批准颁发后，就具有法令的性质，各地区各有关单位，都必须严格遵守和执行，不得随意变更定额和水平。这种法令性保证了统一的造价与核算尺度，使国家对设计的经济效果和施工管理水平，能进行统一考核和有效监督。

（二）科学性

定额的科学性，表现在定额是在大量测算、分析研究实际生产中的数据的基础上，运用科学的方法，按照客观规律要求结合群众的经验制定的。定额的各项内容采用经实践证明是行之有效的先进技术和先进操作方法，吸取当代科学管理的成就，能反映社会生产力水平。

（三）针对性

在生产领域中，由于所生产的产品多种多样，并且每种产品的质量标准、安全要求、操作方法及完成该产品的工作内容也就各不相同。因此，针对每种不同产品为对象的资源消耗量的标准，一般来说也是不同的，是不能互相通用的，这一点在园林绿化工程中尤为突出和重要。

（四）可变性与相对稳定性

定额是根据一定时期的生产力水平，经科学测算得出的标准数据，因而只可在一定时期内表现出稳定状态，即稳定性。但稳定性是相对的，随着科学技术的发展，定额也要改变以适应生产力发展，具有可变性。另外，随着市场经济不断深化，定额水平随商品价格也会发生波动，因此企业在执行定额标准过程中可能会有所调整，也体现出可变性。

（五）地域性

我国幅员辽阔，各地的自然资源条件和社会经济条件各不相同，因而必须采用不同的定额，即园林绿化工程定额具有地域性。

（六）定额的群众性

定额是在广泛听取群众意见并在群众直接参加下制定的。这样的定额就能从实际水平出发，并保持一定的先进性，又能把群众的长远利益和当前利益，劳动效果和工作质量，国家、企业和个人三者的利益结合起来，充分调动广大职工积极性，完成和超额完成任务。

三、园林绿化工程定额的分类

在园林绿化工程建设过程中，由于使用对象和目的不同，园林绿化工程定额的分类方法很多。一般情况下根据内容、用途和使用范围的不同，可将其分为以下几类（图2-1）。

1.按生产要素分类

生产要素包括劳动者、劳动手段和劳动对象三部分，因此可相应地将定额分为劳动定额（又称人工定额）、材料消耗定额和机械台班使用定额，该三种定额被称为三大基本定额。

（1）劳动定额 劳动定额是指在正常施工条件下，生产单位合格产品所必须消耗的劳动时间，或者是在单位时间内生产合格产品的数量标准。

（2）材料消耗定额 材料消耗定额是指在合理使用材料的条件下，生产单位合格产品所必须消耗的一定品种、规格的原材料，半成品、成品或结构件的数量标准。

（3）机械台班使用定额 机械台班使用定额是指在正常施工条件下，利用某种施工机械生产单位合格产品所必须消耗的机械工作时间，或者在单位时间内机械完成合格产品的数量标准。

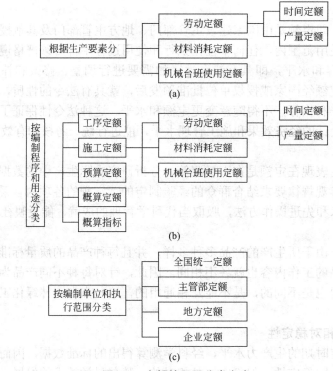

图2-1 定额的不同分类方式

2.按编制程序和用途分类

园林绿化工程定额根据定额的编制程序和用途不同，可分为工序定额、施工定额、预算定额、概算定额和概算指标。

（1）工序定额 工序定额是以最基本的施工过程为标定对象，表示其产品数量与时间消耗关系的定额。工序定额比较细，一般主要在制定施工定额时作为原始资料。

（2）施工定额 施工定额主要用于编制施工预算，是施工企业管理的基础。施工定额由劳动定额、材料消耗定额和机械台班使用定额三部分组成。

（3）预算定额 预算定额主要用于编制施工图预算，是确定一定计量单位的分项工程或结构构件的人工、材料、机械台班耗用量及其资金消耗的数量标准。

（4）概算定额 概算定额，即扩大结构定额，主要用于编制设计概算，是确定一定计量单位的扩大分项工程或结构构件的人工、材料和机械台班耗用量及其资金消耗的数量标准。

（5）概算指标 概算指标主要用于投资估算或编制设计概算，是以每个建筑物或构筑物为对象，规定人工、材料或机械台班耗用量及其资金消耗的数量标准。

3.按编制单位和执行范围分类

按编制单位和执行范围分为全国统一定额、主管部定额、地方定额和企业定额。

（1）全国统一定额 全国统一定额是由国家主管部门或授权单位，综合全国基本建设的施工技术、施工组织管理和生产劳动的一般情况编制并在全国范围内执行的定额。例如1988年开始施行的《全国统一仿古建筑及园林工程预算定额》。

（2）主管部定额 主管部定额是由于各专业生产部的生产技术措施而引起的施工生产和组织管理上的不同，并参照统一定额水平编制的，通常只在本部门和专业性质相同的范围内执行。如矿井建设工程定额、铁路建设工程定额等。

（3）地方定额 地方定额是在综合考虑全国统一定额水平的条件和地区特点的基础上编

制的，并只在规定的地区范围内执行的定额。如各省、直辖市、自治区等编制的定额。

（4）企业定额 企业定额是指由园林施工企业具体考虑本企业的具体情况和特点，参照统一定额或主管部定额、地方定额的水平而编制的，只在本企业内部使用的定额。它适用于某些园林绿化工程施工水平较高的企业，由于外部定额不能满足其需要而编制的。

四、园林绿化工程定额的作用

园林绿化工程定额是园林绿化工程企业实现科学管理的基础和必备的条件，在企业管理科学化中占有重要的地位。在园林绿化工程建设中，工程定额的主要作用体现在以下方面：

① 是编制地区单位估价表的依据；

② 是编制园林绿化工程施工图预算，合理确定工程造价的依据；

③ 是施工企业编制人工、材料、机械台班需要量计划，统计完成工程量，考核工程成本，实行经济核算的依据；

④ 是建设工程招标、投标中确定标底和标价的主要依据；

⑤ 是建设单位和建设银行拨付工程价款、建设资金贷款和竣工结算的依据；

⑥ 是编制概算定额和概算指标的基础资料；

⑦ 是施工企业贯彻经济核算，进行经济活动分析的依据；

⑧ 是设计部门对设计方案进行技术经济分析的工具。

第二节　园林绿化工程施工定额

一、园林绿化工程施工定额概述

施工定额包括直接用于施工管理的人工、材料和施工机械消耗定额。施工定额是以同一性质的施工过程为对象，以工序定额为基础综合而成的，它直接用于施工管理过程，包括劳动定额、材料定额和机械台班定额三部分。

园林施工定额是园林施工企业编制施工预算、分析工料、编制施工作业计划、签发工程任务单、考核工效、班组核算等方面的重要依据，是用于企业内部经济核算的依据，同时也是政府主管部门编制预算定额的基础。

编制施工定额必须贯彻以下三个基本原则。

1.定额水平（平均先进）原则

编制施工定额首先要考虑定额的水平，既不能反映少数先进水平，更不能以后进水平为依据，而只能采用平均先进水平，这样才能代表社会主义生产力的水平和推动社会主义生产力的发展。所谓平均先进，是指在施工任务饱满、动力原料供应及时、劳动组织合理、企业管理健全等正常施工条件下，经过努力多数工人可以达到或超过，少数工人可以接近的水平。从实践证明，定额水平过低，不能促进生产；定额水平过高会挫伤工人生产积极性，平均先进水平既反映了先进经验和操作水平，又从实际出发，区别对待，综合分析有利和不利因素，使定额水平做到先进合理。

2.结构形式简明适用原则

制定定额，结构形式要简明适用。主要是指定额项目划分要合理，步距大小要适当，文字要通俗，计算要简便。

（1）项目划分合理 定额项目划分合理，这是定额简明适用的核心。它包括两个方面：

① 定额项目齐全，施工中的一些常用的主要项目，都能编入定额，及时把已经成熟和普遍推广的新工艺、新技术、新材料编入定额，对缺漏项目，注意积累材料，尽快补入定额；

② 定额项目划分要粗细恰当，因太细则精度高，计算复杂，使用不便；太粗虽形式简明，但水平难免悬殊，精度不足，所以定额要从实际出发划分粗细得当。

（2）步距大小适当　定额的步距是指同类性质的一组定额，在合并时保留的间距，步距大，项目少精确度低，影响按劳分配，布局小项目增加，精确度虽高，但计算管理复杂使用不便。一般来说，对于主要常用的项目，步距应划分多一些，次要的不常用的项目，步距可适当放大些。

3.专群结合、以专为主原则

编制施工定额，必须要贯彻专群结合，以专为主原则。

① 专群结合是指专职人员必须要与工人群众相结合。注意走群众路线。因为施工定额是工人对自己在生产过程中的劳动消耗，所以编制时，就必须以工人的生产实践作为依据。同时由于定额直接关系到工人的物质利益，因此必须取得他们的配合和支持，尤其是在现场测定和组织新定额试点时这一点非常重要，处理不好会影响测定资料的准确性和客观性。

② 以专为主是编制定额多年来实践经验总结。施工定额编制工作量大、技术复杂、政策性强，必须有一支经验丰富、有一定技术管理知识、有一定政策水平的专业人员负责协调指挥，掌握政策，制订方案调查研究技术测定，编制定额和颁发执行工作。只有这样才能使施工定额编制工作搞好。

二、园林绿化工程施工定额的组成

园林绿化工程施工定额通常包括劳动定额、材料消耗定额、机械台班定额等部分。

（一）劳动定额

1.劳动定额的概念

劳动定额即人工定额，是施工定额的重要组成部分，表示劳动生产率的重要指标，可以用时间定额和产量定额两种形式表示。

（1）时间定额　在合理的劳动组织条件和正常的施工条件下，作业小组或个人完成单位合格产品所用的时间。包括准备与结束时间、基本生产时间、辅助生产时间、不可避免的中断时间和生理休息时间等部分。一般以工日为单位（工日常按8小时计）。

$$单位产品时间定额（工日）=1/每工产量$$

或　　　　　　单位产品时间定额=小班成员工日数的总和/台班产量

（2）产量定额　在合理的劳动组织和正常的施工条件下，作业小组或个人单位时间内所应完成合格产品的数量。

$$每工产量=1/单位产品时间定额$$

或　　　　　　台班产量=小组成员工日数的总和/单位产品时间定额

时间定额和产量定额互为倒数关系。

2.劳动定额的作用

（1）为组织生产服务　劳动定额是确定定员标准和合理组织生产的依据。搞好定员编制，是开展经济责任制、加强经营管理的必要措施。劳动定额为各工种人数的配备提供了可靠的数据。只有按劳动定额编制定员、组织生产，在空间上和时间上合理配合与协调平衡，才能充分发挥生产效率。

（2）为计划管理提供数据　计划管理是建筑企业现代科学管理的重要组成内容。而劳动定额可以为计划管理提供科学可靠的数据。如编制施工作业计划和劳动工资计划等，都以劳动定额为依据。

（3）衡量劳动效率　利用劳动定额，衡量当前劳动生产效率，可以从中发现效率高或低的原因——先进的作业方法或后进的作业方法。利用IE方法，分析工作利用率，总结先进经验，改进后进作业方法，不断提高生产效率。劳动定额也是企业实行经济核算的基础。劳动定额完成情况，单位工程用工或单位工程的工资含量，是企业经济核算的重要内容。

（4）为分配服务　利用劳动定额，就可以把完成施工进度计划、提高经济效益和增加个人收入直接结合起来。以劳动定额等为依据签发的施工任务书，明确规定了人工应负的责任。推行经济责任制，可以把生产结果和分配挂上钩，合理地解决了国家、建筑施工企业和职工个人三者利益的关系。

（二）材料消耗定额

材料消耗定额指生产单位合格产品所必须消耗的一定规格的材料、半成品或配件的数量，它包括材料的净用量和合理的损耗量。

（三）机械台班定额

机械台班定额又称"机械使用定额"、"机械台班使用定额"或者"机械设备利用定额"，是指完成单位产品所必需的机械台班指标。

机械台班定额一般有以下两种形式。

① 机械时间定额　在正常施工条件下，规定机械完成单位产品所用的时间。包括机械有效工作时间、不可避免的无效工作时间和工艺中断时间三部分。

② 机械产量定额　在正常的施工条件下，规定机械在单位时间内完成产品的数量，即机械正常生产率与机械时间利用系数的乘积。

三、施工定额手册

施工定额手册是根据全国统一劳动定额，结合质量标准、安全操作规程和技术组织条件，参考历史资料编制的。编排形式与全国劳动定额类似，按工种划分册，册下按分部工程分章，按材料、施工方法和构造部位分节，节下再分项。主要内容由目录、总说明、分部工程说明、分项工程定额项目表及附录组成。

第三节　园林绿化工程概预算定额

概预算是指在工程建设项目开始之前，对此工程建设项目所需的各种人力、物力资源及资金的预先计算。概预算的目的在于有效地确定和控制建设项目的投资和进行人力、物力财力的准备工作，以保证工程项目的顺利建成。广义的概预算是指概预算编制的完整工作过程，而狭义的概预算则指这一过程必然产生的结果，即文件。概预算按阶段不同分为投资估算、设计概算、施工图预算和施工预算，各个阶段在编制内容、方法上有很大的不同，其中以施工图预算使用最为普遍和广泛。

园林绿化工程概（预）算定额又称"园林绿化工程施工图概（预）算定额"，是指以正常的施工条件及目前多数园林施工企业的装备程度、施工技术，合理的施工工期、施工工艺、劳动组织为基础，完成一定计量单位的园林绿化工程项目所消耗的人工材料、机械台班和发生费用等的数量标准。园林绿化工程概（预）算定额是确定工程成本的重要基础，也是制订施工进度的主要参考依据。

一、园林绿化工程预算定额

（一）园林绿化工程预算定额的概念与作用

1.园林绿化工程预算定额的概念

园林施工单位在正常的施工条件下，完成一定计量单位合格的分项工程或结构构件所需消耗的人工、材料和机械台班的数量标准，称为园林绿化工程预算定额。预算定额是由国家主管机关或被授权单位组织编制并颁发的一种法令性文件，是工程建设中的一项重要的技术经济法规。定额中的主要施工定额指标，应是先进管理水平和生产力水平的平均消耗数量标准。预算定额规定了施工企业和建设单位在完成施工或生产任务时，所允许消耗的人工、材料和机械台班的数量额度。也就是规定了国家和建设单位在工程建设中能够向施工企业提供物质和资金的限度。

确定工程中每一单位分项工程的预算基价（即价格），力求用最少的人力、物力和财力，完成符合质量标准的合格园林建设工程，取得最好的经济效益是编制预算定额的主要目的。预算定额中活劳动与物化劳动（即人工、材料和机械台班）的消耗指标，是体现社会平均水平的指标。预算定额又是一种综合性定额，它不仅考虑了施工定额中未包含的多种因素，而且还包括了为完成该分项工程或结构构件的全部工序的内容。

2. 预算定额的作用

预算定额是工程建设中的一项重要的技术法规，它规定了施工企业和建设单位在完成施工任务时，所允许消耗的人工、材料和机械台班的数量限额，它确定了国家、建设单位和施工企业之间的一种技术经济关系，它在我国建设工程中占有十分重要的地位和作用，可归纳如下：

① 是编制园林绿化工程施工图预算、合理确定工程造价的依据；

② 是编制概算定额和概算指标的基础资料；

③ 是建设工程招标、投标中确定标底和标价的主要依据；

④ 是施工企业贯彻经济核算，进行经济活动分析的依据；

⑤ 是它在使用"定额计价"方法进行工程造价情况下，是建设单位和建设银行拨付工程价款、建设资金贷款和进行工程竣工结算的依据；

⑥ 是编制地区单位估价表的依据；

⑦ 它是施工企业编制施工组织设计，确定劳动力、建筑材料、成品、半成品和施工机械台班需用量计划，统计完成工程量，考核工程成本，实行经济核算的依据；

⑧ 是设计部门对设计方案进行技术经济分析的工具。

编制和执行好预算定额，对于合理确定工程造价，推行以招标承包制为中心的经济责任制、监督基本建设投资的合理使用、促进经济核算、改善企业经营管理、提高投资效益等具有十分重要的现实意义。

（二）园林绿化工程预算定额的内容和编排形式

1. 预算定额（手册）的内容

要正确地使用预算定额，首先必须了解定额（手册）的基本结构。预算定额（手册）主要由文字说明、定额项目表和附录三部分内容所组成，见图2-2。

（1）文字说明部分

① 总说明　主要阐述了定额的编制原则、指导思想、编制依据、适用范围以及定额的作用。同时说明了编制定额时已经考虑和没有考虑的因素，使用方法及有关规定等。因此使用定额前应首先了解和掌握总说明。

② 建筑面积计算规则　规定了计算建筑面积的范围和计算方法，同时也规定了不能计算建筑面积的范围。

③ 分部工程说明　主要介绍了分部工程所包括的主要项目及工作内容，编制中有关问题的说明，执行中的一些规定，特殊情况的处理。各分项工程量计算规则等，它是定额（手册）的重要部分，是执行定额和进行工程量计算的基准，必须全面掌握。

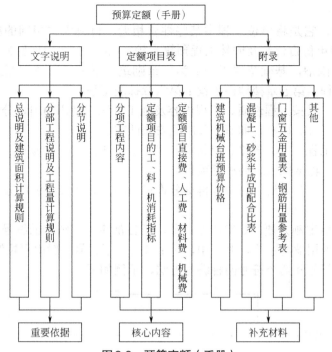

图2-2 预算定额（手册）

④ 分节说明 分节说明是对本节所包含的工程内容及使用的有关说明。

文字说明在应用预算定额（手册）前必须仔细阅读，不然就会造成错套、漏套及重套定额，它是预算定额正确使用的重要依据和原则。

（2）定额项目表 定额项目表列出每一单位分项工程中人工、材料、机械台班消耗量及相应的各项费用，是预算定额（手册）的核心内容。定额项目表由分项工程内容，定额计量单位，定额编号，预算单价，人工、材料消耗量及相应的费用、机械费、附注等组成。

在项目表中，人工表现形式是按工种、工日数及合计工日数表示，工资等级按总（综合）平均等级编制；材料栏内只列主要材料消耗量，零星材料以"其他材料"表示，凡需机械的分部分项工程列出施工机械台班数量，即分项工程人工、材料、机械台班的定额指标。

在定额项目表中还列有根据上述三项指标和取定的人工工资标准、材料预算价格和机械台班费等，分别计算出的人工费、材料费和机械费及其汇总的基价（即综合单价）。其计算方法是：

$$综合单价（预算价值）=人工费+材料费+机械费$$

其中：

$$人工费=合计工日\times每工单价$$
$$材料费=\sum（材料用量\times相应材料预算选价）+其他材料费$$
$$机械费=\sum（机械台班用量\times相应机械台班选价）$$

"附注"列在项目表下部，是对定额表中某些问题进一步的说明和补充。

（3）附录 它列在定额手册的最后，其主要内容有建筑机械台班预算价格，材料名称规格表，混凝土、砂浆配合比表，门窗五金用量表及钢筋用量参考表等。这些资料供定额换算之用，是定额应用的重要补充资料。

2.预算定额项目的编排形式

预算定额手册根据仿古建筑和园林结构及施工程序等按照章、节、项目、子目等顺序排列。

分部工程为章，它是将单位工程中某些性质相近、材料大致相同的施工对象归纳在一起。如《全国1989年仿古建筑及园林工程预算定额》（第一册通用项目）共分六章，即第一章土石方、打桩、围堰，基础垫层工程；第二章砌筑工程；第三章混凝土及钢筋混凝土工程；第四章木作工程；第五章楼地面工程；第六章抹灰工程。

分部工程以下，又按工程性质、工程内容及施工方法、使用材料，分成许多节。如砖石分部工程中，又分砌砖、砌石、卵石、预制品安装四节。

节以下，再按工程性质、规格、材料类别等分成若干项目。如砌砖工程中可分成砖基础墙、砖墙、保护墙、框架间墙、砖柱等项目。

在项目中还可以按其规格、材料等再细分许多子项目。如砖墙中可分为外墙、内墙、1/2砖墙、1/4砖墙等。

为了查阅和使用定额方便，定额的章、节、子目都应当有统一的编号。章号用中文小写一、二、三、…，或用罗马字Ⅰ，Ⅱ，Ⅲ，…；节号、子目号一般用阿拉伯数字1，2，3，…表示。通常有三个符号和两个符号两种编号方法，示例如下：

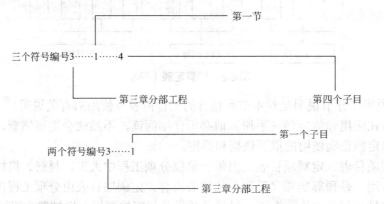

（三）预算定额的编制

1.预算定额的编制原则

（1）定额水平符合社会必要劳动量的原则　在我国社会主义条件下，作为确定市政工程产品价格的预算定额应遵循价值规律的要求，按照施工中所消耗的社会必要劳动时间来确定其水平，在做好调查研究、广泛收集统计分析和技术测定等资料的基础上，结合各地情况，经过筛选分析，确定合理的施工方法、机械化水平和生产力水平，使定额水平反映正常生产条件下一般工程的生产技术和管理水平。所指正常生产条件主要是：

① 材料、构件等质量合格，合乎设计要求，供应适应进度要求；

② 施工环境、温度、气候正常，无有害气体影响；

③ 现场运输条件及施工技术装备合乎多数企业的正常情况；

④ 施工操作正常，项目工序之间的衔接正常。

在不具备上述基本正常条件的情况下，发挥人的主观积极性，采取其他措施进行施工时，所发生的额外工料、机械消耗量或费用，按定额有关说明或其他有关规定执行。

预算定额的编制基础是施工定额，但二者是有区别的。因为预算定额包含更多的可变因素，因此它需要保留合理的水平幅度差。另一个区别，两者定额水平的确定原则是不相同的，预算定额是社会平均水平，而施工定额是平均先进水平。所以确定预算定额水平时要相对降低一些，以适应大多数企业可能达到的水平。

（2）内容形式简明适用的原则　预算定额的内容和形式既能满足不同用途的需要，具有多方面的适用性，又要简单明了、易于掌握和应用。

贯彻这个原则，定额项目要力求齐全，粗细适合，适当综合扩大，并尽可能不留或少留活口，以达到水平合理，使用方便，为有效控制工程造价提供依据。

（3）集中领导，分级管理的原则　全国市政工程预算定额主要统一了共性较强，各地需要统一，又有一定统一条件的项目。地方性强的项目可由各省、自治区、直辖市有关部门补充。这样不仅提高了定额的标准化程度，而且也有利于计算机技术的推广应用，同时也缩短了定额的编制周期，提高了工作效率。

2.预算定额的编制依据

① 现行的设计规范、施工及验收规范，质量评定标准等建筑技术法规。

② 现行的全国统一劳动定额、材料消耗定额、施工机械台班定额。

③ 现行预算定额及基础资料。

④ 现行地区人工工资标准和材料预算价格和机械台班预算价格等。

⑤ 有关的科学试验、技术测定和可靠的统计资料。

⑥ 已推广的新技术、新结构、新材料和先进施工经验的资料。

⑦ 通用的标准图集和定型设计图纸，有代表性的设计图纸和图集。

⑧ 高新技术、新型结构、新研制的建筑材料和新的施工方法等，是调整定额水平，甚至是增加新的定额项目的依据。

⑨ 典型的估价表。

⑩ 建筑机械的效率、寿命周期和价格。

3.预算定额的计量单位

（1）长度：厘米（cm）、米（m）、千米（km）。

面积：平方毫米（mm^2）、平方厘米（cm^2）、平方米（m^2）。

体积或容积：立方米（m^3）、升（L）。

重量（质量）：千克（kg）、吨（t）。

（2）数值单位与小数的取定：

人工：工日，取两位小数。

单价：元，取两位小数。

主要材料及半成品：

木材：立方米（m^3），取三位小数。

钢材及钢筋：吨（t），取三位小数。

水泥、石灰：千克（kg），取一位小数。

砂浆：立方米（m^3），取两位小数。

其他材料一般取两位小数。

其他材料单价：元，取两位小数。

机械台班：台班，取两位小数取位后的数字按四舍五入规则处理。

砖砌体、混凝土以$10m^3$，楼地面、天棚以$100m^2$等。

4.预算定额的编制程序与步骤

（1）预算定额的编制程序

① 准备阶段　准备阶段的任务是成立编制机构、拟订编制方案、确定定额项目、全面收集各项依据资料。预算定额的编制工作不但工作量大，而且政策性强，组织工作复杂，因此在编制准备阶段要明确和做好以下几项工作：

a.确定编制预算定额的基本要求；

b.确定预算定额的适用范围、用途和水平；

c.确定编制机构的人员组成，安排编制工作的进度；

d.确定定额的编排形式、项目内容、计量单位及应保留的小数位数；

e.确定活劳动与物化劳动消耗量的计算资料。

② 编制初稿阶段　在定额编制的各种资料收集齐全之后，就可进行定额的测算和分析工作，并编制初稿。初稿要按编制方案中确定的定额项目和典型工程图纸计算工程量，再分别测算人工、材料和机械台班消耗量指标，在此基础上编制定额项目表，并拟订出相应的文字说明：

a.熟悉基础资料；

b.根据确定的项目和图纸计算工程量；

c.计算劳动力、材料和机械台班的消耗量；

d.编制定额表；

e.拟订文字说明。

③ 审查定稿阶段　定额初稿完成后，应与原定额进行比较，测算定额水平，分析定额水平提高或降低的原因，然后对定额初稿进行修正。定额水平的测算有以下几种方法。

a.单项定额测算：即对主要定额项目，用新旧定额进行逐渐比较，测算新定额水平提高或降低的程度。

b.预算造价水平测算：即对同一工程用新旧预算定额分别计算出预算造价后进行比较，从而达到测算新定额的目的。

c.同实际施工水平比较：即按新定额中的工料消耗数量同施工现场的实际消耗水平进行比较，分析定额水平达到何种程度。

在测算和修改的基础上，组织有关部门进行讨论，征求意见，最后修订定稿，连同编制说明书呈报主管部门审批。

定额经批准后，在正式颁发执行前，要向各级主管定额部门进行政策的和技术的交底，以利定额的分级管理。

（2）园林绿化工程预算编制步骤

① 准备材料　准备好园林绿化工程施工图、定额本、预算书表式以及有关文件，包括：

a.全套园林绿化工程施工图。

b.园林绿化工程施工组织设计或施工方案。

c.有关编制园林绿化工程预算的文件。

d.《仿古建筑及园林工程预算定额》（或《地区园林工程预算定额》）、《地区园林工程材料预算价格》、《地区园林工程费用定额》等。

e.园林绿化工程预算书所应用的表格。

② 识读施工图　仔细识读园林绿化工程施工图，参考有关图例符号。

③ 学习定额本　认真学习《仿古建筑及园林工程预算定额》《地区园林工程预算定额》《地区园林工程预算价格》《地区园林工程费用定额》等有关编制预算的资料及文件。

④ 列分部分项子目名称　根据施工图，参照预算定额本的分部分项工程划分，列出分部分项子目的名称及其编号。

⑤ 计算工程量　参照工程量计算规则，运用数学公式，逐个顺序计算各分项子目的工程量，并注出其计量单位。

⑥ 查预算定额　按照各分部分项子目的名称、所用材料、施工方法等条件，在预算定额本上查出该子目的人工费单价、材料费单价、机械费单价或三项费用之和——基价。这里所指

的单价、基价是预算定额表所示计量单位情况下的人工费、材料费、机械费及三者费用之和。

⑦ 计算工程造价　根据各分项子目的工程量及基价，计算出各子目的人工、材料、机械费的合计数，再把各分项子目的合计数相加成为直接费用。查《地区园林工程费用定额》，计取各项费用的费率，计算出其他直接费用、现场经费、间接费用、差别利润及税金。直接费加上上述几项费用即成为园林绿化工程造价。

⑧ 计算材料量　按各分部分项子目名称及其工程量，查预算定额表中材料消耗用定额，计算出分项子目所耗用的材料名称及其数量，同品种同规格材料归在一起。其中苗木、花卉数量可按采购进场数量计算。

⑨ 预算审核　园林绿化工程预算书应包括：封面、工程计量表、直接费计算表、工程造价计算表、主要材料需用量表、编制说明等。

园林绿化工程预算书编制完成后，需经过自审、复审、再送建设单位进行审核，纠正预算书中的差错。审核通过，此份预算书作为工程拨款依据。如园林绿化工程施工过程中有所变更，按工程签证单及此份预算书编制园林绿化工程决算。

5.确定分项工程定额指标

确定分项工程的定额消耗指标，应在选择计量单位、确定施工方法、计算工程量及含量测算的基础上进行。

（1）选择计量单位　为了准确计算每个定额项目中的工日、材料、机械台班消耗指标，并有利于简化工程量的计算工作，必须根据结构构件或分项工程的形体特点及变化规律，合理确定定额项目的计量单位。通常，当物体的三个度量（长、宽、高）都会发生变化时，选用立方米为计量单位，如土方、砖石、混凝土等工程；当物体的三个度量（长、宽、高）中有两个度量经常发生变化时，选用平方米为计量单位，如地面、屋面、抹灰、门窗等工程；当物体的截面形状基本固定，长度变化不定时，选用延长米、千米为计量单位，如线路、管道工程等；当分项工程无一定规格，而构造又比较复杂时，可按个、块、套、座、吨等为计量单位。

（2）确定施工方法　不同的施工方法，会直接影响预算定额中的工日，材料、机械台班的消耗指标，在编制预算定额时，必须以本地区的施工（生产）技术组织条件、施工验收规范、安全技术操作规程以及已经成熟和推广的新工艺、新结构、新材料和新的操作法等为依据，合理确定施工方法，使其正确反映当前社会生产力的水平。

（3）计算工程量及含量测算　工程量计算应根据已选定的有代表性的图纸、资料和已确定的定额项目计量单位，按照工程量计算规则进行计算。

计算中应特别注意预算定额项目的工程内容范围及其综合的劳动者定额各个项目在其已确定的计量单位中所占的比例，即含量测算。它需要经过若干份施工图纸的测算和部分现场调查后综合确定。

（4）确定人工、材料、机械台班消耗指标。

（四）园林绿化工程预算定额项目消耗指标的确定

1.人工消耗指标的确定

（1）人工消耗指标的组成　预算定额中的人工消耗指标包括一定计量单位的分项工程所必需的各种用工，由基本工和其他工两部分组成。

① 基本工　基本工是指完成某个分项工程所需的主要用工。它在定额中通常以不同的工种分别列出。此外还应包括属于预算定额项目工程内容范围内的一些基本用工。

② 其他工　其他工是辅助基本用工消耗的工日。按其工作内容不同又分三类：

a.人工幅度差用工：它是指在劳动定额中未包括的，而在一般正常施工情况下不可避免的，但无法计量的用工。它包括如下内容：

　ⅰ.在正常施工组织条件下，施工过程中各工种间的工序搭接及土建工程与水电工程之间的交叉配合所需的停歇时间；

　ⅱ.场内施工机械，在单位工程之间变换位置以及临时水电线路移动所引起的人的停歇时间；

　ⅲ.工程检查及隐蔽工程验收而影响工人的操作时间；

　ⅳ.场内单位工程操作地点的转移而影响工人的操作时间；

　ⅴ.施工中不可避免的少数零星用工。

b.超运距用工：它是指超过劳动定额规定的材料、半成品运距的用工。

c.辅助用工：它是指材料需要在现场加工的用工，如筛沙子、淋石灰膏等。

（2）人工消耗指标的计算　人工消耗指标的计算，包括计算定额子目的用工数量和工人平均技术等级两项内容。

① 定额子目用工数量的计算方法　预算定额子目的用工数量，是根据它的工程内容范围及综合取定的工程数值，在劳动定额相应子目的人工工日基础上，经过综合，加上人工幅度差计算出来的。基本公式如下：

$$基本工用工数量 = \sum（工序或工作过程工程量 \times 时间定额）$$
$$超运距用工数量 = \sum（超运距材料数量 \times 时间定额）$$
$$辅助工用工数量 = \sum（加工材料数量 \times 时间定额）$$
$$人工幅度差 = （基本工 + 超运距用工 + 辅助工用工）\times 人工幅度差系数$$

② 工人平均等级的计算方法　计算步骤是首先计算出各种用工的工资等级系数和等级总系数，除以汇总后用工日数求得定额项目各种用工的平均等级系数，再查对工资等级系数表，求出预算定额用工的平均工资等级。

2.材料消耗指标的确定

（1）预算定额材料消耗指标的组成　预算定额内的材料，按其使用性质、用途和用量大小划分为四类，即：

① 主要材料　是指直接构成工程实体的材料。

② 辅助材料　也是直接构成工程实体，但比重较小的材料。

③ 周转性材料　又称工具性材料。施工中多次使用但并不构成工程实体的材料，如模板、脚手架等。

④ 次要材料　指用量小，价值不大，不便计算的零星用材料，可用估算法计算，以"其他材料费"用元表示。

预算定额内材料用量由材料的净用量和材料的损耗量组成。

（2）材料消耗指标的确定方法　材料消耗指标是在编制预算定额方案中已经确定的有关因素，如在工程项目划分、工程内容范围、计算单位和工程量计算基础上，首先确定出材料的净用量，然后确定材料的损耗率，计算材料的消耗量，并结合测定材料，采用加权平均的方法，计算测定材料消耗指标。

（3）周转性材料消耗量的确定　周转性材料是指那些不是一次消耗完，可以多次使用反复周转的材料。在预算定额中周转性材料消耗指标分别用一次使用量和摊销量指标表示。一次使用量是在不重复使用的条件下的使用量，一般供申请备料和编制计划用；摊销量是按照多次使用，分次摊销的方法计算，定额表中是使用一次应摊销的实物量。

3.机械台班消耗指标的确定

（1）预算定额机械台班消耗指标编制方法

① 预算定额机械台班消耗指标，应根据全国统一劳动定额中的机械台班产量编制。

② 以手工操作为主的工人班组所配备的施工机械，如砂浆、混凝土搅拌机、垂直运输用塔式起重机，为小组配用，应以小组产量计算机械台班。

③ 机动施工过程，如机械化土石方工程、机械打桩工程、机械化运输及吊装工程所用的大型机械及其他专用机械，应在劳动定额中的台班定额基础上另加机械幅度差。

（2）机械幅度差 是指在劳动定额中未包括的，而机械在合理的施工组织条件下所必需的停歇时间。这些因素会影响机械效率，在编制预算定额时必须考虑。其内容包括：

① 施工机械转移工作面及配套机械互相影响损失的时间；

② 在正常施工情况下，机械施工中不可避免的工序间歇时间；

③ 工程结尾时，工作量不饱满所损失的时间；

④ 检查工程质量影响机械操作的时间；

⑤ 临时水电线路在施工过程中移动所发生的不可避免的工序间歇时间；

⑥ 配合机械的人工在人工幅度差范围内的工作间歇，从而影响机械操作的时间。

机械幅度差系数，一般根据测定和统计资料取定。如1981年国家编预算定额规定大型机械的机械幅度差系数是：土方机械1.25；打桩机械1.33；吊装机械1.3。其他分部工程的机械，如木作、蛙式打夯机、水磨石机等专用机械均为1.1。

（3）基本计算公式

① 按工人小组产量计算 按工人小组配用的机械，应按工人小组日产量计算预算定额内机械台班量，不另增加机械幅度差。计算公式为：

小组总产量=小组总人数×∑（分项计算取定的比重×劳动定额每工综合产量）

分项定额机械台班使用量=预算额项目计量单位值/小组总产量

② 按机械台班产量计算

总产量=（预算定额项目计量单位值×机械幅度差系数）/机械台班产量

在确定定额项目的用工、用料和机械台班三项指标的基础上，再分别根据人工日工资单价、材料预算价格和机械台班费，计算出定额项目的人工费、材料费、施工机械台班使用费再汇总成定额项目的基价，组成完整的定额项目表。

（五）园林绿化工程预算定额的应用

概预算定额是编制施工图预算、招标标底、签订承包合同、考核工作中成本、进行工程结算和拨款的主要依据。正确地使用预算定额，减少或杜绝由于技术性原因造成错用定额的现象，对提高工作质量和做好建筑企业经济管理的基础工作有着十分重要的现实意义。

首先，必须理解好预算定额的总说明、分部工程说明以及附录、附表的规定和说明，掌握定额的编制原则、适用范围、编制依据、分部分项工程内容范围。其次还应深入学习定额项目表中各栏所包括的内容、计量单位、各定额项目所代表的一种结构或构造的具体做法及允许调整换算的范围及方法。同时还要正确理解和熟记建筑面积和各分部分项工程量计算规则。只有在正确理解熟记上述内容的基础上，才能正确运用预算定额做好有关各项工作。

1.定额的套用

定额的套用分直接套用和套用相应定额子目两种情况。它们的共同特点是不需自己换算调整和补充，直接使用定额项目的人工、材料和机械台班及资金的各项指标，来编制预算和进行工料分析。

（1）直接套用 当设计要求与定额项目的内容相一致时，可直接套用定额的预算基价及工料消耗量计算该分项工程的直接费以及工料需用量。在选择套用定额项目时，应注意将工程项目的设计要求、材料做法、技术特征如材料规格等，与拟套的定额项目的工程内容及统一规定仔细核对，两者一致时即可直接套用。这是编制施工图预算中的大多数情况。

现以某省1990年建筑工程预算定额为例，说明预算定额的具体使用方法（以后各例均同）。

[例] 某省某人民公园茶室现浇C10毛石混凝土带形基础6.362m³，求完成该分项工程的直接费及主要材料消耗量。

解：① 确定定额编号：230

② 计算该分项工程直接费：

分项工程直接费 = 预算基价 × 工程量 = 977.43 × 6.362 = 6218.4097元

③ 计算主要材料消耗量：

材料消耗量 = 定额规定的耗用量 × 工程量

水泥425号：1913 × 6.362 = 12170.51kg

中砂：4.08 × 6.362 = 25.96m³

砾石20～80：8.5 × 6.362 = 54.08m³

毛石：2.96 × 6.362 = 18.83m³

模板摊销费：128.44 × 6.362 = 817.14元

（2）相应定额项目的套用　它仍属于直接套用的性质。但应注意按定额的说明规定套用相应子目。如北京市预算定额第五分部（砖石）工程说明中规定：地下室墙套内墙子目等。

2. 预算定额项目不完全价格的补充

定额项目的综合单价是由人工费、材料费和机械费组成的。其中材料费中，由于某种材料、成品、半成品的规格、型号较多，单价不一等原因，在定额项目表中只列其数量，不列其单价，致使材料费合价因缺某项材料、成品、半成品单价，而造成综合单价成为不完全价格。为引起使用者注意，在定额项目表中，对没有列入、留有缺口的材料、成品、半成品的单价，在项目表的单价栏内以空白括号表示，对由此形成的不完全的材料合价和总价也分别加上括号表示。

对于列有不完全价格的定额项目，应按定额总说明第七条的规定，补充缺项的材料、成品、半成品预算价格后使用。其计算公式是：

补充后的定额项目的完全预算价值 = 定额相应子项目的不完全预算价值 + 缺项的材料（或成品、半成品）的预算价格 × 相应的材料（或成品、半成品）的定额用量

[例] 某市某5层公寓砖混结构，直形墙上现浇200号钢筋混凝土圈梁（石子粒径0.5～3.2cm以内），按工程量计算规则计算出工程量为15m³，试计算其工、料、机直接费和其中人工费，并进行工料分析。

解：查定额表

① 定额是每10m³圈梁的预算价值为（1275.20元），是不完全价格，其中缺200号混凝土定额用量10.15m³的预算价值，按规定应补充价值后使用。

② 计算10m³ 200号钢筋混凝土圈梁的完全价格。

每10m³ 200号混凝土圈梁完全预算价值 = 1275.2 + 44.95 × 10.15 = 1731.44元，其中200号混凝土单价：每立方米44.95元，由定额附录一"普通混凝土配合比表"查得。

③ 计算该工程项目的工、料、机的直接费合计及其人工费，查表。

工程项目的直接费合计 = 1731.44 × 1.5 = 2597.16（元）

其中人工费 = 131.91 × 1.5 = 197.86（元）

④ 工料分析，查表后计算总用工、材料消耗量。

3.定额的换算

当工程项目的设计要求与定额项目的内容和条件不完全一致时，则不能直接套用，应根据定额的规定进行换算。定额总说明和分部说明中所规定的换算范围和方法是换算的根据，应严格执行。

换算的情况可分为砂浆换算、混凝土的换算、木材材积换算、吊装机械换算、塔机综合利用换算、系数换算和其他换算。

（1）砂浆标号及单价的换算　砂浆品种、标号较多，单价不一，编制预算定额时只将其中一种砂浆和单价列入定额。当设计要求采用其他砂浆标号时，价格可以换算，但用量不得调整，公式是：

换算后预算价值＝定额中预算价值＋（换入的单价－换出的单价）（换算材料的定额用量）

（2）系数换算　系数换算是指通过对定额项目的人工、机械乘以规定的系数来调整定额的人工费和机械费，进而调整定额单价适应设计要求和条件的变化，使定额项目满足不同需要。在使用时要注意：要严格按定额规定的系数换算，要区分定额换算系数和工程量系数，要注意在什么基数上乘系数。

（3）常用的定额换算

① 运距换算：在预算定额中各种项目运输定额，一般分为基本定额和增加定额，超过基本运距时另行计算。

② 断面换算：预算定额中取定的构件断面，是根据不同设计标准，通过综合加权计算确定的，如果设计断面与定额中取定的不符时，应按预算定额规定进行换算。

③ 标号换算：砖石工程的砌筑砂浆标号，楼地板面的抹灰砂浆标号，混凝土及混凝土标号，当设计与预算定额中的标号不同时，允许换算。

④ 厚度换算：如面层抹灰厚度，基本厚度和增加厚度两子目。

⑤ 重量换算：如钢筋混凝土含钢量与设计不同时，应按施工规定的用量进行调整。

（4）其他换算方法与前述方法一致，即以定额规定为准，与实际数据比较后作调整。

4.编制临时补充定额

当设计图项目在定额中缺项时，又不属于换算范围无定额可套，应编制补充定额，一次性使用。

二、概算定额和概算指标

（一）概算定额

1.概算定额的概念

概算定额又称作"扩大结构定额"或"综合预算定额"。概算定额具体规定了完成一定计量单位的扩大结构件或扩大分项工程的人工、材料和机械台班消耗数量的标准。

概算定额是设计单位在初步设计阶段或扩大初步设计阶段确定工程造价编制设计概算的依据。概算定额是预算定额的合并与扩大。它将预算定额中有联系的若干个分项工程项目综合为一个概算定额项目。

概算定额是在预算定额的基础上，通常以主体结构列项，按照施工顺序相衔接和关联性较大的原则，把前后的施工过程和装饰项目合并在一起，并综合预算定额的分项内容后编制而成的。

2.概算定额的作用

概算定额的主要作用如下：

① 概算定额是编制建筑工程主要材料申请计划的基础；

② 编制设计概算的主要依据；

③ 是扩大初步设计阶段编制工程概算，技术设计阶段编制修正概算的主要依据；

④ 是控制施工图预算的依据；

⑤ 是对设计项目进行技术经济分析与比较的依据；

⑥ 是工程结束后，进行竣工决算的依据；

⑦ 在招标投标工程中，是编制标底和标价的依据。

3.概算定额的编制依据和原则

（1）概算定额的编制依据　概算定额是国家主管机关或授权机关编制的，编制时必须依据：

① 现行的设计标准及规范，施工及验收规范；

② 现行的建筑安装工程预算定额和劳动定额；

③ 经过批准的标准设计和有代表性的设计图纸等；

④ 人工工资标准、材料预算价格和机械台班费用等；

⑤ 过去颁发的和现行的概算定额、预算定额；

⑥ 有关的施工图预算或工程决算等经济资料。

（2）概算定额的编制原则　概算定额和预算定额都是确定建筑产品价格的依据，所以确定预算定额水平的原则适用于概算定额。但概算定额是在预算定额的基础上综合扩大的，允许概算定额与预算定额水平之间有一个幅度差，一般控制在5%以内，以便依据概算定额编制的设计概算能起到控制投资的作用。

概算定额项目划分，同样要贯彻简明适用的原则：在保证一定准确性的前提下，概算定额项目应在预算定额项目的基础上，进行适当的综合扩大，其项目的粗细程度应适应初步设计的深度，同时应考虑应用电子计算机编制概算的要求。总之，应使概算定额简明易懂、项目齐全、粗细适度、计算简单、准确可靠。

4.概算定额的主要内容

现行的概算定额手册包括文字说明和定额项目表两部分。

（1）文字说明部分　文字说明部分有总说明和分章说明。在总说明中主要包括概算定额的编制依据，定额的内容和作用，适用范围和应遵守的规定，建筑面积计算规则，以及各章节有共同性的问题。分章说明主要阐述本章包括的综合工作内容及工程量计算规则等，以及所包括的定额项目和工程内容等。

（2）定额项目表

① 定额项目的划分　概算定额项目一般按以下两种方法划分。

a.按工程结构划分：一般是按土石方、基础、墙、梁柱、门窗、楼地面、屋面、装饰、构筑物等工程结构划分。

b.按工程部位（分部）划分：一般是按基础、墙体、梁柱、楼地面、屋盖、其他工程部位等划分，如基础工程中包括了砖、石、混凝土基础等项目。

② 定额项目表　定额项目表是概算定额手册的主要内容，由若干分节定额组成。各节定额由工程内容、定额表及附注说明组成。定额表中列有定额编号、计量单位、概算价格、人工、材料、机械台班消耗量指标，综合了预算定额的若干项目与数量。概算定额的内容主要由文字说明和定额章节的表格组成。

5.概算定额的编制步骤和方法

概算定额的编制步骤一般分为四个阶段：准备工作阶段、编制概算定额初稿阶段、测算阶段和审定稿阶段。

（1）准备阶段　准备阶段，主要是确定编制定额的机构和人员组成，进行调查研究，了解现行概算定额执行情况和存在的问题，明确编制的目的，制订概算定额的编制方案和确定要编制概算定额的项目。

（2）编制初稿阶段　编制概算定额初稿阶段，应根据所制订的编制方案和定额项目，在收集和整理分析各种编制依据以及测算资料的基础上，根据选定的有代表性的工程图纸计算出工程量。套用预算定额中的人工、材料、机械消耗量，再用加权平均得出概算项目的人工、材料、机械消耗指标并计算出概算基价。

（3）测算阶段　为了更好地检验所编概算定额的水平，对概算定额的水平要从以下两个方面进行测算：

① 测算新编概算定额与预算定额水平是否一致，其幅度差是多少。

② 测算新编概算定额与现行概算定额之间水平的差值。

在此基础上，对概算定额初稿进行变更、补充或调整定额的水平。

（4）审查定稿阶段　在审查定稿阶段，要将概算定额和预算定额水平进行测算，以保证两者在水平上的一致性。如与预算定额水平不一致或幅度差不合理，则需对概算定额做必要的修改，定稿审批后，颁发执行。

（二）概算指标

1. 概算指标的概念

概算指标，即以每$100m^2$建筑物面积或每$1000m^3$建筑物体积（如是构筑物，则以座为单位）为对象，确定其所需消耗的活劳动与物化劳动的数量限额。

从上述概念可以看出，概算定额与概算指标的主要区别如下。

（1）确定各种消耗量指标的对象不同　概算定额是以单位扩大分项工程或单位扩大结构构件为对象，而概算指标则是以整个建筑物（如$100m^2$或$1000m^3$建筑物）和构筑物（如座）为对象。因此，概算指标比概算定额更加综合与扩大。

（2）确定各种消耗量指标的依据不同　概算定额是以现行预算定额为基础，通过计算之后才综合确定出各种消耗量指标，而概算指标中各种消耗量指标的确定，则主要来自各种预算或结算资料。

2. 概算指标的作用

概算指标的主要作用如下：

① 在设计深度不够的情况下，往往用概算指标来编制初步设计概算；

② 概算指标是设计单位进行设计方案比较、分析投资经济效果的尺度；

③ 概算指标是建设单位确定工程概算造价、申请投资拨款、编制基本建设计划和申请主要材料的依据。

3. 概算指标的编制依据

① 建筑标准、设计和施工规范及有关技术国家规范。

② 现行的概算定额、预算定额。

③ 标准设计图纸和各类工程的典型设计。

④ 不同结构类型的造价指标。

⑤ 各类工程的结算资料。

⑥ 材料预算价格手册、人工工资标准和其他价格资料。

4. 概算指标的内容及表现形式

（1）概算指标的内容

① 总说明　包括概算指标的用途、编制依据、适用范围、工程量计算规则及其他。

② 经济指标　包括造价指标和人工、材料消耗指标。

③ 结构特征说明　概算指标的使用权条件，其工程量指标可以作为不同结构进行换算的依据。

④ 建筑物结构示意图　概算指标在具体内容的表示方法上，分综合指标与单项指标两种形式。综合指标是按照工业与民用建筑按结构类型分类的一种概括性比较大的指标。单项指标则是一种以典型的建筑物或构筑物为分析对象的概算指标。

（2）概算指标的表现形式

概算指标的表现形式分为综合概算指标和单项概算指标两种。

① 综合概算指标　是指按工业或民用建筑及其结构类型而制订的概算指标。综合概算指标的概括性较大，其准确性、针对性不如单项指标。

② 单项概算指标　是指为某种建筑物或构筑物而编制的概算指标。单项概算指标的针对性较强，故指标中对工程结构形式要作介绍。只要工程项目的结构形式及工程内容与单项指标中的工程概况相吻合，编制出的设计概算就比较准确。

5.概算指标的编制步骤方法

概算指标编制同样划分为准备工作、编制工作和复核送审三个阶段。

概算指标构成的数据，主要来自各种工程预算和决算资料，即用各种有关数据经过整理分析、归纳计算而得。例如每平方米的造价指标，就是根据该工程的全部预算（决算）价值被该工程的建筑面积去除而得的数值。

第四节　园林绿化工程预算定额内容简介

一、《全国统一仿古建筑及园林工程预算定额》规范内容简介

《全国统一仿古建筑及园林工程预算定额》共分四册。第一册《通用项目》，包括按现代通用做法的土方基础工程、砌筑工程、钢筋混凝土工程、木作工程、楼地面工程和抹灰工程的定额；第二册《营造法原做法项目》，介绍江南仿古建筑做法的砖细工程、石作工程、屋面工程、抹灰工程、木作工程、油漆工程、脚手架工程的定额；第三册《营造则例做法项目》，介绍该做法的脚手架工程、砌筑工程、石作工程、木构架及木基层、斗拱、木装修、屋面工程、地面工程、抹灰工程、油漆彩画工程、玻璃裱糊工程的定额内容；第四册《园林绿化工程》，涉及园林绿化工程、堆砌假山工程、园路园桥工程、园林小品工程的定额事项。其中第四册《园林绿化工程》是园林企业最常用的定额，适用于城市园林和市政绿化、小品设施，也适用于厂矿、机关、学校、宾馆、居住小区的绿化及小品设施等工程。《全国统一仿古建筑及园林工程预算定额》内容包括：关于发布《仿古建筑及园林工程预算定额》的通知总说明；四册说明；仿古建筑面积计算规则；目录；一共四章的说明、工程量计算规则、270个分项子目预算定额表。

四册说明包括以下内容：

① 本册定额包括工程名称；

② 本册定额编制依据；

③ 本册定额适用范围；

④ 本册定额中未包括的项目；

⑤ 本册定额所列"其他工"所指用工；

⑥ 本册定额中材料、成品、半成品所含运输内容；

⑦ 本册定额中所列机械费是包干使用；

⑧ 定额内数量 "（ ）" 者的含意。

各分项工程预算定额表包括：分项工程名称、工作内容、计量单位、各子目名称及编号、基价（人工费、材料费、机械费）、人工（园艺工、其他工、平均等级）、材料名称及数量、机械费等。

应用《园林工程预算定额》时的注意事项：

① 看清说明中关于定额换算 例如：第一章 "园林绿化工程" 中，起挖或栽植树木均以一、二类土计算为准。如现场为三类土，人工乘以系数1.34；四类土，人工乘以系数1.76；冻土，人工乘以系数2.20。

② 苗木、花卉价格另算 例如：第一章 "园林绿化工程" 中基价未包括苗木、花卉价格，各地在使用时应按本地区的苗木、花卉价格，另行计算。

③ 某些项目套用第一册相应定额 例如：假山基础除注明外，套用第一册相应定额；园桥的基础、桥台、桥墩、护坡、石桥面等，如遇缺项可分别按第一册的相应项目定额执行，其合计工日乘以系数1.25，其他不变。

现将应用普遍的第一册《通用项目》和第四册《园林绿化工程》部分的预算定额内容简单介绍如下。

（一）土方及基础垫层工程

1. 人工挖地槽、地沟、地坑、土方

挖地槽底宽在3m以上，地坑底面积在20m²以上，平整场地厚度在0.3m以上者，均按挖土方计算。

（1）工作内容 挖土并抛土于槽边1m以外，修整槽坑壁底，排除槽坑内积水。

（2）分项内容 按土壤类别、挖土深度分别列项。

2. 平整场地，回填土

（1）工作内容

① 平整场地 厚度在±30cm以内的挖、填、找平。

② 回填土 取土、铺平、回填、夯实。

③ 原土打夯 包括碎土、平土、找平、泼水、夯实。

（2）分项内容

① 平整场地 以10m³计算。

② 回填土 按地面、槽坑、松填和实填分别列项，以10m³计算。

③ 原土打夯 按地面、槽坑分别列项，以10m³计算。

3. 大力挑抬，人力车运土

（1）工作内容 装土、卸土、运土及堆放。

（2）分项内容

① 人工挑抬 基本运距为20m，每增加20m，则相应增加费用。按土、淤泥、石分别列项，以m³计算。

② 人力车运土 基本运距为50m，每增加50m，则相应增加费用。按土、淤泥、石分别列项，以m³计算。

4. 基础垫层

（1）工作内容 筛土、闷灰、浇水、拌和、铺设、找平、夯实、混凝土搅拌、振捣、养护。

（2）分项内容

① 垫层因材料不同，按灰土（3：7）、石灰渣、煤渣、碎石（碎砖）、三合土、毛石、

碎石和砂、毛石混凝土、砂、抛乱石分别列项，以立方米（m³）计算。

② 毛石混凝土按毛石占15%计算。

（二）地面工程

1.垫层

（1）工作内容

① 炉渣过筛，闷灰、铺设垫层、拌和、找平、夯实。

② 钢筋制作，绑扎。

③ 混凝土搅拌，捣固、养护。

④ 炉渣混合物铺设、拍实。

（2）分项内容　根据材料不同，按砂、碎石、水泥石灰炉渣、石灰炉渣、炉渣、毛石灌浆、混凝土（分无筋、有筋）分别列项。

2.防潮层

（1）工作内容

① 清理基层、调制砂浆、抹灰养护。

② 熬制沥青玛蹄脂、配制和刷冷底油一道，铺贴卷材。

（2）分项内容

① 抹防水砂浆　按干面、立面分别列项。

② 二毡三油防水层　按平面、立面分别列项。

③ 坡顶防水层　按一毡二油、二毡三油分别列项。

④ 圆形攒尖顶屋面防水层　按一毡二油、二毡三油分别列项。

3.找平层

（1）工作内容

① 清理底层。

② 调制水泥砂浆、抹平、压实。

③ 细石混凝土的搅拌、振捣、养护。

（2）分项内容

① 水泥砂浆　以2cm厚为基准，增减另计。

② 钢筋混凝土　以4cm厚为基准，增减另计。

③ 细石混凝土　以3cm厚为基准，增减另计。

4.整体面层

（1）工作内容

① 清理底层，调制砂浆。

② 刷水泥浆。

③ 砂浆抹面、压光。

④ 磨光、清洗、打蜡及养护。

（2）分项内容

① 水泥砂浆　以2cm厚为基准，增减另计。

② 水磨石　按嵌条、不嵌条、嵌条分色分别列项。

③ 踢脚线　按水泥砂浆面、水磨石面分别列项。

5.块料面层

（1）工作内容

① 清理底层，调制砂浆，熬制玛蹄脂。

② 刷素水泥浆，砂浆找平。

③ 铺结合层、贴块料面层、填缝、养护。

（2）分项内容　根据材料不同，按瓷砖地面、马赛克面层、大理石面层、水磨石板地面、水磨石板踢脚线分别列项。

6.其他

（1）工作内容

① 挖土或填土，夯实底层、铺垫层。

② 铺面、裁边、灌浆。

③ 混凝土搅拌、捣固、养护。

④ 砂浆调制、抹面、压光。

⑤ 磨光、上蜡。

⑥ 剁斧斩假石面。

（2）分项内容

① 混凝土散水坡、混凝土明沟分别列项，工程量以10延长米计算。

② 混凝土台阶　按水泥砂浆面、斩假石面、水磨石面分别列项；砖台阶（水泥砂浆面）。

（三）混凝土及钢筋混凝土工程

1.现浇钢筋混凝土

（1）基础

① 工作内容

a.模板制作、安装、拆卸、刷润滑剂、运输堆放。

b.钢筋制作、绑扎、安装。

c.混凝土搅拌、浇捣、养护。

② 分项内容

a.带形基础：按毛石混凝土、无筋混凝土、钢筋混凝土分别列项。

b.基础梁。

c.独立基础：按毛石混凝土、无筋混凝土、钢筋混凝土分别列项。

d.杯形基础。

（2）柱

① 工作内容同前。

② 分项内容

a.矩形柱：按断面周长档位分别列项。

b.圆形柱：按直径档位分别列项。

（3）梁

① 工作内容同前。

② 分项内容

a.矩形梁：按梁高档位分别列项。

b.圆形梁：按直径档位分别列项。

c.圈梁、过梁、老嫩戗分别列项。

（4）桁、枋、机

① 工作内容同前。

② 分项内容

a.矩形桁条、梓桁：按断面高度档位分别列项。

b.圆形桁条、梓桁：按直径档位分别列项。

c.枋子、连机分别列项。

（5）板

① 工作内容同前。

② 分项内容

a.有梁板：按板厚档位分别列项。

b.平板：按板厚档位分别列项。

c.椽望板、戗翼板分别列项。

d.亭屋面板：按板厚档位分别列项。

（6）钢丝网屋面、封沿板

① 工作内容

a.制作、安装、拆除临时性支撑及骨架。

b.钢筋、钢丝网制作及安装。

c.调运砂浆。

d.抹灰。

e.养护。

② 分项内容

a.钢丝网屋面：以二网一筋20mm厚为基准，增加时另计。按体积以立方米（m³）计算。

b.钢丝网封沿板：按10延长米为单位计算。

（7）其他项目

① 工作内容

a.木模制作、安装、拆除。

b.钢筋制作、绑扎、安装。

c.混凝土搅拌、浇捣、养护。

② 分项内容

a.整体楼梯、雨篷、阳台分别列项。工程量按水平投影面积以10m²计算。

b.古式栏板、栏杆分别列项。工程量以10延长米计算。

c.吴王靠按筒式、繁式分别列项。工程量以10延长米计算。

d.压顶按有筋、无筋分别列项。工程量以立方米（m³）计算。

2.预制钢筋混凝土

（1）柱

① 工作内容

a.钢模板安装、拆除、清理、刷润滑剂、集中堆放；木模板制作、安装、拆除、堆放；模板场外运输。

b.钢筋制作，对点焊及绑扎安装。

c.混凝土搅拌、浇捣、养护。

d.砌筑清理地胎模。

e.成品堆放。

② 分项内容

a.矩形柱按断面周长档位分别列项。

b.圆形柱按直径档位分别列项。

c.多边形柱按相应圆形柱定额计算。

（2）梁

① 工作内容同前。

② 分项内容

a.矩形梁按断面高度档位分别列项。

b.圆形梁按直径档位分别列项。圆形梁按圆形梁定额计算，增大系数。

c.异形梁、基础梁、过梁、老嫩戗分别列项。

（3）桁、枋、机

① 工作内容同前。

② 分项内容

a.矩形桁条、桉桁：按断面高度档位分别列项。

b.圆形桁条、桉桁：按直径档位分别列项。

c.枋子、连机分别列项。

（4）板

① 工作内容同前。

② 分项内容

a.空心板　按板长档位分别列项。

b.平板，槽形板（含单肋板）、椽望板、戗翼板分别列项。

（5）椽子

① 工作内容同前。

② 分项内容

a.方直椽：按断面高度档位列项。

b.圆直椽：按直径档位列项。

c.弯形椽。

（6）挂落　工程量按10延长米为单位计算。

（7）花窗　分项内容：按复杂、简单分别列项。

（8）预制混凝土地面砖　分项内容：

① 地面块　按矩形、异形、席纹分别列项。

② 假方砖　按有筋、无筋分别列项。

（四）砌筑工程

砌筑工程主要包括砌砖和砌石工程。

1.砖基础、砖墙

（1）工作内容

① 调、运、铺砂浆，运砖、砌砖。

② 安放砌体内钢筋、预制过梁板、垫块。

③ 砖过梁：砖平拱模板安制、拆除。

④ 砌窗台虎头砖、腰线、门窗套。

（2）分项内容

① 砖基础。

② 砖砌内墙：按墙身厚度1/4砖、1/2砖、3/4砖、1砖、1砖以上分别列项。

③ 砖砌外墙：按墙身厚度1/2砖、3/4砖、1砖、1.5砖、2砖及2砖以上分别列项。

④ 砖柱：按矩形、圆形分别列项。

2.砖砌空斗墙、空花墙、填充墙

（1）工作内容同前。

（2）分项内容

① 空斗墙　按做法不同分别列项。

② 填充墙　按不同材料分别列项（包括填料）。

3.其他砖砌体

（1）工作内容

① 调、运砂浆，运砖、砌砖。

② 砌砖拱包括木模安制、运输及拆除。

（2）分项内容

① 小型砌体　包括花台、花池及毛石墙的门窗口立边、窗台虎头砖等。

② 砖拱　包括圆拱、半圆拱。

③ 砖地沟。

4.毛石基础、毛石砌体

（1）工作内容

① 选石、修石、运石。

② 调、运、铺砂浆，砌石。

③ 墙角、门窗洞口的石料加工。

（2）分项内容

① 墙基（包括独立柱基）。

② 墙身　按窗台下石墙、石墙到顶、挡土墙分别列项。

③ 独立柱。

④ 护坡　按干砌、浆砌分别列项。

5.砌景石墙、蘑菇石墙

（1）工作内容

① 景石墙　调、运、铺砂浆，选石、运石、石料加工、砌石、立边、棱角修饰、修补
缝口、清洗墙面。

② 蘑菇石墙　调、运、铺砂浆，选石、修石、运石，墙身、门窗口立边修正。

（2）分项内容　景石墙、蘑菇石墙分别列项。工程量按砌体体积以立方米（m³）计算，
蘑菇石按成品石考虑。

（五）抹灰工程

1.水泥砂浆、石灰砂浆

（1）工作内容

① 清理基层，堵墙眼，调运砂浆。

② 抹灰、找平、罩面及压光。

③ 起线、格缝嵌条。

④ 搭拆3.6m高以内脚手架。

（2）分项内容

① 天棚抹灰　按不同基层、不同砂浆分别列项。

② 墙面抹灰　按不同墙面、不同基层、不同砂浆分别列项。

③ 柱、梁面抹灰按不同砂浆分别列项，工程量按展开面积计算。

④ 挑沿、大沟、腰线、栏杆、扶手、门窗套、窗台线、压顶等抹灰均以展开面积计算。

⑤ 阳台、雨篷抹灰 按水平投影面积计算，定额中已包括底面、上面、侧面及牛腿的全部抹灰面积。但阳台的栏板、栏杆抹灰应另列项目计算。

2. 装饰抹灰

（1）工作内容

① 清理基层，堵墙眼，调运砂浆。

② 嵌条、抹灰、找平、罩面、洗刷、剁斧、粘石、水磨、打蜡。

（2）分项内容

① 剁假石 分别按砖墙面、墙裙；柱、梁面；撬沿、腰线、栏杆、扶手；窗台线、门窗线压顶；阳台、雨篷（水平投影面积）列项。

② 水刷石 分别按砖墙、砖墙裙；毛石墙、毛石墙裙；柱、梁面；挑沿、天沟、腰线、栏杆；窗台线、门窗套、压顶；阳台、雨篷（水平投影面积）列项。

③ 干粘石 分别按砖墙面、砖墙裙；毛石墙面、毛石墙裙；柱、梁面；挑沿、腰线、栏杆、扶手；窗台线、门窗套、压顶；阳台、雨篷（水平投影面积）列项。

④ 水磨石 分别按墙面、墙裙，柱、梁面、窗台板、门窗套、水池等小型项目列项。

⑤ 拉毛 按墙面、柱梁面分别列项。

3. 镶贴块料面层

（1）工作内容

① 清理表面、堵墙眼。

② 调运砂浆、底面抹灰找平。

③ 镶贴面层（含阴阳角），修嵌缝隙。

（2）分项内容

① 瓷砖、马赛克、水磨石板各项分别按墙面墙裙、小型项目列项。

② 人造大理石、天然大理石按墙面墙裙、柱梁及其他分别列项。

③ 面砖：按勾缝、不勾缝分别列项。

（六）堆砌假山及塑假石山工程

1. 堆砌假山

（1）工作内容

① 放样、选石、运石、调运砂浆（混凝土）。

② 堆砌，搭、拆简单脚手架。

③ 塞垫嵌缝，清理，养护。

（2）分项内容

① 湖石假山、黄石假山、整块湖石峰、人造湖石峰、人造黄石峰、石笋安装、土山点石均按高度档位分别列项。

② 布置景石按重量（t）档位分别列项。

③ 自然式护岸是按湖石计算的，如采用黄石砌筑，则湖石换算成黄石，数量不变。

2. 塑假石山

（1）工作内容

① 放样划线，挖土方，浇混凝土垫层。

② 砌骨架或焊钢骨架，挂钢网，堆砌成型。

（2）分项内容

① 砖骨架塑假山 按高度档位分别列项。如设计要求做部分钢筋混凝土骨架时，应进行换算。

② 钢骨架塑假山　基础、脚手架、主骨架的工料费没包括在内，应另行计算。

（七）园路及园桥工程

1.园路

（1）土基整理　厚度在30cm以内挖、填土，找平、夯实、修整，弃土于2m以外。

（2）垫层

① 工作内容　筛土、浇水、拌和、铺设、找平、灌浆、振实、养护。

② 细目划分　按砂、灰土、煤渣、碎石、混凝土分别列项。

（3）面层

① 工作内容　放线、修整路槽、夯实、修平垫层、调浆、铺面层、嵌缝、清扫。

② 细目划分

a.卵石面层：按彩色拼花、素色（含彩边）分别列项。

b.现浇混凝土面层：按纹形、水刷分别列项。

c.预制混凝土块料面层：按异形、大块、方格、假冰片分别列项。

d.石板面层：按方整石板、冰纹石板分别列项。

e.八五砖面层：按平铺、侧铺分别列项。

f.瓦片、碎缸片、弹石片、小方碎石、六角板面层应分别列项。

2.园桥

（1）工作内容　选石、修石、运石，调、运、铺砂浆，砌石，安装桥面。

（2）分项内容

① 毛石基础、桥台（分毛石、条石）、条石桥墩、护坡（分毛石、条石）应分别列项。工程量均以立方米（m³）计算。

② 石桥面：以10m² 计算。

③ 园桥挖土、垫层、勾缝及有关配件制作、安装应套用相应项目另行计算。

（八）园林绿化工程

1.整理绿化地

（1）工作内容

① 清理场地（不包括建筑垃圾及障碍物的清除）。

② 厚度30cm以内的挖、填、找平。

③ 绿地整理。

（2）工程量　以10m² 计算。

2.起挖乔木（带土球）

（1）工作内容　起挖、包扎出坑、搬运集中、回土填坑。

（2）细目划分　按土球直径档位分别列项。特大或名贵树木另行计算。

3.起挖乔木（裸根）

（1）工作内容　起挖、出坑、修剪、打浆、搬运集中、回土填坑。

（2）细目划分　按胸径档位列项。特大或名贵树木另行计算。

4.栽植乔木（带土球）

（1）工作内容　挖坑、栽植（落坑、扶正、回土、捣实、筑水围）、浇水、覆土、保墒、整形、清理。

（2）细目划分　按土球直径档位列项。特大或名贵树木另行计算。

5.栽植乔木（裸根）

（1）工作内容　同前。

（2）细目划分　按胸径档位分别列项。特大或名贵树木另行计算。

6.起挖灌木（带土球）

（1）工作内容　起挖、包扎、出坑、搬运集中、回土填坑。

（2）细目划分　按土球直径分别列项。特大或名贵树木另行计算。

7.起挖灌木（裸根）

（1）工作内容　起挖、出坑、修剪、打浆、搬运集中、回土填坑。

（2）细目划分　按冠丛高度档位列项。

8.栽植灌木（带土球）

（1）工作内容　挖坑、栽植（扶正、捣实、回土、筑水围）、浇水、覆土、保墒、整形、清理。

（2）细目划分　按土球直径档位分别列项。特大或名贵树木另行计算。

9.栽植灌木（裸根）

（1）工作内容　同前。

（2）细目划分　按冠丛高度档位分别列项。

10.起挖竹类（散生竹）

（1）工作内容　起挖、包扎、出坑、修剪、搬运集中、回土填坑。

（2）细目划分　按胸径档位分别列项。

11.起挖竹类（丛生竹）

（1）工作内容　同前。

（2）细目划分　按根盘丛径档位分别列项。

12.栽植竹类（散生竹）

（1）工作内容　挖坑、栽植（扶正、捣实、回土、筑水围）、浇水、覆土、保墒、整形、清理。

（2）细目划分　按胸径档位分别列项。

13.栽植竹类（丛生竹）

（1）工作内容　同前。

（2）细目划分　按根盘丛径档位分别列项。

14.栽植绿篱

（1）工作内容　开沟、排苗、回土、筑水围、浇水、覆土、整形、清理。

（2）细目划分　按单、双排和高度档位分别列项。工程量以10延长米计算。

15.露地花卉栽植

（1）工作内容　翻土整地、清除杂物、施基肥、放样、栽植、浇水、清理。

（2）细目划分　按草本花、木本花、球块根类、一般图案花坛、彩纹图案花坛分别列项。

16.草皮铺种

（1）工作内容　翻土整地、清除杂物、搬运草皮、浇水、清理。

（2）细目划分　按散铺、满铺、直生带、播种分别列项。种苗费未包括在定额内，另行计算。

17.栽植水生植物

（1）工作内容　挖淤泥、搬运、种植、养护。

（2）细目划分　按荷花、睡莲分别列项。

18.树木支撑

（1）工作内容　制桩、运桩、打桩、绑扎。

（2）细目划分

① 树棍桩　按四脚桩、三脚桩、一字桩、长单桩、短单桩、铅丝吊桩分别列项。

② 毛竹桩　按四脚桩、三脚桩、一字桩、长单桩、短单桩、预制混凝土长单桩分别列项。

19.草绳绕树干

（1）工作内容　搬运草绳、绕干、余料清理。

（2）细目划分　按树干胸径档位分别列项。工程量以延长米计算。

20.栽植攀缘植物

（1）工作内容　挖坑、栽植、回土、捣实、浇水、覆土、施肥、整理。

（2）细目划分　按3年生、4年生、5年生、6～8年生分别列项。工程量以100株为单位计算。

21.假植

（1）工作内容　挖假植沟、埋树苗、覆土、管理。

（2）细目划分

① 裸根乔木　按胸径档位分别列项。

② 裸根灌木　按冠丛高度档位分别列项。

（3）工程量　以株为单位计算。

22.人工换土

（1）工作内容　装、运土到坑边。

（2）细目划分

① 带土球乔灌木，按土球直径档位分别列项。

② 裸根乔木，按胸径档位分别列项。

③ 裸根灌木，按冠丛高度档位分别列项。

（3）工程量　均以株为单位计算。

（九）园林小品工程

1.堆塑装饰

（1）塑松（杉）树皮、竹节竹片、壁画应分别列项

① 工作内容　调运砂浆、找平、压光、塑面层、清理、养护。

② 工程量按展开面积以10m^{2}计算。

（2）塑松树棍（柱）、竹棍应分别列项

① 工作内容　钢筋制作、绑扎、调制砂浆、底层抹灰、现场安装。

② 细目划分

a.预制塑松棍　按直径档位分别列项。

b.塑松皮柱　按直径档位分别列项。

c.塑黄竹、塑金丝竹　按直径档位分别列项。

2.小型设施

（1）水磨石小品

① 工作内容　模板制作、安装及拆除，钢筋制作及绑扎，混凝土浇捣，砂浆抹平，构件养护，磨光打蜡，现场安装。

② 分项内容及工程量计算

a.景窗按断面积档位、现场与预制分别列项。工程量以10延长米计算。

b.平板凳按现浇与预制分别列项。工程量以10延长米计算。

c.花槽、角花、博古架均按断面积档位分别列项。工程量以10延长米计算。

d.木纹板按面积以平方米（m²）计算。

e.飞来椅以10延长米计算。

（2）小摆设及混凝土栏杆

① 工作内容　放样，挖、做基础，调运砂浆，抹灰，模板安制及拆除，钢筋制作绑扎，混凝土浇捣，养护及清理。

② 分项内容及工程量计算

a.砖砌小摆设：按砌体体积以立方米（m³）计算。砌体抹灰：按展开面积以10m²计算。

b.预制混凝土栏杆：按断面尺寸、高度分别列项。工程量以10延长米计算。

（3）金属栏杆

① 工作内容　下料、焊接、刷防锈漆一遍，刷面漆二遍，放线、挖坑、安装、灌浆覆土、养护。

② 分项内容　按简易、普遍、复杂分别列项。工程量以10延长米计算。

二、《地区园林工程预算定额》简介

《地区园林工程预算定额》是指《_____省（自治区、直辖市）园林工程预算定额》。

《地区园林工程预算定额》是在1988年《全国统一仿古建筑及园林工程预算定额》第四册的基础上，结合当地人工、材料、机械费单价改编而成的，增添了一些分项子目。内容包括：关于颁布《园林工程顶算定额》的通知；总说明；各分项工程的说明；工程量计算规则；若干个分项子目预算定额表等。

各分项工程预算定额表上有：分项工程名称；工作内容；计量单位；各子目名称及编号；各子目的基价、人工费、材料费、机械费；工日单价；各种材料名称、单价、数量等。利用《地区园林工程预算定额》可直接查出各分项子目的基价、人工费、材料费及各种所用材料的名称、数量等。下面以北京2001年庭院工程定额第一章第二节为例。见表2-1。

表2-1　机械挖土、运土、推土机推土

工作内容：① 挖土　机械挖土、装车、清理等；
　　　　　② 推土　推土机推土、运土、弃土、平整等；
　　　　　③ 运土　汽车运土、卸土等。

单位：m³

定额编号			1～7	1～8	1～9	1～10
项目			机械挖土方	机械运土方		
				运距（km以内）		
				1	5	10
基价/元			3.83	6.44	12.93	19.21
其中						
	名称	单位	单价/元	数量		

三、《地区园林工程费用定额》简介

《地区园林工程费用定额》是指《××省（自治区、直辖市）园林工程费用定额》。《地区园林工程费用定额》内容包括：关于颁发《园林工程费用定额》的通知；说明；园林工程费用定额；若干问题说明；附录等。

园林工程费用定额中包括：适用范围、园林工程人工工日单价表、园林工程其他直接费费率表、园林工程现场经费费率表、园林工程间接费费率表、园林工程差别利润率表、园林工程分类表等。

《地区园林工程费用定额》随《园林工程预算定额》修订而改编，一般是每隔4年修编一次。

第三章

工程量"清单计价"概述

经建设部批准，自2013年7月1日起实施的《建设工程工程量清单计价规范》（GB 50500—2013）（以下简称《清单计价规范》）是规范建设工程工程量清单计价行为的标准。《清单计价规范》的实施是为了建立工程招标中的标底计价、投标报价的编制，评价、合同签订、调整等一系列工程计价活动，使之能够适应我国建设市场的飞速发展，投标招标制、合同制的逐步推行，以及加入WTO与国际接轨等目的而出台的规范。

《清单计价规范》的颁布实施，是我国深化工程造价管理改革的里程碑。它统一了建设工程工程量清单的编制和计价方法，对指导建设工程工程量清单计价活动，逐步实现政府宏观调控、企业自主报价、市场竞争形成价格，以及创造公平、公正、公开的竞争环境，建立全国统一的、有序的建筑市场起到了不可估量的作用。《清单计价规范》的实施既能与国际惯例接轨，又符合我国建设活动的现状。

第一节　工程量"清单计价"的概念及规定

一、工程量"清单计价"概念

1.工程量清单

工程量清单是表现拟建工程的分部分项工程项目、措施项目、其他项目、规费项目和税金项目的名称和相应数量的明细清单。由招标人按照"清单计价规范"附录中的统一项目编码、项目名称、计量单位和工程量计算规则进行编制。主要包括"分部分项工程量清单"、"措施项目清单"、"其他项目清单"、"规费项目清单"、"税金项目清单"等。

编制工程量清单时，应视具体情况而定，出现规范中未列项目，编制人可作相应补充，但应注意：所作补充列项，应报省、自治区或直辖市工程造价管理机构备案。

2."清单计价"

建设工程在招投标中，招标人委托具有资质的中介机构编制，反映工程实体消耗的工程量清单。并作为招标文件的一部分提供给投标人，由投标人依据工程量清单自主报价的计价方式。

3.工程量清单计价

建设工程招标投标工作中，招标人按照国家统一的工程量计算规则提供工程数量，由投标人依据工程量清单自主报价，并按照经评审低价中标的工程造价计价方式。

即投标人完成招标人提供的"工程量清单"所列工程建设、安装等内容所需的全部费用（包括分部分项工程费、措施项目费、其他项目费、规费、税金等）。

4.综合单价

完成一个规定计量单位的分部分项工程和措施清单项目或措施项目所需的人工费、材料费、施工机具使用费和企业管理费、利润以及一定范围内的风险费用。

二、工程量的计算原则

为了保证工程计算量的准确，通常要遵循以下原则。

1.计算口径要一致，避免重复和遗漏

计算工程量时，根据施工图列出分项工程的口径（指分项工程包括的工作内容和范围），必须与预算定额中相应分项工程的口径一致。例如水磨石分项工程，预算定额中已包括了刮素水泥一道（结合层），则计算该工程量时，不应另列刮素水泥浆项目，造成重复计算。相反，分项工程中设计有的工作内容，而相应预算定额中没有包括时，应另列项目计算。

2.工程量计算规划要一致，避免错算

工程量计算必须与预算定额中规定的工程量计算规则（或工程量计算方法）相一致，保证计算结果准确。例如，砖砌工程中，一砖半砖墙的厚度，无论施工图中标注的尺寸是"360"或"370"，都应以预算定额计算规则规定的"365"进行计算。

3.计量单位要一致

各分项工程量的计量单位，必须与预算定额中相应项目的计量单位相一致。例如：预算定额中栽植绿篱分项工程的计量是10延长米，而不是株数，则工程量单位也应是10延长米。

4.按顺序进行计算

计算工程量时要按照一定的顺序（自定）逐一进行计算，避免漏算和重算。

5.计算精度要统一

为了计算方便，工程量的计算结果统一要求为：除钢材（以吨为单位）、木材（以立方米为单位）取三位小数外，其余项目一般取两位小数，以下四舍五入。

三、工程量清单概述

1.分部分项工程量清单

分部分项工程量清单应表明拟建工程的全部分项实体工程名称和相应数量。编制时应防止错项、漏项。分部分项工程量清单的内容应满足规范管理、方便管理和计价行为的要求。为此，《清单计价规范》对分部分项工程量清单的编制作出以下几项规定。

（1）分部分项工程量清单应包括项目编码、项目名称、项目特征、计量单位和工程量，并按规定执行，不得因情况不同而变动。

（2）分部分项工程量清单项目的编码的确定　分部分项工程量清单的项目编码，应采用十二位阿拉伯数字表示。一至九位应按附录的规定设置，十至十二位应根据拟建工程的工程量清单项目名称设置，同一招标工程的项目编码不得有重码。一、二位为附录顺序码，三、四位为专业工程顺序码，五、六位为分部工程顺序码，七、八、九位为分项工程名称顺序码。编制分部分项工程量清单时，应按《清单计价规范》附录中的相应编码设置；十、十一、十二位是清单项目名称顺序编码，由清单编制人根据设置的清单项目编制。

（3）分部分项工程量清单的项目名称的确定

① 分部分项工程量清单的项目名称的确定应按《清单计价规范》附录的项目名称、项目特征，并结合拟建工程的具体情况而定。主要考虑以下三个因素。

a.项目名称：应以附录中的项目名称为主体。

b.项目特征：应考虑该项目的规格、型号、材质等特征要求。

c.拟建工程的具体情况：结合拟建工程的实际情况，使其工程量清单项目名称更加具体详细，反映工程造价的主要影响因素。

② 工程量清单项目的划分，一般是以一个"综合实体"考虑的，包括多项工程内容，并据此规定了相应的工程量计算规则。

③《清单计价规范》规定，编制工程量清单出现附录中未包括的项目，编制人应作补充，并报省级或行业工程造价管理机构备案，省级或行业工程造价管理机构应汇总报往住房和城乡建设部标准定额研究所。

补充项目的编码由附录的顺序码与B和三位阿拉伯数字组成，并应从×B001起顺序编制，同一招标工程的项目不得重码。工程量清单中需附有补充项目的名称、项目特征、计量单位、工程量计算规则、工程内容。

（4）分部分项工程量清单的计量单位的确定　应按《清单计价规范》附录中的统一规定确定分部分项工程量清单的计量单位。附录按国际惯例，工程量计量单位均采用基本单位计量。计量单位全国统一，要严格遵守。

规定如下：长度计算单位为米（m）；面积计算单位为平方米（m^2）；质量计算单位为kg；体积和容积计算单位为立方米（m^3）；自然计量单位为台、套、个、组等。

（5）分部分项工程量清单中工程计量的计算规定

① 工程计量应按《清单计价规范》附录中规定的工程量计算规则计算。

② 工程计量的有效位数应遵守下列规定：

a. 以"t"为单位，应保留小数点后三位数字，第四位四舍五入；

b. 以"m^3"、"m^2"、"m"为单位，应保留小数点后两位数字，第三位四舍五入；

c. 以"个"、"项"为单位，应取整数。

2. 措施项目清单

措施项目是指为完成工程项目施工，发生于该工程施工前和施工过程中的技术、生活、安全等方面的非工程实体项目。

① 措施项目清单应根据拟建工程的实际情况，参照《清单计价规范》提供的"措施项目一览表"（表3-8）列项。表中"通用项目"所列内容是指各专业工程的"措施项目清单"中均可列出的措施项目。措施项目清单以"项"为计量单位，相应数量为"1"。

② 措施项目分为通用项目、建筑工程措施项目、装饰装修工程措施项目、安装工程措施项目、市政工程措施项目。

通用项目是各工程必须设置的，如有：安全文明施工（含环境保护、文明施工、安全施工、临时设施），夜间施工，冬雨季施工，二次搬运，大型机械设备进出场及安拆，施工排水，施工降水，地上、地下设施。建筑物的临时保护措施，已完工程及设备保护；建筑工程措施项目有垂直运输机械；装饰装修工程措施项目有垂直运输机械、室内空气污染测试。

③ 编制措施项目清单，当出现表中未列项目时，编制人可作补充。补充项目应列在清单项目最后，并在"序号"栏中记以"补"字。

除园林工程本身的因素外，影响措施项目设置的因素非常多，涉及水文、气象、环境、安全等，故投标人要对拟建工程可能发生的措施项目和措施费用作全方位考虑，并可根据企业自身特点灵活变更。

④ 措施项目清单中的安全文明施工费应按照国家或省级、行业建设主管部门的规定计价，不得作为竞争性费用。

投标方安全防护、文明施工措施的报价，不得低于依据工程所在地工程造价管理机构测定费率计算所需费用总额的90%。建筑施工企业提取的安全费用列入工程造价，在竞标时，不得删减。

⑤ 措施项目应按照招标文件中提供的措施项目清单确定，采用分部分项工程综合单价形式进行计价的工程量，应按措施项目清单中的工程量，并按"08规范"的规定确定综合单价；以"项"为单位的方式计价的，按"08规范"的规定计价，包括除规费、税金以外的全

部费用。

3. 其他项目清单

① 其他项目清单主要体现了招标人提出的与拟建项目有关的一些特殊要求。其他项目清单应根据拟建工程的实际情况，参照暂列金额、暂估价（包括材料暂估价、专业工程暂估价）、总承包服务费、计日工项目费等内容列项。这些特殊要求所需费用金额计入报价中。

② 暂列金额是指招标人在工程量清单中暂定并包括在合同价款中的一笔款项。用于施工合同签订时尚未确定或者不可预见的所需材料、设备、服务的采购，施工中可能发生的工程变更、合同约定调整因素出现时的工程价款调整以及发生的索赔、现场签证确认等的费用。

③ 暂估价是指招标人在工程量清单中提供的用于支付必然发生但暂时不能确定价格的材料、工程设备的单价以及专业工程的金额。

④ 计日工是在施工过程中，承包人完成发包人提出的施工图纸以外的零星项目或工作，按合同中约定的综合单价计价的一种方式。

⑤ 总承包服务费是总承包人为配合协调发包人进行的专业工程分包，发包人自行采购的设备、材料等进行保管以及施工现场管理、竣工资料汇总整理等服务所需的费用。

⑥ 其他项目清单不足部分可由清单编制人作出补充项目应列于清单项目最后，并记以"补"字。

4. 规费项目清单

规费项目清单应按照下列内容列项：

① 工程排污费；

② 工程定额测定费；

③ 社会保障费：包括养老保险费、失业保险费、医疗保险费；

④ 住房公积金；

⑤ 危险作业意外伤害保险。

5. 税金项目清单

应包括下列内容：

① 营业税；

② 城市维护建设税；

③ 教育附加税。

6. 规费和税金

规费和税金应按国家或省级、行业建设主管部门的规定计算，不得作为竞争性费用。本条规定了规费和税金的计价原则。规费是政府和有关权力部门规定必须缴纳的费用。税金是国家按照税法制定的标准，强制地、无偿地要求纳税人缴纳的费用。它们是工程造价的组成部分，但是其费用内容和计取标准都不是发、承包人能自主确定的，更不是由市场竞争决定的。

四、工程量清单的编制

1. 工程量清单编制的基本规定

① 工程量清单应由具有编制招标文件能力的招标人，或受其委托具有相应资质的中介机构进行编制。

工程量清单是招标投标活动的主要依据，是在招投标活动中，对招投标人具有约束力的文件。其专业性强，对编制人的业务技术水平要求高，能否编制出完整、严谨的工程量清单，直接影响招标的质量。因此，工程量清单编制人的资质和能力是很重要的。

② 工程量清单是编制招标工程标底和投标报价的依据，也是支付工程进度款和办理工程结算、调整工程量以及工程索赔的依据。作为招标文件的组成部分，工程量清单体现了招标人要求投标人完成的工程项目及相应工程数量，准确反映了对投标报价的要求。

2. 工程量清单的编制原则

① 满足园林建设工程施工招投标的需要，能合理确定和有效控制工程造价。

② 做到统一项目编码、统一工程量计算规则、统一项目特征、统一计量单位、统一项目名称。

③ 要做到有利于规范建筑市场的计价行为，促进企业经营管理和技术进步，增加市场上的良性竞争。

④ 适当考虑我国目前工程造价管理工作现状，实行市场调节价格。

3. 工程量清单的编制依据

① 招标文件规定的相关内容。

② 拟建工程设计施工图纸。

③ 施工现场的情况。

④ 统一的工程量计算规则、分部分项工程的项目划分。

4. 工程量清单的格式

① 采用统一格式。

② 由招标人填写，作为招标文件的组成部分。

③ 应由下列内容组成：

a. 封面。

b. 总说明。

c. 汇总表。

d. 分部分项工程量清单。

e. 措施项目清单。

f. 其他项目清单。

g. 规费、税金项目清单与计价表。

h. 工程款支付申请（核准）表。

④ 工程量清单封面　工程量清单封面上应填写工程名称、招标人姓名、法定代表人姓名、造价工程师及注册证号、编制时间。所有姓名应签字盖章，招标人应有单位签字盖章，造价工程师及注册证号应签字盖执业专用章。工程量清单封面格式见表3-1。

表3-1　工程量清单封面

_____工程	
工 程 量 清 单	
	工程造价
招 标 人：	咨 询 人：
（单位盖章）	（单位资质专用章）
法定代表人：	法定代表人
或其授权人：	或其授权人：
（签字或盖章）	（签字或盖章）
编 制 人：	复 核 人：
（造价人员签字盖专用章）	（造价工程师签字盖专用章）
编 制 时 间：　年　月　日	复 核 时 间：　年　月　日

⑤ 填表须知　填表须知除《清单计价规范》规定内容外，招标人可根据具体情况进行补充。填表须知见表3-2。

表3-2　填表须知

1. 工程量清单及其计价格式中所有要求签字、盖章的地方，必须由规定的单位和人员签字、盖章。
2. 工程量清单及其计价格式中的任何内容不得随意删除或涂改。
3. 工程量清单计价格式中列明的所有需要填报的单价和合价，投标人均应填报，未填报的单价和合价，视为此项费用已包含在工程量清单的其他单价和合价中。
4. 金额（价格）均应以_____币表示。

⑥ 工程量清单总说明

a. 工程概况，包括建设规模、工程特征、计划工期、施工现场实际情况、交通运输情况、自然地理条件、环境保护要求等。

b. 工程招标和分包范围。

c. 工程量清单编制依据。

d. 工程质量、材料、施工等的特殊要求。

e. 招标人自行采购材料的名称、规格型号、数量等。

f. 暂列金额、自行采购材料的金额数量。

g. 其他需说明的问题。

具体格式见表3-3。

表3-3　工程量清单总说明格式

总说明

工程名称：　　　　　　　　　　　　　　　　　　　　　　　　　　第　页　共　页

⑦ 分部分项工程量清单　分部分项工程量清单的填写应按工程名称、序号、项目编码、项目名称、计量单位、工程数量等按前述要求填写，具体格式见表3-4。

表3-4　分部分项工程量清单格式

分部分项工程量清单与计价表

工程名称：　　　　　　　　　　　　　　　　　　　　　　　　　　第　页　共　页

序号	项目编码	项目名称	项目特征描述	计量单位	工程量	金额/元		
						综合单价	合价	其中
								暂估价

⑧ 措施项目清单　措施项目清单中应填写工程名称、序号及项目名称等。其具体要求如前述。具体格式见表3-5。

表3-5　措施项目清单格式

措施项目清单与计价表

工程名称：　　　　　　　　　　　　　　　　　　　　　　　　　　　　　　第　页　共　页

序号	项目编码	项目名称	项目特征描述	计量单位	工程量	金额/元		
						综合单价	合价	其中
								暂估价

⑨ 其他项目清单　其他项目清单中应填写工程名称、序号、项目名称等。具体要求如前述，具体格式见表3-6。

表3-6　其他项目清单格式

其他项目清单

工程名称：　　　　　　　　　　　　　　　　　　　　　　　　　　　　　　第　页　共　页

序号	项目名称

⑩ 工程量清单综合单价分析表　见表3-7。

表3-7 工程量清单综合分析表格式

工程名称：　　　　　　　　　　　　　　　　　　　　　　　　　　　　　　第　页　共　页

项目编码		项目名称		计量单位	

清单综合单价组成明细

定额编号	定额名称	定额单位	数量	单价				合价			
				人工费	材料费	机械费	管理费和利润	人工费	材料费	机械费	管理费和利润

人工单价	小　计										
元/工日	未计价材料费										
	清单项目综合单价										

	主要材料名称、规格、型号	单位	数量	单价	合价	暂估单价	暂估合价
材料费明细							
	其他材料费						
	材料费小计						

⑪ 措施项目一览表　措施项目应根据拟建工程的具体情况，参照表3-8列项。

表3-8　措施项目一览表

序号	项目名称
1.通用项目	
1.1	安全文明施工（含环境保护、文明施工、安全施工、临时设施）
1.2	夜间施工
1.3	二次搬运
1.4	冬雨季施工
1.5	大型机械装备进出场及安拆
1.6	施工排水
1.7	施工降水
1.8	地上、地下设施，建筑物的临时保护设施
1.9	已完工程及设备保护
2.建筑工程	
2.1	垂直运输机械
3.装饰装修工程	
3.1	垂直运输机械
3.2	室内空气污染测试
4.安装工程	
4.1	组装平台
4.2	设备、管道施工的安全、防冻和焊接保护措施*
4.3	压力容器和高压管道的检查*
4.4	焦炉施工大棚*
4.5	焦炉烘炉、热态工程*
4.6	管道安装后的充气保护措施*
4.7	隧道内施工的通风、供水、供气、供电、照明及通信设备
4.8	现场施工围栏
4.9	长输管道临时水工保护措施
4.10	长输管道施工便道
4.11	长输管道跨越或穿越施工措施
4.12	长输管道地下穿越地上建筑物的保护措施
4.13	长输管道工程施工队伍调整
4.14	格架式抱杆
5.市政工程	
5.1	围堰
5.2	筑岛
5.3	现场施工围栏
5.4	便道
5.5	便桥
5.6	洞内施工的通风、供水、供气、供电、照明及通信设备
5.7	驳岸块石清理

注：*表示实体措施项目。

五、工程量清单计价

1. 工程量清单计价的概念

工程量清单计价是指建设工程招标投标工作中，招标人按照国家统一的工程量计算规则提供工程量，由投标人依据工程量清单自主报价，并按照经评审合理低价中标的规则实行的一种工程造价计价方式。

工程量清单计价是各投标单位根据自己的实力，按照竞争策略的需要，自主报价，业主根据合理低价的原则定标的一种模式。以其他条件相同为前提，主要看报价。竞争形成的最理想报价是在所有的投标人中报价最低者的合理低价。

工程量清单计价具有重要的意义：

① 有利于降低工程造价，节约投资。

② 增加招标投标的透明度，实现公平、公开、公正原则。

③ 促进施工企业提高自身实力，采用新技术、新工艺、新材料，努力降低成本，增加利润。

因此，工程量清单计价法是市场经济下一种最好的计价模式。

2. 工程量清单计价的工作范畴

实行工程量清单计价招标投标的建设工程，其招标标底、投标报价的编制、合同价款的确定与调整、工程结算与索赔等应按《清单计价规范》规定执行。

3. 工程量清单计价的价款构成

工程量清单计价应包含按招标文件规定，完成工程量清单所列的全部费用，包括分部分项工程费、措施项目费、其他项目费、规费和税金。

为了合理确定工程造价，《清单计价规范》规定，工程量清单计价价款，应包括完成招标文件规定的工程量清单项目所需的全部费用。其内容包括：

① 分部分项工程费、措施项目费、其他项目费、规费和税金；

② 完成每分项工程所含全部工程内容的费用；

③ 完成每项工程内容所需的全部费用（规费、税金除外）；

④ 工程量清单项目中没有具体体现出来，而在施工中又必须发生的工程内容的费用；

⑤ 由于风险因素而增加的费用。

4. 工程量清单计价模式的费用构成

工程量清单计价模式的费用构成包括分部分项工程费、措施项目费、其他项目费以及规费和税金，见图3-1。

（1）分部分项工程费　指完成工程量清单列出的各分部分项工程量所需的费用，包括：人工费、材料费（消耗的材料费总和）、机械使用费、管理费、利润以及风险费。

（2）措施项目费　是由"措施项目一览表"确定的工程措施项目金额的总和，包括：人工费、材料费、机械使用费、管理费、利润以及风险费。

（3）其他项目费　指暂列金额、暂估价（包括材料暂估价、专业工程暂估价）、总承包服务费、计日工等的总和。

（4）规费　指政府和有关部门规定必须缴纳的费用的总和。

（5）税金　指国家税法规定的应计入建筑安装工程造价内的营业税、城市维护建设税及教育附加费用等的总和。

5. 工程量清单计价的计价形式

工程量清单计价应采用综合单价计价形式。综合单价是指完成一个规定计量单位的分部分项工程量清单项目或措施项目所需的人工费、材料费、施工机械使用费和企业管理费与利

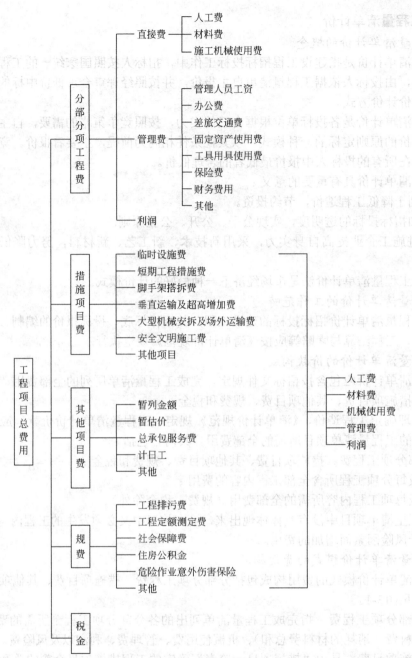

图3-1 清单费用构成

润，以及一定范围内的风险费用。综合单价计价应包括完成规定计量单位、合格产品所需的全部费用。它不但适用于分部分项工程量清单，也适用于措施项目清单、其他项目清单等。这不同于现行定额工料单价计价形式，达到了简化计价程序，实现与国际接轨的目的。

综合单价计价与现行预算定额计价的主要区别见表3-9。

6.工程量清单计价各项目价款单价的确定

（1）分部分项工程量清单的综合单价，应根据《清单计价规范》规定的综合单价组成，按设计文件或参照《清单计价规范》附录A、附录B、附录C、附录D、附录E以及附录F中的"工程内容"确定。

表3-9　工程量清单计价和现行预算定额计价比较表

形式	清单编制人	编制时间	表达形式	编制依据	费用组成	评标办法	项目编码	合同价调整
工程量清单计价法	招标单位或委托中介机构	清单在发出招标文件前由招标人编制	综合单价形式,单价相对固定,不作调整	企业定额,价格信息,消耗定额	分部分项工程费、措施项目费、其他项目费、规费、税金	总价评分加综合单价评分,合理低价中标	全国统一规定	投标报价固定,工程结算按实际,调整由索赔确定
预算定额计价法	招标单位和投标单位分别计算	发出招标文件后同时或不同时由双方编制	总价形式,单价可作适当调整	施工图纸,预算定额,价格信息	直接工程费、现场经费、间接费、利润、税金	总价百分制评分	各省、市不同定额子目	变更签证,定额解释,政策调整

　　同一个分项工程由于受种种因素的影响,可能设计不同,所含工程内容也会发生变化。《清单计价规范》附录中"工程内容"栏所列的工程内容没有区别不同设计而逐一列出,确定综合单价时,就某一个具体工程项目而言,附录中的工程内容仅供参考。

　　分部分项工程量清单的综合单价,不包括招标人自行采购材料的价款。

　　(2)措施项目清单的金额,应根据拟建工程的施工方案或施工组织设计,参照《清单计价规范》规定的综合单价组成确定。

　　由于措施项目清单中所列的措施项目均以"一项"提出,因此计价时,首先应详细分析其所含工程内容,而后再确定其综合单价。综合单价的组成内容会因措施项目不同而有差异,因此,在确定措施项目综合单价时,综合单价组成仅供参考。

　　招标人提出的措施项目清单是根据一般情况确定的,没有考虑各种不同情况,因此,投标人在报价时,可以根据本企业的实际情况增加措施项目内容报价。

　　(3)其他项目清单金额的确定应遵循下列规定:

　　① 招标人部分的金额可按暂列金额、暂估价确定。

　　② 投标人部分的总承包服务费应根据招标人提出要求所发生的费用确定,计日工应按计日工表确定。

　　③ 计日工项目的综合单价应参照《清单计价规范》规定的综合单价组成填写。

　　其他项目清单中的暂列金额、暂估价和计日工项目费,均为估价、预留数量,虽在投标时计入投标人的报价中,但不应视为投标人所有。竣工结算时,应按承包人实际完成的工作内容结算,其余部分仍归招标人所有。

　　(4)招标工程如设标底,标底应按照省、自治区、直辖市建设行政主管部门制订的有关工程造价计价办法以及招标文件中的工程量清单和有关要求、施工现场实际情况、合理的施工方法进行编制。

　　(5)投标报价应依据企业定额和市场价格信息,或参照建设行政主管部门发布的社会平均消耗量定额,以及根据招标文件中的工程量清单和有关要求、施工现场实际情况及拟订的施工方案或施工组织设计进行编制。

　　(6)因工程量变更合同中综合单价需调整时,除合同另有约定外,应按下列办法确定:

　　① 由于工程量清单漏项或设计变更引起新的工程量清单项目,其相应综合单价由承包人提出,经发包人确认后作为结算的依据。

　　② 由于工程量清单的工程数量有误或设计变更引起工程量增减,属合同约定幅度以内的,应执行原有的综合单价;在合同约定幅度以外的,其增加部分的工程量或减少后剩余部分的工程量的综合单价由承包人提出,经发包人确认后,作为结算的依据。

　　(7)由于工程量的变更,且实际发生了除本《清单计价规范》4.0.9条规定以外的费用损失，承包人可提出索赔要求，与发包人协商确认后，给予补偿。

六、分部分项工程费的计算

分部分项工程费由直接工程费、管理费和利润等项目组成，清单费用的计算方法如下述。

（一）工程量计算步骤

1. 列出分项工程项目名称

根据施工图纸，并结合施工方案的有关内容，按照一定的计算顺序，逐一列出单位工程施工图预算的分项工程项目的名称。所列的分项工程项目名称必须与预算定额中相应项目名称一致。

2. 列出工程量计算式

分项工程项目名称列出后，根据施工图纸所示的部位、尺寸和数量，按照工程量计算规则（各类工程的工程量计算规则，就按工程预算定额有关说明），分别列出工程量计算公式。工程量计算通常采用计算表格进行计算，工程量计算表格形式如表3-10所示。

表3-10　工程量计算表

序号	分项工程名称	单位	工程数量	计算式

3. 调整计量单位

通常计算的工程量都是以米（m）、平方米（m^2）、立方米（m^3）、株等为计算单位，但预算定额中往往以10米（m）、10平方米（m^2）、10立方米（m^3）、100平方米（m^2）、100立方米（m^3）、100株等为计算单位，因此还需将计算的工程量单位按预算定额中相应项目规定的计量单位进行调整，使计算单位一致，便于以后的计算。

（二）直接工程费的组成与计算

在工程施工过程中直接耗费的构成工程实体和有助于工程实体形成的各项费用就是建筑安装工程直接工程费。它包括人工费、材料费和施工机械使用费。

构成工程量清单中"分部分项工程费"的主体费用是直接工程费，以下重点介绍两种常用的直接工程计算模式：现行的概预算定额计价模式和动态的计价模式的计价方法。

1. 人工费的组成与计算

人工费是指应列入定额的直接从事园林工程施工的生产工人的基本工资、工资性津贴及属于生产工人开支范围的各项费用。内容包括：

① 生产工人的基本工资、工资性质津贴。

② 生产工人辅助工资，是指开会和执行必要的社会义务时间的工资；职工学习、培训期间的工资；调动工作期间的工资和探亲假期的工资；因气候影响提供的工资；女工哺乳时间的工资；由行政直接支付的病（六个月以内）、产、婚、丧假期间的工资；徒工服装补助费等。

③ 生产工人工资附加费。是指按国家规定计算的支付生产工人的职工福利基金和工会经费。

④ 生产工人劳动保护费。是指按照国家有关部门规定标准发放的劳动保护用品的购置费、修理费和保健费、防暑降温费等。

⑤ 劳动保险费、医疗保险费。

⑥ 危险作业意外伤害保险。

⑦ 住房公积金。

⑧ 职工教育经费。

⑨ 工会费用。

人工费中不包括管理人员（项目经理、施工队长、工程师、技术员、财会人员、预算人员、机械师等）、辅助服务人员（生活管理员、炊事员、医务人员、翻译人员、小车司机和勤杂人员等）以及现场保安等的开支费用。

人工费的计算结合当前我国建筑市场的状况和现今各投标企业的投标策略，根据工程量清单"彻底放开价格"和"企业自主报价"的特点，主要有以下两种计算模式。

（1）现行的概、预算定额计价模式　利用现行的概、预算定额，根据工程量清单提供的清单工程量，计算出完成各个分部分项工程量清单的人工费，结合本企业的实力及投标策略，对各个分部分项工程量清单的人工费进行调整，最后，汇总计算出整个投标工程的人工费。其计算公式为：

$$人工费=\sum（概预算定额中人工工日消耗量×相应等级的日工资综合单价）$$

这种计算方式具有简单、易操作、速度快，并有配套软件支持的特点；其缺点是竞争力弱，不能充分发挥企业的特长。这也是当前我国大多数投标企业采用的人工费计算方法。

（2）动态的计价模式　动态的计价模式主要包括以下计算步骤：首先，根据工程量清单提供的清单工程量，结合本企业的人工效率和企业定额，计算出投标工程消耗的工日数；其次，根据工程的特点，以及现阶段企业的经济、人员、物资、资源状况和工程所在地的实际生活水平，计算工日单价；最后，根据劳动力来源及人员比例，计算综合工日单价；最后计算人工费。其计算公式：

$$人工费=\sum（人工工日消耗量×综合工日单价）$$

1）人工工日消耗量的计算方法　目前，国际承包工程项目计算用工的方法基本有两种：分析法和指标法。现结合我国当前建设工程工程量清单招投标工作的特点，简单地介绍一下这两种方法。

① 分析法　多数用于施工图阶段，以及扩大的初步设计阶段的招标。

分析法计算工程用工量，最准确的计算是依据投标人企业内部的企业定额，若是施工企业没有自己的企业定额时，其计价行为是以现行的概预算定额为计价依据并进行适当调整，可按下列公式计算：

$$DC=RK$$

式中　DC——人工工日数；

R——用国内现行的概、预算定额计算出的人工工日数；

K——人工工日折算系数。

人工工日折算系数，是通过对本企业施工工人的实际操作水平、技术装备、管理水平等因素进行综合评定，计算出的生产工人劳动生产率与概、预算定额水平的比率来确定的，计算公式如下：

$$K=V_q/V_o$$

式中　K——人工工日折算系数；

V_q——完成某项工程本企业应消耗的工日数；

V_o——完成同项工程概预算定额消耗的工日数。

投标人应根据招标书的具体要求和自己企业的特点灵活掌握，可按不同专业计算多个"K"值。

② 指标法　指标法是利用工业民用建设工程用工指标计算用工量。工业民用建设工程用工指标是该企业根据历年来承包完成的工程项目，按照工程性质、工程规模、建筑结构形

式，以及其他经济技术参数等控制因素，运用科学的统计分析方法分析出的用工指标。这种方法尚不适用于我国目前实施的工程量清单投标报价形式，一般用于可行性研究阶段。

2）综合工日单价的计算方法　综合工日单价指从事建设工程施工生产的工人日工资水平。一般包括以下内容：

① 本企业待业工人最低生活保障工资：这部分工资的标准不低于国家关于失业职工最低生活保障金的发放标准，是企业中从事施工生产和不从事施工生产（企业内待业或失业）的每个职工都必须具备的。

② 由国家法律规定的各种工资性费用支出项目：职工福利费、生产工人劳动保护费、住房公积金、劳动保险费、医疗保险费等。

③ 投标单位驻地至工程所在地生产工人的往返差旅费：短、长途公共汽车费，火车费，旅馆费，路途及住宿补助费，市内交通及补助费。

④ 外埠施工补助费：由企业支付给外埠施工生产工人的施工补助费。

⑤ 夜餐补助费：是指推行三班作业时，由企业支付给夜间施工生产工人的夜间餐饮补助费。

⑥ 医疗费：对工人轻微伤病进行治疗的费用。

⑦ 法定节假日工资：法定节假日休息支付的工资。

⑧ 法定休假日工资：法定休假日休息支付的工资。

⑨ 病假或轻伤不能正常工作时的工资。

⑩ 因气候影响的停工工资。

a.危险作业意外伤害保险费：为从事危险作业的建筑施工人员支付的意外伤害保险费。

b.效益工资（奖金）：奖金应在超额完成任务的前提下发放，费用可在超额结余的资金款项中支付，鉴于当前我国发放奖金的具体状况，奖金费用应归入人工费。

c.在工资中未明确的其他项目，其中：

第①、②项是由国家法律规定强制实施的，综合工日单价中必须包含此两项，且不得低于国家规定的标准；第③项费用可以按管理费处理，不计入人工费中；其余各项是由投标人自主决定选用的标准。

综合工日单价的计算过程可分为下列几个步骤：

① 根据总施工工日数（即人工工日数）及工期（日）计算总施工人数计算。

工日数、工期（日）和施工人数有下列关系：

$$总工日数 = 工程实际施工工期（日）\times 平均总施工人数$$

当招标文件中已经确定了施工工期时，则：

$$平均总施工人数 = 总工日数/工程实际施工工期（日）$$

当招标文件中未确定施工工期时，而由投标人自主确定工期时，则：

$$最优化的施工人数或工期（日） = 总工日数$$

② 各专业施工人员数量及比重的确定。其计算方法如下：

$$某专业平均施工人数 = 某专业消耗的工日数/工程实际施工工期（日）$$

总工日和各专业消耗的工日数由"企业定额"或公式 $DC=PK$ 计算出来，总施工人数和各专业施工人数计算出来后，其比重即可计算出。

③ 各专业劳动力资金来源及构成比例的确定。劳动力资源的来源一般有下列三种途径：

a.来源于本企业：这一部分是施工现场劳动力资源的骨干。投标人在投标报价时，要根据本企业现有可供调配使用的生产工人数量、技术水平及拟承建工程的特点，确定各专业应派遣的工人人数和工种比例。

b. 外聘技工：这部分人主要是解决本企业短缺的具有特殊技能和能满足特殊要求的技术工人。由于这部分人的工资水平较高，因此人数不宜多。

c. 拟承建工程所在地劳务市场招聘的力工：由于当地劳务市场的力工工资水平较低，所以，在满足工程施工要求的前提下，建议尽可能多地使用这部分劳动力。

确定上述三种劳动力的资源构成比例，应根据本企业现状、工程特点、对生产工人的要求和拟承建工程所在地劳务市场的劳动力资源的充足程度、技能水平及工资水平综合评价后，进行合理确定。

④ 综合工日单价的确定　举例如表3-11所示。

表3-11　济南某企业赴四平某工程专业施工人工单价计算表（工期24个月）

费用名称	计算依据及标准	计算	折合工期月金额/元	综合单价
一、本企业工人费用 1. 最低生活保障工资	按规定金额计算	每月310元	310	
2. 法定补助及保险费	按公式计算	每月350元	350	
3. 投标单位驻地至工程所在地生产工人的往返差旅费	按施工人员驻地至施工现场旅程全部费用计算	① 企业驻地至济南市汽车费2.5元 ② 济南至长春车票（含订票费）129+5=134元 ③ 长春住宿一天40元 ④ 长春至四平车票（含订票费）15+5=20元 ⑤ 四平市内交通2元 ⑥ 四平至施工现场汽车费2元 ⑦ 路途补贴2天2×7=14元 共计214.5元 往返214.5×2=429元 429÷24=17.88元	17.88	
4. 外埠施工补助费	按规定计取	每人每月315元	315	
5. 医疗费	按规定计取	每人每月3元	3	
6. 法定节假日工资	节假日、休假日及停工日工资按企业平均日工资标准30元计取	每年"五一""十一"共计14天，工期共2年，（30×14×2）÷24=35元	35	
7. 法定休假日回基地探亲工资及差旅费	包括路途共计21天	① 休假期间工资 30×21÷24=26.25元 ② 差旅费17.88 共计26.25+17.88=44.13元	44.13	
8. 因气候影响的停工工资	每人每年按10天考虑	（30×10×2）÷24=25元	25	
9. 危险作业意外伤害保险费	综合取定每人每年60元	60×2÷24=5元	5	
10. 奖金	每人每月800元	800元/（人·月）	800	
小计 工日单价	按每月22.5个工作日计算	1905.01元/（人·月） 1905.01÷22.5=84.67元	1905.01 84.67	

费用名称	计算依据及标准	计算	折合工期月金额/元	综合单价
二、外聘技工费用 外聘技工月费用总额	包括：标准工资；节假日、休假日工资；夜间、深夜、冬雨季施工，按规定应加的工资；按规定应由承包商支付的福利费、人身保险费等；必要的交通费	按每人每月3200元	3200	
小计		3200元/（人·月）	3200	
工日单价	按每月22.5个工作日计算	3200÷22.5=142.22元	142.22	
三、力工劳务费用 力工劳务费用总额	按劳务市场价格计算	每人每天40元	40	
工日单价	按每月22.5个工作日计算			
四、专业综合人工单价	根据专业劳动力来源及其构成比例计算	设电气专业人员共需各类工人60名，其中本企业27名，外聘技工3名，劳动力市场30名，其构成比重为 本企业：27÷60=45% 外聘技工：3÷60=5% 劳动力市场：30÷60=50% 综合单价为： 84.67×45%+142.22×5%+40×50%=65.21元	65.21	

一个建设项目，可分为土建、结构、设备、管道、电气、仪表、通风空调、给排水、采暖、消防及防腐绝热等专业。各专业综合工日单价的计算可按以下公式计算：

某专业综合工日单价=∑（本专业某种来源的人力资源人工单价×构成比重）

将各专业综合工日单价按加权平均的方法计算出一个加权平均数作为综合单价就是综合工日单价的计算。其计算公式如下：

综合工日单价=∑（某专业综合工日单价×权数）

其中权数是根据各专业工日消耗量占总工日数的比重取定的。如果投标单位使用各专业综合工日单价法投标，则不需计算综合工日单价。

⑤ 分析评估调整　进行一系列的分析评估及反复调整，最后确定报价，是投标是否能够中标的关键。

a.对企业以往类似工程的投标标书，按中标与未中标进行分类分析：首先，分析人工单价的计算方法和价格水平；其次，分析中标与未中标的原因，从中找出规律。

b.进行市场调研，分析现阶段施工企业的人均工资水平和劳务市场劳动力价格，尤其是工程所在地的企业工资水平和劳动力价格；进一步对其价格水平以及工程施工期内的变动趋势、幅度进行分析预测。

c.对潜在的竞争对手进行分析预测，分析其可能采取的价格水平以及造成的影响（包括对其自身和其他投标单位及招标人的影响）。

d.确定调整价格。通过上述分析预测，对价格进行合理的调整。

在调整价格时要注意：外聘技工价格和市场劳动力的工资水平不能调整，因为这是通过市场调查取得的，只能对本企业工人的价格进行调整。如上述实例中，可对外埠施工补助费和奖金两项调整，降低其标准。调整后的价格作为投标报价价格。

此外，为了以备之后投标使用，还应对报价中所使用的各种基础数据和计算资料进行整理存档。

2.材料费的组成与计算

材料费是指应列入定额的完成园林工程所需要消耗的材料、构配件、零件及半成品的用量以及周转性材料的摊销量按相应的预算价格计算的费用。详细来讲就是施工过程中耗用的构成工程实体的各类原材料、零配件、成品及半成品等主要材料的费用，以及工程中耗费的虽不构成工程实体，但有利于工程实体形成的各类消耗性材料费用的总和。

比较常用的材料费计算有三种模式：利用现行的概预算定额计价模式，全动态的计价模式以及半动态的计价模式。

材料费计算应把握以下几点。

（1）材料消耗量的合理确定

① 主要材料　根据《清单计价规范》的规定，招标人要在招标书中提供供投标人投标报价用的"工程量清单"。其中，已经提供了一部分主要材料的名称、规格、型号、材质和数量，这部分材料应按使用量和消耗量之和进行计价；对于工程量清单中没有提供的主要材料，投标人应根据工程的需要，自主进行确定材料的名称、规格、型号、材质和数量等，材料的数量应是使用量和消耗量之和。

② 消耗材料　与确定主要材料的方法基本相同，对于消耗材料的确定，投标人要根据需要，自主确定消耗材料的名称、规格、型号、材质和数量。

③ 部分周转性材料摊销量　在施工过程中，有部分材料其实物形态没有改变，只是作为手段措施并没有构成工程实体，但其价值却被分批逐步地消耗掉，这部分材料称为周转性材料。这部分被消耗掉的价值，应当摊销在相应清单项目的材料费中（计入措施费的周转性材料除外）。摊销的比例应根据材料价值、磨损的程度、可被利用的次数以及投标策略等诸因素来确定。

④ 低值易耗品　在施工过程中，一些使用年限在规定时间以下，单位价值在规定金额以内的工、器具，称为低值易耗品。这部分物品的计价办法是：概预算定额中将其费用摊销在具体的定额子目当中；在工程量清单"动态计价模式"中，可以按概预算定额的模式处理，也可以把它放在其他费用中处理，原则是费用不能重复计算，并能增强企业投标的竞争力。

（2）确定材料的单价　影响材料价格的因素很多，主要有以下几个方面：

① 材料原价　即市场采购价格。一般有两种途径取得材料市场价格：一是市场调查。市场调查应根据投标人所需材料的品种、规格、数量以及质量要求，了解市场材料对工程材料满足的程度。对于大批量、高价格的材料一般采用这种方法取得价格。二是查询市场材料价格信息指导。对于小量的、低价值的材料，以及消耗性材料等，一般采用工程当地的市场价格信息指导中的价格。

② 材料的供货方式和供货渠道　包括业主供货和承包商供货两种方式。对于业主供货的材料，招标书中列有业主供货材料单价表，投标人在利用招标人提供的材料价格报价时，应考虑现场交货的材料运费和材料的保管费。承包商供货材料的渠道一般有当地供货、指定厂家供货、异地供货和国外供货等。不同的供货方式和供货渠道对材料价格有不同的影响，主要反映在采购保管费、运输费、其他费用以及风险等方面。

③ 包装费　材料的包装费包括出厂时的一次包装和运输过程中的二次包装费用，应根据材料采用的包装方式计价。

④ 采购保管费 是指在组织采购、供应和保管材料过程中所需要的各项费用。采购保管费根据采购的特点、批次、数量以及材料保管的方式及天数的不同而有差异，采购保管费包括采购费、仓储费、工地保管费、仓储损耗。

⑤ 运输费 包括材料自采购地至施工现场全过程、全路途发生的装卸、运输费用的总和。运输费用中包括材料在运输装卸过程中不可避免的运输损耗费。

⑥ 材料的检验试验费 是指对建筑材料、构建和建筑安装物进行一般鉴定、检查所发生的费用，包括自设实验室进行试验所消耗的材料和化学药品的费用。不包括新结构、新材料的试验费和建设单位对具有出厂合格证明的材料进行的检验和对构件做破坏性试验及其他特殊要求检验试验的费用。

⑦ 其他费用 主要是指国外采购材料时发生的保险费、关税、港口费、港口手续费、财务费用等。

⑧ 风险 主要是指材料价格浮动。由于工程所用材料不可能在工程开工初期一次全部采购完毕，因此，材料市场的波动造成材料价格的变动给承包商造成了材料费风险。

根据影响材料价格的因素，材料单价的计算公式为：

$$材料单价=材料原价+包装费+采购保管费用+运输费用+材料的检验$$
$$试验费用+其他费用+风险$$

确定材料的消耗量和材料单价后，材料费用便可以根据下列公式计算：

$$材料费=\sum（材料消耗量×材料单价）$$

3.施工机械使用费的组成与计算

（1）施工机械使用费的概念 施工机械使用费是指应列入定额的完成园林工程所需消耗的施工机械台班量按相应机械台班费定额计算的施工机械所发生的费用。其中包括第一类费用：机械折旧费、大修理费、维修费、润滑材料费及擦拭材料费、安装拆卸及辅助设施费、机械进出场费等；第二类费用：机上工人的人工费、动力和燃料费，以及公路养路费及牌照税等。

（2）施工机械的分类 施工机械分为需要安装的设备和不需要安装的设备，需要安装的设备又分为标准设备和非标准设备。

标准设备（包括通用设备和专用设备）是指按国家规定的产品标准批量生产的，已进入设备系列并符合国家质量标准的设备。

非标准设备是指国家未定型，使用量较少，非批量生产的特殊设备。这种设备使用单位不能直接通过市场采购，而是由设计单位提供制造图纸，委托承制单位或施工企业在工厂或施工现场加工制造的设备。

施工机械一般包括以下各类：

① 主体设备及配件 各种设备的本体及随设备到货的配件、备件和附属于设备本体制作成型的梯子、平台、栏杆、管道等。

② 计量器及仪表 各种计量器、控制仪表、实验室内的仪器设备及属于设备本体部分的仪器仪表等。

③ 施工用的非标准设备 在生产厂或施工现场，按设计图纸制造的非标准设备。

④ 随设备附带的物品 随设备带来的油类、化学药品等视为设备的组成部分。

⑤ 施工需要的附属设备 无论用于生产或生活或属于建筑物的有机构成部分的水泵、锅炉及水处理设备、电气通风设备等。

在工程建设中，一般由建设单位提供设备和必要的安装图纸，设备出厂价或到货价。如建设单位无条件供货时，也可以委托总承包单位采购。

（3）施工机械使用费的作用

① 施工机械使用费是编制园林绿化施工工程概、预算定额的基础。

② 是施工企业对施工机械费进行成本核算的依据。机械费用定额水平是否合理，直接影响工程造价和企业的经营后果。因此，合理确定机械台班费用定额，对加快机械化步伐，提高企业劳动生产率是十分重要的。

（4）施工机械使用费的编制依据　应根据国家有关部门颁发的机械产品出厂价格和建筑机械保养规程与国家关于固定资产折扣资金与大修基金提存率的规定以及现行公路养路费征收使用执行办法等有关规定编制。同时，要充分考虑施工机械管理部门的机械设备能力、机械完好率和利用率以及机械台班费的经营和核算等情况。

（5）施工机械使用费的项目组成及计算

1）施工机械使用费的项目组成

① 第一类费用　包括台班折旧费、大修理费、经常维修费、替换设备及工具和附具费、润滑材料及擦拭材料费、安装拆卸费及辅助设施费、机械场外运输费等七个项目（机械站的管理费未包括在内）。这类费用不因施工地区和施工条件的变化而变化，所以也称不变费用。

a.折旧费：系根据机械的使用期限，逐渐恢复其原始价值的费用，以台班折旧率计算。

b.大修理折旧费：指机械使用达到规定时间必须进行大修理，以恢复机械正常功能所需的费用。

c.经常维修费：指机械中修及定期各级保养的费用。即一个大修周期内的中修费用加各级保养的费用，其台班经修费按大修理间隔台班分摊提取。

d.替换设备、工具及附具费：指机械上需用的替换设备（如蓄电池、变压器、开关、轮胎、电线、电缆、传动皮带、钢丝绳、胶皮管等）和随机应用的工具及附具的摊销与维护费用。

e.润滑材料及擦拭材料费：为保证机械运转进行日常保养所需的润滑油脂及擦拭用布、棉纱的费用。

f.安装拆卸及辅助设施费：包括机械在工地进行安装拆卸所需的人工、材料、机具费用和试车运转以及安装机械所需的辅助设施的搭设，拆除的人工、材料费用。

g.机械场外运输费：指机械整体或分件自停放场运至工地或由一个工地运至另一个工地其运距在25km以内的运输及转运费用。超过25km时即按施工机械搬迁费用处理，不包括在定额范围内。

② 第二类费用　包括机上人工工资、动力燃料费，机械在施工运转时发生的费用。这类费用的特点是随施工地点和施工条件的变化而变化，亦称可变费用，由以下三部分费用组成：

a.机上操作工人的人工费：指机上司炉及其他操作人员的基本工资部分。机上操作人员的配备，根据机械性能和操作需要，原则上大机械设备二人，中小型机械设备一人。不需要专职操作人员的可不配备。机上工人等级按国家建筑工程预算定额综合人工等级，工资标准按当地的标准计算。

b.动力、燃料费：包括电力、固体燃料和液体燃料费。动力、燃料费根据机械台班耗用的电力、燃料数量和当地电力、燃料预算价格计算。

c.养路费及车辆税：应按当地的标准计算。执行国务院批转国家计委、交通部、财政部《关于整顿公路养路费征收标准的公告》。

2）施工机械使用费的计算　使用施工机械作业所发生的机械使用费以及机械安、拆和进出场费即施工机械使用费。施工机械不包括为管理人员配置的小车以及用于通勤任务的车辆等不参与施工生产的机械设备的台班费。

施工机械使用费的计算公式是：

施工机械使用费=∑（工程施工中消耗的施工机械台班量×机械台班综合单价）+
施工机械进出场费及安拆费（不包括大型机械）

① 机械台班单价费用组成

a.折旧费：指施工机械在规定的使用年限内，陆续收回其原值及购置资金的时间价值。

b.大修理费：指施工机械按规定的大修理间隔台班进行必要的大修理，以恢复其正常功能所需的费用。

c.经常修理费：指施工机械除大修理以外的各级保养和临时故障排除所需的费用，包括为故障机械正常运转所需替换设备与随机配备工具附具的摊销和维护费用，机械运转及日常保养所需润滑与擦拭的材料费用，机械停止期间的维护和保养费用等。

d.安拆费：指施工机械在现场进行安装与拆卸所需的人工、材料、机械和试运转费以及机械辅助设施的折旧、搭设、拆除等费用。

e.场外运输费：指施工机械整体或分体自停放地点运至施工现场或由一施工地点运至另一施工地点的运输、装卸、辅助材料及架线等费用。

f.机上人工费：指机上司机（司炉）和其他操作人员的工作日人工费及上述人员在施工机械规定的年工作台班以外的人工费。

g.燃料动力费：指施工机械在运转作业中所消耗的固体燃料（煤、木炭）、液体燃料（汽油、柴油）及水、电等的费用。

h.其他费用：指施工机械按照国家和有关部门规定应缴纳的养路费、车船使用税、保险费及年检费等。

② 施工机械种类和消耗量的合理确定　要根据拟建工程的工程量、工期以及自然条件和资源状况的实际情况等因素编制施工组织设计和施工方案、然后根据施工组织设计和施工方案、机械利用率、概预算定额或企业定额及相关文件等，确定施工机械的种类、型号、规格和消耗量。

首先，根据工程量，利用概预算定额或企业定额，大概地计算出施工机械的种类、型号、规格和消耗量。

其次，根据施工方案及其他相关资料对机械设备的种类、型号、规格进行筛选，确定本工程需配备的施工机械的具体明细项目。

最后，根据本企业的机械利用率指标，确定本工程实际需要消耗的机械台班数量。

③ 施工机械台班综合单价的合理确定　施工机械台班单价费用由以下内容组成：

a.按国家及有关部门规定缴纳的养路费、车船使用税、保险费及年检费，这部分费用是个定值。

b.机械台班动力消耗与动力单价的乘积是燃料动力费，也是个定值。

c.机上人工费的处理方法有两种：第一种方法是将机上人工费计入工程直接人工费中；第二种方法是计入相应施工机械的机械台班综合单价中。

d.安拆费及场外运输费的计算：可编制施工机械安装、拆除及场外运输的专门方案。根据方案计算费用，并进行方案优化，优化后的方案也可作为施工方案的组成部分。

e.折旧费和维修费的计算：折旧费和维修费（包括大修理费和经常修理费）两项费用会随时间的变化而有差异。如一台施工机械如果折旧年限短，则折旧费用高，维修费用低；反之，相反。因此，选择施工机械最经济使用年限作为折旧年限，是降低机械台班单价，提高机械使用效率最有效、最直接的方法。

折旧年限确定后，再确定折旧方法，最后计算台班折旧额和台班维修费。

确定组成施工机械台班单价的各项费用额以后，也就确定了机械台班单价。

还有一种方法是根据国家及有关部门颁布的机械台班定额进行调整确定机械台班单价。

④ 租赁机械台班费的择优确定 根据施工需要向其他企业或租赁公司租用施工机械所发生的台班租赁费即租赁机械台班费。

进行市场调查，是在投标前期需要完成的一项重要工作，调查内容包括：租赁市场可供选择的施工机械种类、规格、型号、完好性、数量、价格水平以及租赁单位信誉度等，并通过择优选择拟租赁的施工机械的种类、规格、数量及单位，并以施工机械台班租赁价格作为机械台班单价。一般除必须租赁的施工机械外，其他租赁机械的台班租赁费应低于本企业的机械台班单价。

⑤ 机械台班综合单价的优化平衡及确定 分析确定各类施工机械的来源及比例，计算机械台班综合单价。其计算公式为：

$$机械台班综合单价 = \sum（不同来源的同类机械台班单价 \times 权数）$$

其中，权数是根据各不同来源渠道的机械占同类施工机械总量的比重取定的。

⑥ 大型机械设备使用费、进出场费及安拆费 大型机械设备的使用费作为机械台班使用费，按相应分项工程项目分摊引入直接工程费的施工机械使用费中。大型机械设备进出场费及安拆费作为措施费用计入措施费用项目中。

（三）管理费的组成及计算

1.管理费的组成

管理费是指组织施工生产和经营管理所需的费用。主要包括以下内容。

（1）工作人员的工资 工作人员是指管理人员和辅助服务人员。

管理人员一般包括项目经理、施工队长、工程师、技术员、财会人员、预算人员、机械师等；辅助服务人员一般包括生活管理员、炊事员、医务人员、翻译人员、小车司机和勤杂人员等。

其工资包括基本工资、工资性补贴、职工福利费、劳动保护费、住房公积金、劳动保险费、危险作业意外伤害保险费、工会费用、职工教育经费等。

（2）办公费 是指企业办公用的文具、纸张、账表、印刷、邮电、书报、会议、水电以及取暖等费用。

（3）差旅交通费 是指企业管理人员因公出差和调动工作的差旅费、住勤补助费、市内交通费和误餐补助费、探亲路费、劳动力招募费、离退休职工一次性路费、工伤人员就医路费、工地转移费以及管理部门使用的交通工具的油料燃料费和养路费及牌照费。

（4）固定资产使用费 是指管理和试验部门及附属生产单位使用的属于固定资产的房屋、设备仪器的折旧、大修理、维修或租赁费。

（5）工具用具使用费 是指管理使用的不属于固定资产的生产工具、器具、家具、交通工具和检验、试验、测绘、消防用具等的购置、维修和摊销费。

（6）保险费 是指施工管理用财产、车辆保险费。

（7）税金 国家税法规定的应计入建筑安装工程造价内的营业税、城市维护建设税及教育费附加等。

（8）财务费用 是指企业为筹集资金而发生的各种费用，包括企业经营期间发生的短期贷款利息支出、汇总净损失、调剂外汇手续费、金融机构手续费以及企业筹集资金而发生的其他财务费用。

（9）其他费用 包括技术转让费、技术开发费、业务招待费、绿化费、广告费、公证费、法律顾问费、审计费、咨询费等。

在很大程度上现场管理费的高低取决于管理人员的多少，其不仅反映了管理水平的高低，还影响临设费用和调遣费用。为了有效地控制管理费开支，降低管理费标准，在投标初期应严格控制管理人员和辅助服务人员的数量，并合理确定其他管理费开支项目的水平。

2.管理费的计算

管理费的计算主要有两种方法。

（1）公式计算法　利用公式计算管理费的方法是投标人经常采用的一种计算方法，比较简单。其计算公式为：

$$管理费＝计算基数×管理费率（\%）$$

其中，管理费率的计算因计算基数不同，分为三种：

① 以直接工程费为计算基础确定管理费率

$$管理费率（\%）＝\frac{生产工人年平均管理费}{年有效施工天数×人工单数}×人工费占直接工程费比例（\%）$$

或

$$管理费率（\%）＝\frac{生产工人年平均管理费}{生产工人平均直接费}×100\%$$

② 以人工费为计算基础确定管理费率

$$管理费率（\%）＝\frac{生产工人年平均管理费}{年有效施工天数×人工单数}×100\%$$

或

$$管理费率（\%）＝\frac{生产工人年平均管理费}{生产工人平均直接费×人工费占直接工程费比例（\%）}×100\%$$

③ 以人工费和机械费合计为计算基础确定管理费率

$$管理费率（\%）＝\frac{生产工人年平均管理费}{年有效施工天数×（人工单数＋每一工日机械使用费）}×100\%$$

应通过以下途径来合理确定以上测定公式中的基本数据：

a.分子与分母的计算口径应一致，即：分子中的生产工人年平均管理费是指每一个生产工人年平均管理费，分母中的有效工作天数和生产工人年均直接费，也是指以每一个生产工人的有效工作天数和每一个生产工人年均直接费。

b.确定生产工人年平均管理费，应按照工程管理费的划分，依据企业近年有代表性的工程会计报表中的管理费的实际支出，消除其不合理开支，分别进行综合平均，核定全员年均管理费开支额，然后分别除以生产工人占职工平均人数的百分比，即得每一生产工人年均管理费开支额。

c.确定生产工人占职工平均人数的百分比，按照计算基础、项目特征，充分考虑改进企业经营管理，减少非生产人员的措施进行确定。

d.确定有效施工天数，在理论上，有效施工天数等于工期。必要时可按不同工程、不同地区适当区别对待。

e.人工单价，是指生产工人的综合工日单价。

f.人工费占直接工程费的百分比，不同工程人工费的比重不同，按加权平均计算核定。

除此之外，计算管理费时，管理费率可以按照国家或有关部门规定的相应管理费率进行调整确定。

（2）费用分析法　费用分析法就是根据管理费的构成，结合具体的工程项目，确定各项费用的发生额。计算公式为：

管理费＝管理人员及辅助服务人员的工资＋办公费＋差旅交通费＋固定资产使用费＋工具用具使用费＋保险费＋税金＋财务费用＋其他费用

① 确定基础数据　计算管理费之前，进行以下基础数据的确定，这些数据是通过计算直接工程费和编制施工组织设计及施工方案取得的，包括：

a.生产工人的平均人数；

b.施工高峰期生产工人人数；

c.管理人员及辅助服务人员数量；

d.施工现场平均职工人数；

e.施工高峰期施工现场职工人数；

f.施工工期。

应根据工程规模、工程特点、生产工人人数、施工机具的配置和数量以及企业的管理水平进行管理人员及辅助服务人员总数的确定。

② 管理人员及辅助服务人员的工资　按以下公式计算：

管理人员和辅助人员工资=管理人员及辅助服务人员数×综合人工工日单价×工期（日）

其中，综合人工工日单价可采用直接费中生产工人的综合工日单价，也可参照其计算方法另行确定。

③ 办公费　按每名管理人员每月办公费消耗标准乘以管理人员人数，再乘以施工工期（月）。管理人员每月办公费消耗标准可以从以往完成的施工项目的财务报表中分析取得。

④ 差旅交通费

a.因公出差、调动工作的差旅费和住勤补助费、市内交通费和误餐补助费、探亲路费、劳动力招募费、离退休职工一次性路费、工伤人员就医路费、工地转移费的计算可按"办公费"的计算方法确定。

b.管理部门使用的交通工具的油料燃料费和养路费及牌照费。

油料燃料费=机械台班动力消耗×动力单价×工期（天）×综合利用率（%）

养路费及牌照费按当地政府规定的月收费标准乘以施工工期（月）。

⑤ 固定资产使用费　根据固定资产的性质、来源、资产原值、新旧程度以及工程结束后的处理方式确定固定资产使用费。

⑥ 工具用具使用费

工具用具使用费=年人均使用额×施工现场平均人数×工期（年）

工具用具年人均使用额可以从以往完成的施工项目的财务报表中分析获得。

⑦ 保险费　通过保险咨询，对施工期间要投保的施工管理用财产和车辆应缴纳的保险费用进行确定。

⑧ 税金　指企业按规定缴纳的房产税、车船使用税、土地使用税、印花税等。其计算可以根据以往工程的财务数据推算取得，也可以根据国家规定的有关税种和税率逐项计算。

⑨ 财务费用　指企业为筹集资金而发生的各种费用，包括企业经营期间发生的短期贷款利息支出、汇总净损失、调剂外汇手续费、金融机构手续费以及企业筹集资金而发生的其他财务费用。财务费用计算公式：

财务费=计算基数×财务费费率（%）

财务费费率依据下列公式计算：

a.以直接工程费为计算基础

$$财务费费率（\%）=\frac{年均存贷款利息净支出+年均其他财务费用}{全年产值×直接工程费占总造价比例（\%）}$$

b.以人工费为计算基础

$$财务费费率（\%）=\dfrac{年均存贷款利息净支出+年均其他财务费用}{全年产值\times 人工费占总造价比例（\%）}$$

c.以人工费和机械费合计为计算基础

$$财务费费率（\%）=\dfrac{年均存贷款利息净支出+年均其他财务费用}{全年产值\times 人工费和机械费之和占总造价比例（\%）}$$

除此之外，财务费用还可以从以往的财务报表及工程资料中分析获得。

⑩ 其他费用　可根据以往施工的经验估算获得。

管理费因不同的施工单位和不同的工程而有差异，这样可使不同的投标单位具有不同的竞争实力。

（四）利润的组成及计算

施工企业完成所承包工程应收回的酬金即利润。从理论上讲，企业全部劳动成员的劳动，除因按劳动力价格支付劳动力所得的报酬外，还创造了一部分价值，这部分价值凝固在工程产品之中，这部分价值的价格形态就是企业的利润。

在工程量清单计价模式下，利润被分别计入分部分项工程费、措施项目费和其他项目费当中，不单独体现。具体计算方法可以以"人工费"或"人工费+机械费"或"直接费"为基础乘以利润率。

利润的计算公式为：

$$利润=计算基础\times 利润率（\%）$$

利润水平（利润率）的合理确定对企业的生存和发展至关重要。在投标报价时，各种费用，包括利润水平，要根据企业的实力、投标策略来确定，使本企业的投标报价既具有竞争力，又能保证企业利益的获得。

（五）分部分项工程量清单综合单价的计算

分部分项工程量清单综合单价由上述五部分费用组成。其项目内容包括清单项目主项以及主项所综合的工程内容。按上述五项费用分别对项目内容计价，合计后形成分部分项工程量清单综合单价。分部分项工程量清单、综合单价表、清单计价表示例分别见表3-12～表3-14。

表3-12　分部分项工程量清单

工程名称：　　　　　　　　　　　　　　　　　　　　　　　　　　　　第　页　共　页

序号	清单编号	项目名称	计量单位	工程数量
1	010101002001	人工挖土方 三类土 人工挖土方 人工装汽车运土方9km	m³	3696

表3-13　分部分项工程量清单综合单价计算表

序号	项目编号	项目名称	项目特征描述	计量单位	工程数量	单价/元					
						人工费	材料费	机械费	管理费	利润	综合单价
1	010101002001	人工挖土方三类土									
		人工挖土方		m³	2.2	14.60			9.84	2.98	27.42
		人工装汽车运土方9km		m³	2.2	8.98		45.36	6.04	1.84	62.22
		合计		m³	4.4	23.58		45.36	15.88	4.82	89.64

表3-14 分部分项工程量清单计价表

工程名称：   第 页 共 页

序号	项目编号	项目名称	计量单位	工程数量	金额/元	
					综合单价	合计
1	010101002001	人工挖土方 三类土 人工挖土方 人工装汽车运土方9km	m^3	3696	89.64	165654.72

分部分项工程量清单计价，要对清单表内所有内容计价，形成综合单价，对于清单表已列项但未进行计价的内容，招标人有权认为此价格已包含在其他项目内。

七、措施项目费的计算

工程量清单中，除工程量清单项目费用以外，按照国家现行有关建设工程施工及验收规范、规程要求，必须配套完成的工程内容所需的费用就是措施项目费。

措施费用的内容见前表3-8。

1.**实体措施费的计算**

为保证工程实体项目顺利进行，工程量清单中，按照国家现行有关建设工程施工及验收规范、规程要求，必须配套完成的工程内容所需的费用即实体措施费。实体措施项目见前表3-8中加"*"的项目。

实体措施费计算方法有以下两种。

（1）系数计算法 用与措施项目有直接关系的工程项目的直接工程费（或人工费，或人工费+机械费）合计作为计算基数，乘以实体措施费用系数。系数根据以往有代表性工程的资料，通过分析计算获得。

（2）方案分析法 通过编制具体的措施实施方案，对方案所涉及的各种经济技术参数进行计算后，确定实体措施费用。

大型机械设备进出场及安拆费用的计算过程示例见表3-15。

表3-15 某装置大型吊车使用费用清单

金额单位：元

序号	费用名称	单程费用	往复费用	备注
1	1200t吊车		5463613	
1.1	码头各项费用		577326	
（1）	检验、检疫费	115	230	
（2）	报关、报检打单费	65	130	
（3）	理货公司理货费	2150	4300	
（4）	码头收费：外贸港口建设费	8388	16776	
	外贸港口港务费	4861	9722	
	外贸港口航道建设费	2091	4182	
	货物卸货费	183000	366000	
（5）	卸船浮吊费（4件，分别为75t1件、45t1件、52t2件）	87993	175986	
1.2	码头至工地汽车运输费、卸车费		230140	
（1）	运输费	80050	160100	
（2）	装卸车费用	35020	70040	

序号	费用名称	单程费用	往复费用	备注
1.3	现场费用		4556327	
(1)	吊车租金		3612000	
(2)	完税费用		361211	
(3)	组（拆）车费	50040	100080	
(4)	道路及场地处理费		200000	
(5)	吊车燃料费		54986	
(6)	走道板及吊梁		198000	27t×7000元/t
(7)	其他措施费用		30050	
1.4	其他费用		306950	
(1)	银行担保费		100000	
(2)	技术监督局特种设备检验费		100000	
(3)	外国人员工资及通勤费		47980	
(4)	经营费用		58970	

在上表所列各种费用中，属于大型机械设备进出场及安拆费用的是：码头各项费用；码头至工地汽车运输费、卸车费；组（拆）车费；道路及场地处理费；走道板及吊梁，其他措施费用；技术监督局特种设备检验费；经营费用。其他费用应为大型机械使用费，计入机械使用费中。

2．配套措施费的计算

为保证整个工程项目顺利进行，虽然配套措施费不是某类实体项目，却是按照国家现行有关建设工程施工及验收规范、规程要求，必须配套完成的工程内容所需的费用。

配套措施费计算方法也分为系数计算法和方案分析法两种。

（1）系数计算法　用整体工程项目直接工程费（或人工费，或人工费+机械费）合计作为计算基数，乘以配套措施费用系数。系数根据以往有代表性工程的资料，通过分析计算获得。

（2）方案分析法　通过编制具体的措施实施方案，对方案所涉及的各种经济技术参数进行计算后，确定配套措施费用。

具体计算过程参见实体措施费及表3-15。

八、其他项目费的计算

其他项目费是指暂列金额、暂估价（材料暂估价和专业工程暂估价）、总承包服务费、计日工项目费等估算金额的总和。包括人工费、材料费、机械使用费、管理费、利润、风险费以及定额和间接费定额规定以外发生的费用。其他项目清单由招标人和投标人两部分内容组成，见表3-16。

其内容包括：

① 冬、雨季施工增加费。

② 夜间施工增加费。

③ 流动施工津贴。

④ 因场地狭小等特殊情况而发生的材料二次搬运费。

表 3-16　其他项目清单计价表

工程名称：第　页　共　页

序号	项目名称	金额/元
1	招标人部分	
1.1	暂列金额	
1.2	暂估价	
1.3	其他	
	小计	
2	投标人部分	
2.1	总包服务费	
2.2	计日工	
2.3	其他	
	小计	
	合计	

⑤ 生产工具使用费：指施工、生产所需不属于固定资产的生产工具、检测和试验用具等的购置、摊销和维修费以及支付给工人自备工具的补贴费。

⑥ 检验试验费：指对建筑材料、构件和建筑安装产品进行一般鉴定、检查所发生的费用，包括自设试验室进行试验所耗用的材料和化学药品费用等，以及技术革新和研究试验费。不包括新结构、新材料的试验费和建设单位要求对具有出厂合格证明的材料进行检验、对构件破坏性试验及其他特殊要求检验试验的费用。

⑦ 工程定位复测、工程点交场地清理费用。

（一）招标人部分

1. 暂列金额

暂列金额是招标人在工程量清单中暂定并包括在合同价款中的一笔款项。用于施工合同签订时尚未确定或者不可预见的所需材料、设备、服务的采购，施工中可能发生的工程变更、合同约定调整因素出现时的工程价款调整以及发生的索赔、现场签证确认等的费用。

影响工程量变化和费用增加的因素主要涉及以下几方面：

① 清单编制人员在统计工程量及变更工程量清单时发生的漏算、错算等引起的工程量增加。

② 由于设计标准提高引起的设计变更造成的工程量增加。

③ 如风险费用及索赔费用等其他原因引起的，且应由业主承担的费用增加。

④ 施工过程中，应业主要求，由设计师或监理工程师出具的工程变更增加的工程量。

此处的工程量的变更主要是指工程量清单漏项或有误以及施工中的设计变更引起标准提高而造成的工程量的增加。

暂列金额要根据业主意图和拟建工程实况、设计文件的深度、设计质量的高低、拟建工程的成熟程度及风险的性质，由清单编制人计算出金额，确定其额度。一般情况下，设计深度深，设计质量高，已经成熟的工程设计，一般预留工程总造价的3%～5%即可。在初步设计阶段，工程设计不成熟的，最少要预留工程总造价的10%～15%。

作为工程造价费用的组成部分把暂列金计入工程造价，但必须通过监理工程师的批准，来确定其支付与否、支付额度以及用途。

2. 暂估价

暂估价是指招标人在工程量清单中提供的用于支付必然发生但暂时不能确定价格的材

料、工程设备的单价以及专业工程的金额。

3.其他

其他指招标人部分可增加的新列项。如指定分包工程费，由于某分项工程或单位工程专业性较强，必须由专业队伍施工，即可增加这项费用，费用金额应通过向专业队伍询问（或招标）取得。

（二）投标人部分

《清单计价规范》中列举了总承包服务费、计日工项目费两项内容。如果招标文件对承包商的工作范围还有其他要求，也应对其要求列项。

投标人部分的清单内容设置，除总承包服务费仅需简单列项外，其余内容需要量化的要量化描述。如设备厂外运输，需要标明设备的台数，每台的规格、重量、运距等。计日工项目表要标明各类人工、材料、机械的消耗量，示例见表3-17。

表3-17 计日工表

工程名称：   第 页 共 页

序号	名称	计量单位	数量
1	人工		
1.1	高级技术工人	工日	6.00
1.2	技术工人	工日	35.00
1.3	力工	工日	60.00
2	材料		
2.1	电焊条 结422	kg	15.00
2.2	管材	kg	15.00
2.3	型材	kg	40.00
3	机械		
3.1	270t 履带吊	台班	5.00
3.2	150t 轮胎吊	台班	8.00
3.3	80t 汽车吊	台班	2.00

计日工项目中的工料机计量，要根据工程的复杂程度、工程设计质量的优劣以及工程项目设计的成熟程度等方面来确定其数量。一般工程以人工计量为基础，按人工消耗总量的1%取值即可，材料消耗主要是辅助材料消耗，按不同专业工人消耗材料类别列项，按工人日消耗量计入。机械列项和计量，除了考虑人工因素外，还要参考各单位工程机械消耗的种类，可按机械消耗总量的1%取值。

九、规费的计算

1.规费

规费是指根据省级政府或省级有关权力部门规定必须缴纳的、应计入工程造价的费用，主要包括：

① 工程排污费。

② 待业保险费。

③ 工程定额测定费：支付工程造价（定额）管理部门的定额测定费。

④ 养老保险统筹基金：企业向社会保障主管部门缴纳的职工基本养老保险（社会统筹部分）。

⑤ 医疗保险费：企业向社会保障主管部门缴纳的职工基本医疗保险费。

2.规费费率

分析本地区典型工程承发包价的资料，综合确定规费计算中所需数据。

① 每万元承发包价中人工费含量和机械费含量。

② 人工费占直接工程费的比例。

③ 每万元承发包价中所含规费缴纳标准的各项基数。

规费费率的计算公式如下。

（1）以直接工程费为计算基础

$$规费费率（\%）=\frac{\sum 规费缴纳标准 \times 每万元发承包价计算基数}{每万元发承包价中的人工费含量 \times 人工费占直接工程费比例（\%）}$$

（2）以人工费为计算基础

$$规费费率（\%）=\frac{\sum 规费缴纳标准 \times 每万元发承包价计算基数}{每万元发承包价中的人工费含量} \times 100\%$$

（3）以人工费和机械费合计为计算基础

$$规费费率（\%）=\frac{\sum 规费缴纳标准 \times 每万元发承包价计算基数}{每万元发承包价中的人工费和机械费含量} \times 100\%$$

一般按当地政府或有关部门制定的费率标准执行规费费率。

3.规费计算

$$规费=计算基数 \times 规费费率（\%）$$

一般按国家及有关部门规定的计算公式及费率标准进行规费的计算。

十、税金的计算

税金是指国家税法规定的应计入工程造价内的营业税、城市维护建设税及教育费附加等。

税金计算公式为：

$$税金=（税前造价+利润） \times 税率（\%）$$

税率按现行税法规定：

① 纳税地点在市区的企业

$$税率（\%）=\frac{1}{1-3\%-（3\% \times 7\%）-（3\% \times 3\%）}-1$$

② 纳税地点在县城、镇的企业

$$税率（\%）=\frac{1}{1-3\%-（3\% \times 5\%）-（3\% \times 3\%）}-1$$

③ 纳税地点不在市区、县城、镇的企业

$$税率（\%）=\frac{1}{1-3\%-（3\% \times 1\%）-（3\% \times 3\%）}-1$$

一般按国家及有关部门规定的计算公式及税率标准进行税金的计算。

十一、工程量清单计价格式

（1）应采用统一的工程量清单计价格式，并由投标人填写。

（2）工程量清单计价格式应随招标文件发至投标人。主要包括以下内容：

① 封面。

② 投标总价。

③ 工程项目总价表。

④ 单项工程费汇总表。

⑤ 单位工程费汇总表。

⑥ 分部分项工程量清单计价表。

⑦ 措施项目清单计价表。

⑧ 其他项目清单计价表。

⑨ 计日工表。

⑩ 分部分项工程量清单综合单价分析表。

⑪ 措施项目费分析表。

⑫ 材料（工程设备）暂估单价表。

（3）封面　封面上应填写工程名称、投标人名称（单位签字盖章）、法定代表人姓名（签字盖章）、造价工程师及注册证号（签字盖执业专用章）及编制时间。具体见表3-18。

表3-18　工程量清单计价封面

＿＿＿＿＿＿＿＿＿＿＿＿＿＿＿＿＿＿＿＿工程
工程量清单报价表
投　标　人：＿＿＿＿＿＿＿＿＿＿＿＿＿＿＿＿＿＿＿（单位签字盖章）
法定代表人：＿＿＿＿＿＿＿＿＿＿＿＿＿＿＿＿＿＿＿（单位盖章）
造价工程师：＿＿＿＿＿＿＿＿＿＿＿＿＿＿＿＿＿＿＿（签字盖执业专用章）
及注册证号：＿＿＿＿＿＿＿＿＿＿＿＿＿＿＿＿＿＿＿
编制时间：＿＿＿＿＿＿＿＿＿＿＿＿＿＿＿＿＿＿＿

（4）投标总价　按工程项目总价表合计金额填写。

投标总价上应填写建设单位名称、工程名称、投标总价（大写及小写）、投标人姓名（单位签字盖章）、法定代表人姓名（签字盖章）及编制时间。具体见表3-19。

表3-19　投标总价格式

投　标　总　价
招标人：＿＿＿＿＿＿＿＿＿＿＿＿＿＿＿＿＿＿＿
工程名称：＿＿＿＿＿＿＿＿＿＿＿＿＿＿＿＿＿＿
投标总价（小写）：＿＿＿＿＿＿＿＿＿＿＿＿＿＿＿
（大写）：＿＿＿＿＿＿＿＿＿＿＿＿＿＿＿
投标人：＿＿＿＿＿＿＿＿＿＿＿＿＿＿＿＿＿＿（单位盖章）
法定代表人或其授权人：＿＿＿＿＿＿＿＿＿＿＿＿（签字或盖章）
制表人：＿＿＿＿＿＿＿＿＿＿＿＿＿＿＿＿＿＿（造价人员签字盖专用章）
时间：＿＿＿年＿＿月＿＿日

（5）工程项目总价表

① 工程项目总价表上应列出工程名称、序号、单项工程名称及其金额。

② 表中单项工程名称应按单项工程费汇总表的工程名称填写。

③ 表中金额应按单项工程费汇总表的合计金额填写。

④ 表中各单项工程的金额相加即为合计金额，也就是工程项目总价。

具体格式见表3-20。

表3-20 工程项目总价表格式

工程名称：   第 页 共 页

序号	单项工程名称	金额/元
	合计	

（6）单项工程费汇总表　单项工程费汇总表中应列出工程名称、序号、单位工程名称及其金额，各单位工程余额相加即为合计金额即单项工程费。填写时，应按下列规定进行。

① 表中单位工程名称应按单位工程费汇总表的工程名称填写。

② 表中金额应按单位工程费汇总表的合计金额填写。

具体格式见表3-21。

表3-21 单项工程费汇总表格式

工程名称：   第 页 共 页

序号	单位工程名称	金额/元
	合计	

（7）单位工程费汇总表　单位工程费汇总表中应列出工程名称、序号、项目名称及其金额。

金额应分别按照分部分项工程量清单计价表、措施项目清单计价表和其他项目清单计价表的合计金额以及有关规定计算的规费、税金填写。以上五个项目的金额相加成为合计金额。

具体格式见表3-22。

表3-22 单位工程费汇总表格式

工程名称：   第 页 共 页

序号	项目名称	金额/元
1	分部分项工程量清单计价合计	
2	措施项目清单计价合计	
3	其他项目清单计价合计	
4	规费	
5	税金	
	合计	

（8）分部分项工程量清单计价表　分部分项工程量清单计价表中应列出序号、项目编码、项目名称、计量单位、工程数量。项目编码是指分部分项工程的编码；项目名称是指分部分项工程的名称；综合单价是指完成工程量清单中一个规定计量单位项目所需的人工费、材料费、机械使用费、管理费和利润，并考虑风险因素。

合价是指该分部分项工程数量与综合单价的乘积，各分部分项工程的合价相加合计。

具体格式见表3-23。

表3-23 分部分项工程量清单计价表格式

工程名称：　　　　　　　　　　　　　　　　　　　　　　　　　　　　　　　第 页 共 页

序号	项目编码	项目名称	项目特征描述	计量单位	工程量	金额/元		
						综合单价	合价	其中
								暂估价
		本页合计						
		合计						

（9）措施项目清单计价表　措施项目清单计价表上应列出工程名称、序号、项目名称及其金额。应注意下列规定：

① 表中的序号、项目名称应按措施项目清单中的相应内容填写。

② 投标人可根据施工组织设计采取的措施增加项目。

措施项目清单计价合计即各措施项目的金额相加合计。

具体格式见表3-24。

表3-24 措施项目清单计价表格式

工程名称：　　　　　　　　　　　　　　　　　　　　　　　　　　　　　　　第 页 共 页

序号	项目编码	项目名称	计算基础	费率/%	金额/元
1	安全文明施工费				
2	夜间施工费				
3	二次搬运费				
4	冬雨季施工				
5	大型机械设备进出场及安拆费				
6	施工排水				
7	施工降水				
8	地上、地下设施、建筑物的临时保护设施				
9	已完工程及设备保护				
10	各专业工程的措施项目				
	合计				

（10）其他项目清单计价表　其他项目清单计价表中应列出工程名称、序号、项目名称及其金额。项目名称是指各其他项目的名称，区分开招标人部分和投标人部分。分别小计招标人部分的其他项目金额和投标人部分其他项目的金额。应注意下列规定：

① 表中的序号、项目名称必须按其他项目清单中的相应内容填写。

② 投标人部分的金额必须按《清单计价规范》的第5.1.3条中招标人提出的数额填写。

其他项目清单计价合计即各个其他项目的金额相加合计。

具体格式见表3-25。

表3-25　其他项目清单计价表格式

工程名称：　　　　　　　　　　　　　　　　　　　　　　　　　　　　　　第　页　共　页

序号	项目名称	金额/元
1	招标人部分	
	小计	
2	投标人部分	
	小计	
	合计	

（11）计日工项目计价表　计日工项目计价表中应列出工程名称、序号、项目名称、计量单位、数量、金额（综合单价、合价）。项目名称是指计日工项目名称。其中应区分人工、材料、施工机械三部分，这三部分各自应有合价小计。合价是数量和综合单价的乘积。计日工项目计价合计就是各个计日工项目的合价相加合计。计日工项目计价合计到其他项目清单计价中去，作为其他项目计价的组成部分。工程竣工后计日工费应按实际完成的工程量所需费用结算。

具体格式见表3-26。

表3-26　计日工项目计价表格式

工程名称：　　　　　　　　　　　　　　　　　　　　　　　　　　　　　　第　页　共　页

编号	项目名称	单位	暂定数量	综合单价	合价
1	人工				
	小计				
2	材料				
	小计				
3	施工机械				
	小计				
	合计				

（12）分部分项工程量清单综合单价分析表　分析表上中应列出工程名称、序号、项目编码、项目名称、工程内容、综合单价组成、综合单价。综合单价组成中包括人工费、材料费、机械使用费、管理费、利润。完成一个规定计量单位的分部分项工程所需的这五项费用之和即综合单价。

具体格式见表3-27。

（13）措施项目费分析表　措施项目费分析表中应列出工程名称、序号、项目编码、措施项目名称、项目特征描述、计量单位、工程量、金额，金额中的小计是相应的人工费、材料费、机械使用费、管理费、利润乘以数量之和，措施项目费是各措施项目的余额小计相加合计。

具体格式见表3-28。

（14）材料暂估价表　主要材料是指在拟建工程中使用的量多价高的主要建筑材料。

材料暂估价表中应列出工程名称、序号、材料名称、规格、型号等特殊要求、计量单位、单价，并应遵循以下规定：

① 表中应包括详细的材料编码、材料名称、规格编号和计量单位等。

② 所填写的单价必须与工程量清单计价中采用的相应材料的单价一致。

具体格式见表3-29。

表3-27 分部分项工程量清单综合单价分析表格式

工程名称：　　　　　　　　　　　　　　　　　　　　　　　　　　　　　　　　　　　第 页 共 页

序号	项目编码	项目名称	项目特征描述	计量单位	工程量	金额/元			
						综合单价	合价	其中	
								暂估价	

表3-28 措施项目费分析表格式

工程名称：　　　　　　　　　　　　　　　　　　　　　　　　　　　　　　　　　　　第 页 共 页

序号	项目编码	项目名称	项目特征描述	计量单位	工程量	金额/元					
						人工费	材料费	机械使用费	管理费	利润	小计
		合计									

表3-29 材料暂估价表格式

工程名称：　　　　　　　　　　　　　　　　　　　　　　　　　　　　　　　　　　　第 页 共 页

序号	材料名称、规格、型号	计量单位	单价/元	备注

第二节　工程量清单计价的应用

建设工程招投标活动实行工程量清单计价，是招标人公开提供工程量清单，投标人依据清单自主报价，或招标人编制标底，双方签订合同价款，工程竣工结算等活动。工程量清单是招标文件中不可或缺的一部分。工程量清单也是编制投标报价的重要依据之一。

一个园林建设工程如果利用工程量清单计价招投标，应按《清单计价规范》进行招标标底、投标报价的编制、合同价款的确定与调整、工程结算与索赔反索赔。

一、工程量清单计价在编制招标与标底价文件中的应用

1.建设工程招标投标活动的一般工作程序

建设工程招投标活动的工作程序如图3-2所示。

2.应用工程量清单招标的工作程序

工程量清单招标，是指由招标单位提供统一招标文件（包括工程量清单），在此基础上，投标单位根据施工现场实际情况及拟订的施工组织设计，按企业定额或参照建设行政主管部门发布的现行消耗量定额以及造价管理机构发布的市场价格信息进行投标报价，招标单位择优选定中标人的过程。其工作程序主要有以下几个环节：

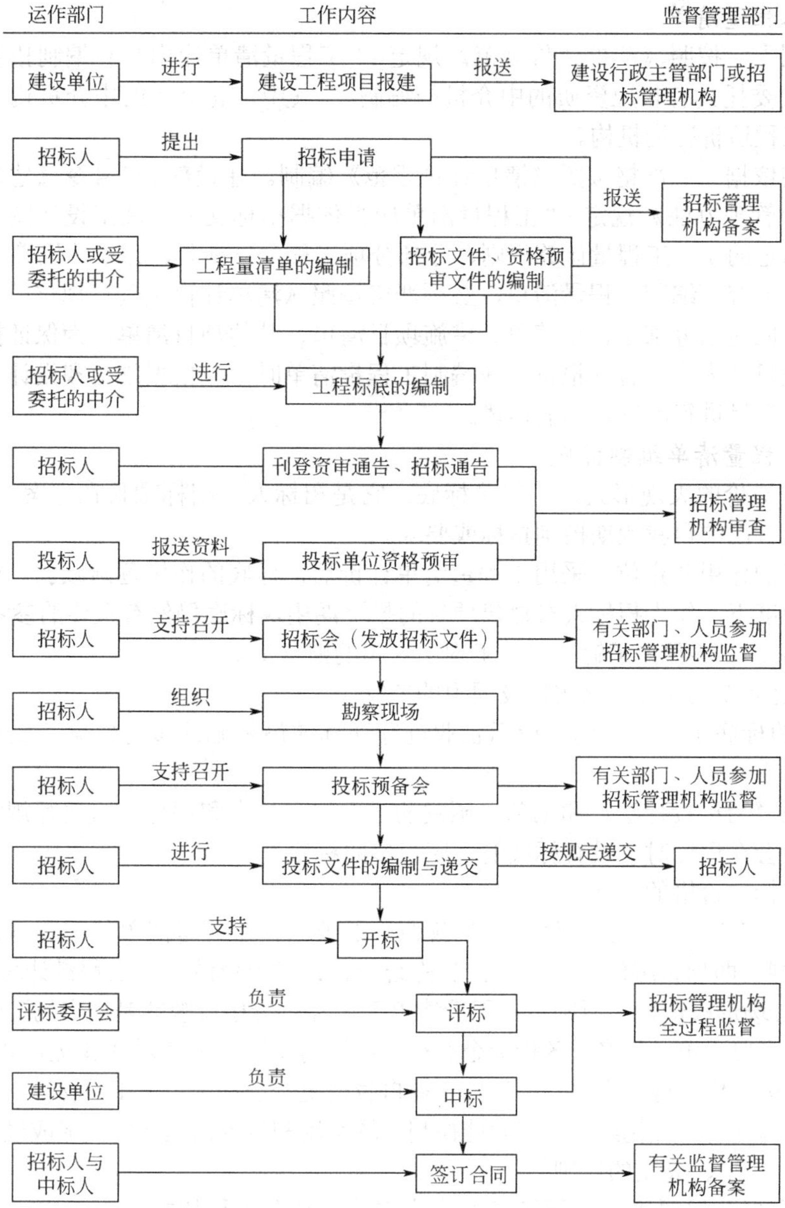

图 3-2　建设工程招投标活动的工作程序

① 在招标准备阶段，招标人或委托有资质的工程造价咨询单位（或招标代理机构）编制招标文件，包括工程量清单。若该工程"全部使用国有资金投资或国有资金投资为主的大中型建设工程"，在编制工程量清单时，应严格执行建设部颁发的《建设工程工程量清单计价规范》规定。

② 工程量清单在编制完成后，发给各投标单位。投标单位可对工程量清单进行简单的复核，若未发现重大错误，即可进行工程报价；若发现工程量清单中工程量与有关图纸有较大差异，可要求招标单位进行澄清，投标单位无权擅自改动。

③ 投标报价完成后，在约定的时间内投标单位提交投标文件。

④ 评标委员会根据招标文件确定的评标标准和方法进行评定标。由于采用了工程量清单计价方法，所有投标单位都站在同一起跑线上，因而竞争更为公平合理。

3.编制工程量清单

（1）编制人 按照《清单计价规范》规定："工程量清单应由具有编制招标文件能力的招标人或受其委托具有相应资质的中介机构编制。"其中，有资质的中介机构一般包括招标代理机构和工程造价咨询机构。

（2）编制依据 应严格按照《清单计价规范》编制。建设部107号令《建筑工程施工发包与承包计价管理办法》规定："工程量清单应当依据招标文件、施工设计图纸、施工现场条件和国家制定的统一工程量计算规则、分部分项工程项目划分、计量单位等进行编制。"

（3）编制内容 编制工程量清单，必须严格按照《清单计价规范》规定的计价规则和标准格式进行，应包括分部工程量清单、措施项目清单、其他项目清单。为保证投标企业正确理解各清单项目的内容，合理报价，在编制工程量清单时，应根据规范和设计图纸及其他有关要求对清单项目进行准确详细的描述。

4.应用工程量清单编制标底

建设工程造价的表现形式之一就是标底，它是招标人对招标项目在方案、工期、质量、措施、价格等方面的自我预期控制指标或要求。

（1）标底的作用和定位 采用工程量清单计价后，标底的作用逐渐减弱，但在目前我国的招标投标制度下，作为招标人对拟建项目的投资期望，标底仍然有重要的参考作用：

① 使招标人能够预先了解在拟建工程上承担的财务义务。

② 提供给上级主管部门核实建设规模的依据。

③ 科学的标底是招标人选择投标企业进行评标的最基础的参考依据，反映了当前建筑市场的平均水平。

因此，在《招标投标法》和七部委颁发的《评标委员会和评标方法暂行规定》中明确指出：评标委员会在评标时"设有标底的，应当参照标底"。

（2）编制标底价格的原则

①"四统一"原则 根据《清单计价规范》的要求，工程量清单的编制与计价必须遵循"四统一"原则。即项目编码统一、项目名称统一、计量单位统一、工程量计算规则统一。

② 遵循市场形成价格的原则 工程量清单下的标底价格反映的是由市场形成的具有社会先进水平的生产要素市场价格。各投标企业在工程量清单报价时必须对单位工程成本、利润进行综合分析考虑，优选施工方案，并根据企业自身情况合理地确定人工、材料、施工机械等生产要素的投入与配置，优化组合，有效地控制现场费用和技术措施费用，形成最合理的报价。

③ 公开、公平、公正的原则。

④ 风险合理分担原则 工程量清单计价方法，是在工程招投标中，招标人按照国家统一的计算规则计算提供工作数量，由投标人依据工程量清单所提供的工程数量自主报价，即由招标人承担工程量计量的风险，投标人承担工程价格的风险。在标底价格的编制过程中，编制人应充分考虑招投标双方可能发生风险的概率，以及风险对工程量变化和工程造价变化的影响。

⑤ 标底的计价与《清单计价规范》规定相一致的原则 标底的计价过程必须严格按照工程量清单给出的工程量及其所综合的工程内容进行计价，不得擅自变更。

⑥ 一个工程编制一个标底的原则 一个工程编制一个标底的原则，即是确定市场要素价格唯一性的原则。市场要素价格是工程造价构成中最活跃的成分，只有充分把握其变化规律才能确定标底价格的唯一性。

（3）编制标底价格的依据

①《清单计价规范》。

② 招标文件的商务条款。

③ 工程设计文件。

④ 相关工程施工和工程验收规范。

⑤ 施工组织设计及施工技术方案。

⑥ 施工现场地质、水文、气象等自然条件以及地上情况等相关资料。

⑦ 招标期间材料及工程设备的市场价格。

⑧ 施工项目所在地劳动力市场价格。

⑨ 由招标方采购的材料、设备的到货计划。

⑩ 招标人制订的工期进度计划。

（4）编制工程标底价格的程序

① 确定编制标底价格的单位　标底价格由招标单位或受其委托具有编制标底资格和能力的中介机构代理编制。

② 搜集审阅编制依据。

③ 取定市场要素价格。

④ 确定工程计价要素消耗量指标　当使用现行定额编制标底价格时，应对定额中各类消耗量指标按社会先进水平进行调整。

⑤ 参加工程招标投标交底会，勘察施工现场。

⑥ 招标文件质疑　对招标文件中表述或描述不清的问题向招标方质疑，掌握招标方的真正思想和意图，力求计价准确。

⑦ 综合上述内容，按工程量清单表述工程项目特征和描述的综合工程内容进行计价。

⑧ 完成标底价格初稿。

⑨ 审核修正。

⑩ 审核定稿。

编制标底价格程序见图3-3。

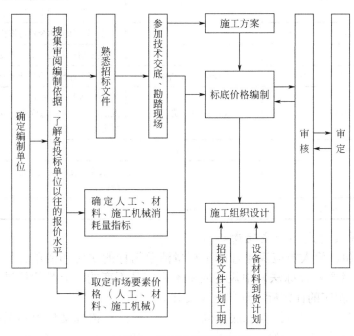

图3-3　标底价格编制程序

（5）编制标底价格的方法

① 编制人　招标标底一般由招标人或受其委托具有相应资质的工程造价咨询机构、招标代理机构进行编制。

② 编制原则和方法　在建设部《建筑工程施工发包与承包计价管理办法》（建设部107号令）中，对招标标底的编制作了规定，应根据：

a.国务院和省、自治区、直辖市人民政府建设行政主管部门制定的工程造价计价办法以及其他有关规定。

b.市场价格信息。《清单计价规范》中强调："实行工程量清单计价招标投标建设工程，其招标标底、投标报价的编制、合同条款的确定与调整、工程结算应按本规范进行"，并进一步规定："招标工程如设标底，标底应根据招标文件中的工程量清单和有关要求、施工现场实际情况、合理的施工方法，以及按照建设行政主管部门制定的有关工程造价计价办法进行编制"。

标底价格由分部分项工程量清单计价、措施项目清单计价、其他项目清单计价、规费和税金五部分内容组成。

单位工程工程量清单计价的方法及步骤，如表3-30所示。

编制工程量清单下的标底价，必须严格遵照《清单计价规范》，以工程量清单给出的工程数量和综合的工程内容，按市场价格计价。对工程量清单开列的工程数量和综合的工程内容必须保持与各投标单位计价口径的统一，不得擅自更改。

表3-30　单位工程工程量清单计价的方法及步骤

序号	名称		计算方法	说明
1	分部分项工程费		清单工程量×综合单价	综合单价是指完成单位分部分项工程量清单项目所需的各项费用，包括发生的人工费、材料费、机械费、管理费和利润，并考虑风险因素
2	措施项目费		措施项目工程量×措施项目综合单价	措施项目是指为完成工程项目施工，发生在施工前和施工过程中技术、生活、安全等非工程实体项目的费用。根据"措施项目计价表"确定
3	其他项目费	招标人部分的金额		招标人部分的金额可按暂列金额确定
		投标人部分的费用		根据招标人提出要求所发生的费用确定
		计日工项目费	工程量×综合单价	根据"计日工项目计价表"确定
4	规费		（1+2+3）×费率	规费为行政事业性收费，是指经国家和省政府批准，列入工程造价的费用。根据规定计算，按规定足额上缴
5	不含税工程造价		1+2+3+4	
6	税金		5×费率	税金是指按税收规定、法规的规定列入工程造价的费用
7	含税工程造价		5+6	

5.工程量清单及标底编制应注意的问题

① 有关单位和计价人员应深刻理解工程量清单招标的实质和清单计价的规则。不管采用何种计价方式，《招标投标法》中规定的基本程序是不变的，只是招标过程中计价形式和招标文件的组成及相应的评定标办法等有所变化。

② 若工程量清单编制与招标标底是同一单位，应注意招标文件中的工程量清单与编制标底的工程量清单在格式、内容等各方面保持一致，以免招标的失败或评标的不公正。

③ 为了避免引起理解上的差异，造成投标企业报价时的失误，工程量清单的描述必须准确全面，保证招标投标的工作质量。

④ 仔细区分清单中工程量清单费、措施项目清单费、其他项目清单费和规费、税金等各项费用的组成，避免重复计算。

⑤ 不得重复技术标报价与商务标报价，尤其是在技术标中已经包括的措施项目报价。

6. 标底价格的审查

（1）标底价格的审查过程

① 编制人自审　完成工程标底计价初稿后，首先编制人进行自审，检查分部分项工程各生产要素消耗水平是否合理，计价过程的计算是否有误等。

② 编制人间互审　发现编制人对工程量清单项目理解的差异，统一认识，是互审的主要目的。

③ 专家（上级）或审核组审查　专家（上级）或审核组审查是全面审查，包括对招标文件的符合性审查，计价基础资料的合理性审查，标底价格整体计价水平的审查，标底价格单项计价水平的审查，是完成定稿的权威性审查。

（2）标底价格审查的主要内容

① 符合性　包括计价价格对招标文件、工程量清单项目以及对招标人真实意图的符合性程度。

② 计价基础资料的合理性　这是具有合理标底价格的前提。计价基础资料包括工程施工规范、工程验收规范、企业生产要素消耗水平、工程所在地生产要素价格水平。

③ 标底整体价格水平　标底价格是否大幅度偏离概算价，是否无理偏离已建同类工程造价，各专业工程造价是否比例失调，实体项与非实体项价格比例是否失调。

④ 标底单项价格水平　标底单项价格水平偏离概念。

（3）标底价格的审查方法

① 分组计算审查法　按专业分组，以分部分项工程，就生产要素消耗水平、生产要素价格水平，对工程量清单项目进行全面审查。在清单计价开始，专家力量不足的情况下，这种方法较妥。

② 筛选审查法　利用原定额建立分部分项工程基本综合单价数值表，统一口径，对应筛选出不合理的偏离基本数值表的分部分项工程计价数据，再对该分部分项工程计价详细审查。

③ 专家评审法　由工程造价方面的专家，分专业对标底价格逐一审查，及时发现问题，并予以纠正。在清单计价开始使用此法，可以避免出现重大失误，确保标底价格的可利用性和合理性。

④ 定额水平调整对比审查法　利用原定额，按清单给定的范围，组成分部分项工程量清单综合单价。再按市场生产要素价格水平、市场工程生产要素消耗水平测定比例，调整单位工程造价。对比单位工程标底价，找出偏差，对标底价进行调整。该法可以把握各单位工程标底价的准确性，但不能保证各个分部分项工程计价的合理性。

7. 工程量清单计价招标标底价格的应用

业主为掌握工程造价，控制工程投资的基础数据，而采用工程招标标底价，并作为测评各投标单位工程报价的准确与否的依据。

标底价格最基本的应用形式是标底价格与各投标单位投标价格的对比。对比分为工程项目总价对比、分项工程总价对比、单位工程总价对比、分部分项工程综合单价对比、措施项目列项与计价对比、其他项目列项与计价对比。依此发现投标价格的偏离与谬误，为招标答疑会提供招标人质疑素材，澄清投标价格涵盖范围。

　　工程量清单报价为标底价格在商务标测评中建立了一个基准平台，即标底价格的计价基础与各投标单位报价的计价基础一致，方便了标底价格与投标报价的对比。

　　（1）对比工程项目总价　　通过各投标单位工程项目总报价排序，确定标底价格在全部投标报价中所处的位置。如果报价价格处于中间位置，说明正常。并通过测算最高价及最低价与标底价的偏离程度，得到工程建设市场价格的变动趋势，排除不合理报价后的平均报价与标底价之比，就形成了以标底价为基础的平均工程造价综合指数，用以指导今后标底价的编制。如果业主要简化评标过程，即可根据合理最低价或接近标底价确定中标单位。

　　（2）对比分项工程总价　　由于各个分项工程在工程项目内的重要程度不同，进行分项工程总价对比，可以使业主了解各报价单位分项工程的报价水平。以标底价为基准，判别各报价单位对不同分项工程的拟投入，用以检验报价单位资源配置的合理性。

　　（3）对比单位工程总价　　单位工程总价是按专业划分的最小单位的完全工程造价。对比标底价，可得知报价单位拟按专业划分的资源配置状况，用以检验报价单位资源配置是否合理。

　　（4）对比分部分项工程综合单价　　在总价对比、分析的基础上，对照标底价的分部分项工程综合单价，查阅偏离标底价的分部分项工程综合单价分析表，可以了解投标人是否正确掌握了工程量清单的综合工程内容及工程特征，是否按工程量清单的综合工程内容和工程特征进行了正确的计价，以及投标价偏离标底价的原因，以此判断投标价的正确与否。

　　（5）对比措施项目列项与计价　　以标底价为基准，进行措施项目列项与计价的对比分析，既可以了解到工程报价的高低及原因，还可以了解到一个施工企业的施工习惯，以及企业的整体素质，有助于招标人合理地确定中标单位。

　　在招投标测评中，唯一一个不能以项目多少、价格高低论优劣的就是施工措施项目。在工程总报价合理的前提下，具有尽可能多的合理计价的施工措施项目，是实现工程总体目标的有力保证。

　　（6）对比其他项目列项与计价　　其他项目分招标人和投标人两部分内容，投标人部分与标底价对比，可以判别项目列项的合理性及报价水平。

二、工程量清单计价在编制投标报价文件中的应用

　　根据招标文件及有关计价办法，投标单位计算出投标报价，据此研究投标策略，提出更合理的报价。投标报价对投标单位竞标的成功和将来实施工程的盈亏有着至关重要的作用。

　　1.编制投标报价文件的原则

　　投标单位采用工程量清单招标，具有了报价自主权，在发挥自身优势自主定价时，同时应遵守有关规定。

　　（1）《建筑工程施工发包与承包计价管理办法》中指出：

　　① 投标报价应当满足招标文件要求。

　　② 投标报价应当依据企业定额和市场参考价格信息，并按照国务院和省、自治区、直辖市人民政府建设行政主管部门发布的工程造价计价办法进行编制。

　　（2）《清单计价规范》中规定："投标报价应根据招标文件中的工程量清单和有关要求，施工现场实际情况及拟订的施工方案或施工组织设计，依据企业定额和市场价格信息，或参照建设行政主管部门发布的社会平均消耗量定额进行编制。"

　　2.投标报价的程序

　　建筑工程投标报价的基本程序是：取得招标信息→准备资料参加投标→提交资格预审资料→通过预审得到招标文件→研究招标文件→准备与投标相关的资料→实地考查，考查招标

人→投标策略确定→核算工程量清单→编制施工组织设计及施工方案→计算施工方案工程量→采用多种方法进行询价→工程综合单价计算→工程成本价确定→报价分析决策，确定最终报价→编制投标文件→投送投标文件→参加开标会议。

3.编制投标报价文件时应注意的问题

① 实行工程量清单计价初期，各施工单位首先应了解《清单计价规范》的相关规定，明确各清单项目所包含的工作内容和要求、各项费用的组成等，投标时把自身的管理优势、技术优势、资源优势等落实到实际的清单项目报价中。

② 根据本企业施工技术和管理水平以及有关工程造价资料制订的，供本企业使用的人工、材料和机械台班的消耗量标准即企业定额。建立企业内部定额，能够提高自主报价能力，增加企业竞争力。施工企业可以通过制订企业定额，清楚地计算出完成项目所需耗费的成本与工期，从而避免了盲目报价导致企业利益的亏损。

③ 在投标报价书中，投标企业应仔细填写每一单项的单价和合价，做到报价时不漏项、不缺项，因为没有填写单价和合价的项目将不予支付。

④ 若需编制技术标及相应报价，应避免技术标报价与商务标报价出现重复，尤其是应注意区分技术标中已经包括的措施项目。

⑤ 掌握一定的投标报价策略和技巧，根据各种具体情况灵活机动地调整报价，提高企业的市场竞争力。

4.投标报价的前期准备工作

前期准备工作主要包括取得招标信息、提交资格预审资料、研究招标文件、准备投标资料、确定投标策略等项内容。

（1）获取招标信息　招投标交易中心是招标信息的主要来源，投标人可从交易中心定期或不定期获得招标信息。此外，投标人应建立广泛的信息网络，进行早期跟踪调查，建立联系。投标人获取招标信息的主要途径有：

① 获得公开招标信息的方式一般是通过招标广告或公告来发现投标目标；

② 经常派业务人员深入各个单位和部门，广泛联系，收集信息；

③ 通过计委、建委、行业协会等政府有关部门获得信息；

④ 通过代理机构如咨询公司、监理公司、科研设计等单位获得信息；

⑤ 取得老客户的信任，从而承接后续工程或接受邀请；

⑥ 与总承包商建立广泛的联系；

⑦ 利用有形的交易市场及各种报刊、网站的信息；

⑧ 通过社会知名人士的介绍得到信息。

（2）参加投标资格审查　投标人获得信息后，应及时评估，初步研究认为有投标价值后报名参加，并向招标人提交资格审查资料，投标人资料主要包括营业执照、资格证书、企业简历、技术力量、主要机械设备、近三年内的主要施工工程情况及与投标工程类似工程的施工情况、在建工程项目及财务状况。

资格审查在投标过程中具有举足轻重的作用，因此对投标资料应认真准备，以充分展示企业的技术经济实力和信誉良好的企业形象，从而增强竞争力。

（3）认真分析招标信息资料　施工企业生存和发展的根本条件是能否取得工程项目，取得工程项目的决定因素则是投标成功与否，招标信息的有无与多寡又是投标的基础，信息分析又是投标决策与能否成功的前提。因此，获取招标信息后，应对以下信息资料进行认真研究。

① 招标人投资的可靠性　包括工程项目是否已经批准和项目资金是否到位。

② 招标人或委托的监理　是否有明显的授标倾向。

③ 招标人的各类人员的资格、素质、能力　是否能胜任该项目的管理要求，招标人及委托的监理单位的资质等级是否符合规定。

④ 投标项目的技术特点　包括：工程类型、规模；工程条件是否为投标人技术专长项目；有无明显技术难度；工期是否紧迫；应采取何种重大技术措施。

⑤ 投标项目的经济特点　包括：工程款的支付方式、外资工程外汇比例；预付款的比例；允许调价的因素、规费及税金信息；金融和保险的有关情况。

⑥ 投标竞争形势分析　分析竞争对手的优势及其投标的动向；根据投标项目的性质，预测投标竞争形势。

⑦ 投标条件及积极性　投标人自身具备的有利条件和应备条件；工程项目可利用的资源及其他有利条件；投标人当前的经营状况、财产状况和投标的积极性。

⑧ 本企业分析投标项目的优势所在　客观分析本企业对投标项目的优势；是否需要较少的开办费用以及具备技术专长和价格优势；类似工程承包经验及信誉；是否具有资金、劳务、物资供应、管理等方面的优势；项目的社会效益；与招标人的关系；是否具备充足投标资源；合作伙伴和分包人等人力资源是否优良。

⑨ 分析投标项目风险因素　投标是投标人在市场的交易行为，具有很大的冒险性。中标后在工程实施中也存在各种风险因素，投标项目风险分析具有极其重要的意义。

投标项目风险分析包括以下内容：民情风俗、社会秩序、地方法规、政治形势；社会经济发展形势及稳定性、物价趋势；与工程实施有关的自然风险；招标人的履约风险；延误工期罚款的额度大小；投标项目本身可能造成的风险。

⑩ 通过分析以上各项信息，做出包括经济效益预测在内的可行性研究报告，投标决策者据以进行科学合理的投标决策。

（4）认真研究招标文件

① 认真研究招标文件条款　一旦通过资格审查，取得招标文件后，应对招标文件认真研究，正确理解；及时处理图纸、技术规范和工程量清单三者之间出现的矛盾；结合施工图纸、施工规范和施工方案合理确定工程量清单项目中不明确的内容；此外，对招标文件规定的工期、投标书格式、签署方式、密封方式、投标的截止日期要形成备忘录，避免失误。

② 研究评标办法　评标办法是招标文件的组成部分，应按评标办法的规定来决定投标人是否中标。我国的评标办法包括以下两种：

a.最低报价法：指投标人在不低于自身个别成本，保证工程质量、工期的前提下，以最合理低价中标，也称合理低价中标法。工程量清单计价招标投标活动中，一般采用这种方法评标。

b.综合评议法：采用综合评分的办法，根据得分最高决定中标人，这种评标方法称为定量综合评议法。当无法把报价、工期、质量等级、施工方案、信誉、已完成或在建工程项目的质量、项目经理的素质等因素定量化打分时，评标人根据经验判断各投标方案的优劣，这时称为定性综合评议法。

③ 研究合同条款　合同条款是招标文件的组成部分，双方的最终法律制约作用体现在合同上，合同条款是履约价格的表达方式和结算的依据。合同内容主要分通用条款和专用条款。合同的构成及主要条款，要从以下几方面进行分析：

a.价格：这是投标人成败的关键，主要看清单综合单价的调整，能否调，怎样调。根据工期和工程的实际预测价格风险。

b.分析工期及违约责任：根据编制的施工方案或施工组织设计分析是否能按期完工，如不能完工会承担什么违约责任，工程是否有可能发生变更。

c.分析付款方式：这是投标人能不能保质保量按期完工的条件，由于招标人不能按期付款而引起停工，都会给双方造成重大的损失。

因此，投标人要对各个因素进行综合分析，并根据权利义务进行对比分析，只有这样才能更好地预测风险，并采取相应的对策。

④ 研究工程量清单 工程量清单是招标人提供给投标人用以报价的工程量，也是最终结算及支付价款的依据，是招标文件的重要组成部分。所以必须认真分析工程量清单中的工程量在施工过程及最终结算时是否会发生变更，并对工程量清单包括的具体内容进行逐项分析。只有这样，投标人才能准确把握每一清单项的内容范围，并作出正确的报价。尤其是当采用合理低价中标的招标形式时，报价尤为重要。

（5）准备投标资料及投标策略确定 在投标报价时，必须准备所有与报价相关的资料，并且这些资料的质量高低直接影响到投标报价成败。所准备的资料包括：招标文件；设计文件；施工规范；相关法律法规；企业内部定额及有参考价值的政府消耗量定额；企业人工、材料、机械价格系统资料；可以询价的网站及其他信息来源；与报价有关的财务报表及企业积累的数据资源；拟建工程所在地的地质资料及周围的环境情况；投标对手的情况及对手常用的投标策略；招标人的情况及资金情况等。这些都是投标策略确定的依据，只有准确地掌握第一手资料，才能快速正确地确定投标策略。

所需准备的报价资料可分为两类：一类是公用资料，任何工程都必须用，如规范、法律、法规、企业内部定额及价格系统等；另一类是特有资料，这些是在得到招标文件后才能收集整理的，只能针对投标工程，如设计文件、地质、环境、竞争对手的资料等。特有资料是确定投标策略的主要资料，因此对这部分资料要格外重视。投标人要在投标时显示出自身的优势就必须有一定的策略。主要从以下几方面考虑。

① 对设计文件进行认真的理解及全面的掌握 招标人提供给投标人的工程量清单是按设计图纸及规范规则进行编制的。投标人在投标之前要结合工程实际对施工图纸进行分析，了解清单项目在施工过程中发生变化的可能性，对于工程量不变的报价要适中，对于有可能增加工程量的报价要偏高，对有可能降低工程量的报价要偏低，由此降低风险，获得最大的利润。

② 进行施工现场的实地考察与勘测 在编制施工方案之前投标人应该对施工现场、周围环境及与此工程有关的可用资料进行了解和勘察。主要从以下几方面进行勘察：现场的形状和性质，包括地表以下的条件、水文和气候条件；为工程施工和竣工，以及修补其任何缺陷所需的工作和材料的范围和性质；进入现场的手段，以及投标人需要的住宿条件等。

③ 调查与拟建工程相关的各类环境条件 投标人要详尽了解项目所在地的环境，包括自然条件、政治、经济、文化、法律法规和风俗习惯等。对自然条件的调查，应着重工程所在地的水文地质情况、交通运输条件、是否多发自然灾害、气候状况等；对政治形势的调查，包括工程所在地和投资方所在地的政治稳定性；对经济形势的调查，主要了解工程所在地和投资方所在地的经济发展情况，工程所在地金融方面的换汇限制、官方和市场汇率、主要银行及其存款和信贷利率、管理制度等；对文化形态的调查，主要了解工程所在地的历史文脉延续情况以及当地的文化底蕴；对法律法规和风俗习惯的调查，应着重工程所在地政府对施工的安全、环保、时间限制等各项管理规定，宗教信仰和节假日等；对生产和生活条件的调查，应着重施工现场周围情况，如道路、供电、给排水、通信是否便利，工程所在地的劳务和材料资源是否富足，生活物资的供应是否充足等。

④ 调查招标人与竞争对手情况 对招标人的调查：第一，资金来源的可靠性，避免承担过多的资金风险；第二，项目开工手续的齐全性，提防有些发包人以招标为名，让投标人

免费为其估价；第三，是否有明显的授标倾向。

对竞争对手的调查：首先，了解参加投标的竞争对手有多少，有威胁性的是哪些，特别是工程所在地的承包人，可能会有评标优惠；其次，筛选出主要竞争对手，分析其以往同类工程投标方法、惯用的投标策略、开标会上提出的问题等。投标人必须知己知彼才能制订切实可行的投标策略，提高中标的成功率。

5. 编制投标报价文件

编制投标报价是投标人进行投标的实质性工作，由投标人组织的专门机构来完成，主要包括审核工程量清单、编制施工组织设计、材料询价、计算工程单价、标价分析决策及编制投标文件等。下面分别进行说明。

（1）审核工程量清单并计算施工工程量　大多数情况下，投标人必须按招标人提供的工程量清单进行组价，并按综合单价的形式进行报价。但投标人在按招标人提供的工程量清单计价时，必须把施工方案及施工工艺造成的工程增量以价格的形式包括在综合单价内。有经验的投标人在计算施工工程量时就对工程量清单进行审核，这样可以知道招标人提供的工程量的准确度，为投标人不平衡报价及结算索赔做好准备。

在实行工程量清单模式计价后，建设工程项目分为三部分进行计价：分部分项工程项目计价、措施项目计价及其他项目计价。招标人提供的工程量清单是分部分项工程项目清单中的工程量，但招标人不提供措施项目中的工程量及施工方案工程量，必须由投标人在投标时按设计文件及施工组织设计、施工方案进行二次计算。由于清单报价最低者占优，投标人如果因没有考虑周全而造成低价中标，造成亏损，责任自负。因此这部分用价格的形式分摊到报价内的量必须要谨慎计算。

（2）编制施工组织设计及施工方案　招标人评标时考虑的主要因素之一是施工组织设计及施工方案，这也是投标人确定施工工程量的主要依据。该项的内容主要包括：项目概况、项目组织机构、项目保证措施、前期准备方案、施工现场平面布置、总进度计划和分部分项工程进度计划、分部分项工程的施工工艺及施工技术组织措施、主要施工机械配置、劳动力配置、主要材料保证措施、施工质量保证措施、安全文明措施、保证工期措施等。

施工组织设计主要包括施工方法、施工机械设备及劳动力的配置、施工进度、质量保证措施、安全文明措施及工期保证措施等内容。好的施工组织设计，应掌握工程特点，采用先进的施工方法，安排合理的工期，充分有效地利用机械设备和劳动力，尽可能减少临时设施和资金的占用。如果同时能向招标人提出合理化建议，在不影响使用功能的前提下为招标人节约工程造价，那么会大大提高投标人的低价的合理性。还要在施工组织设计中进行风险管理规划，以防范风险。

（3）建立完善的询价系统　实行工程量清单计价模式后，投标人自由组价，所有与价格有关的全部放开。用什么方式询价，具体询什么价，这是投标人面临的主要问题。投标人在日常的工作中必须建立价格体系，积累一部分人工、材料、机械台班的价格。除此之外在编制投标报价时进行多方询价。

询价的内容主要包括：材料市场价、人工当地的行情价、机械设备的租赁价、分部分项工程的分包价等。

（4）投标报价的计算　报价是投标的核心以及中标的决定因素，强制性、实用性、竞争性和通用性是清单计价进行投标报价的显著特点，具体表现为：

① 量价分离、自主计价　工程量由招标人提供，投标报价由投标人依清单自主计价；企业定额并参考政府消耗量定额为计价依据；价格由政府指导预算基价及调价系数变为多方询价企业确定的价格体系。

② 价格来源多样化，企业自主确定　国家采取"全部放开、自由询价、预测风险、宏观管理"的方针。政府造价管理部门发布价格信息，编制平均消耗量定额，供企业计价参考，并可作为确定企业自身技术水平的依据。

③ 提高企业竞争实力，增强风险意识　企业必须具有灵活全面的信息、强大的成本管理能力、先进的施工工艺水平、高效率的软件工具等，才能体现自己的竞争优势。除此之外，还应有合理的企业定额计价依据、完整的材料价格系统、施工方案和数据积累体系。

应合理共担工程量清单计价的风险。工程量的风险由招标人承担；综合单价风险由投标人承担。投标人可采用不平衡报价等多种方式规避风险。如在保证总价不变的情况下，资金回收早的单价偏高，回收迟的单价偏低；估计需要设计变更、工程量会增加的单价偏高，工程量减少的单价偏低等。

应用工程量清单计价进行投标报价的计算规定，具体参考本章第一节。

（5）初步确定投标报价　按照企业定额或政府消耗量定额标准及预算价格确定人工费、材料费、机械费，并以此为基础确定管理费、利润，并由此计算出分部分项的综合单价。根据现场因素及工程量清单规定措施项目费以实物量或以分部分项工程费为基数按费率的方法确定。其他项目费按工程量清单规定的人工、材料、机械台班的预算价为依据确定。规费按政府的有关规定执行。税金按《税法》的规定执行。分部分项工程费、措施项目费、其他项目费、规费、税金等合计汇总得到初步的投标报价。根据分析、判断、调整得到投标报价。

6.投标报价的分析与决策

投标决策从投标的全过程分为项目分析决策、投标报价策略及投标报价分析决策。以下分别进行介绍：

（1）项目分析决策　当投标人要决定参加某项目工程的投标时，首先要考虑当前经营状况和长远经营目标，其次要明确参加投标的目的；然后对中标可能性的影响因素进行分析。

一般情况下，只要接到招标人的投标邀请，承包人都积极响应参加投标。第一，中标机会要从众多的投标项目中获取；第二，经常参加投标，可以为企业进行有力的广告宣传；第三，通过参加投标，可积累经验，掌握市场行情，收集信息，并能了解竞争对手的情况，知己知彼；第四，如果投标人不接受招标人的投标邀请，可能也会失去以后收到投标邀请的机会，还会破坏自身的信誉。

但如果在投标人同时收到多个投标邀请，而投标报价资源有限的情况下，若不分轻重缓急地把投标资源平均分布，则每一个项目中标的概率都很低。这种情况下，承包人应针对各个项目的特点进行分析，合理分配投标资源。不同的项目需要的资源投入量不同；同样的资源在不同的时期不同的项目中价值也不同，例如同一个投标人在民用建筑工程的投标中标价值较高，但在工业建筑的投标中标价值就较低，这是由投标人的施工能力以及造价人员的业务专长和投标经验等因素所决定的。投标人必须积累大量的经验资料，通过归纳总结和动态分析，以此判断不同工程的最小最优投标资源投入量。通过最小最优投标资源投入量的分析，可以取舍投标项目，对于投入大量的资源，中标概率仍极低的项目，应果断地放弃，以免浪费投标资源。

（2）投标报价策略　投标时，既要考虑自身的优势和劣势，也要考虑竞争的激烈程度，还要分析投标项目的整体特点，按照工程的类别、施工条件等确定报价策略。

① 生存型报价策略　如果投标报价是为了克服生存危机时，可以不考虑其他因素。首先，这种生存危机表现在由于经济原因，投标项目减少；其次，政府调整基建投资方向，使某些投标人擅长的工程项目减少，营业范围单一的专业工程投标人常常被这种危机所危害；第三，投标人经营管理不善，会逐渐面临投标邀请越来越少的危机，这时投标人应把生存放在

首位，采取不盈利甚至赔本也要夺标的态度，保证暂时维持生存渡过难关，以待东山再起。

② 竞争型报价策略　投标报价以开拓市场为目标，以竞争为手段，在精确计算成本的基础上，认真估计各竞争对手的报价目标，用有竞争力的报价达到中标的目的。投标人处在以下几种情况下，应采取竞争型报价策略：经营状况不景气，近期接受到的投标邀请较少；竞争对手有威胁性；试图打入新的地区；开拓新的工程施工类型；投标项目风险小，施工工艺简单、工程量大、社会效益好的项目；附近有本企业其他正在施工的项目。

③ 盈利型报价策略　这种策略是投标报价充分发挥自身优势，以实现最高盈利为目标。包括以下几种情况：投标人在该地区已经打开局面、施工能力饱和、信誉度高、竞争对手少、具有技术优势并对招标人有较强的名牌效应、投标人目标主要是扩大影响、施工条件差、难度高、资金支付条件不好、工期质量等要求苛刻，为联合伙伴陪标的项目等。

（3）投标报价分析决策　在初步报价提出后，要进行多方面分析，其目的是探讨这个报价是否具有合理性、竞争性、盈利性及风险性，由此作出最终报价的决策。分析的方法可以从静态分析和动态分析两方面进行。

① 静态分析方面　先假设初步报价是合理的，再进行报价的各项组成及其合理性分析。分析步骤如下：

a.分析组价计算书中的汇总数字，计算其比例指标。

i.统计总建筑面积和各单项建筑面积。

ii.统计材料费用价及各主要材料数量和分类总价，计算单位面积的总材料费用指标和各主要材料消耗指标及费用指标，计算材料费占报价的比重。

iii.统计人工费总价及主要工人、辅助工人和管理人员的数量，按报价、工期、建筑面积及统计的工日总数算出单位面积的用工数、单位面积的人工费，并算出按规定工期完成工程时，生产工人和全员的平均人月产值和人年产值。计算人工费占总报价的比重。

iv.统计临时工程费用，机械设备使用费、模板、脚手架和工具等费用，计算它们占总报价的比重，以及分别占购置费的比例，即以摊销形式摊入本工程的费用和工程结束后的残值。

v.统计各类管理费汇总数，计算它们占总报价的比重，计算利润、贷款利息的总数和所占比例。

vi.如果报价人有意地分别增加了某些风险系数，可以列为潜在利润或隐匿利润提出，以便研讨。

vii.统计分包工程的总价及各分包商的分包价，计算其占总报价和投标人自己施工的直接费用的比例，并计算各分包人分别占分包总价的比例，分析各分包价的直接费、间接费和利润。

b.从宏观方面进行报价结构合理性的分析。例如分析总的人工费、材料费、机械台班费的合计数与总管理费用比例关系，人工费与材料费的比例关系等，据此判断报价构成的合理性。对于不合理的部分，要找出原因。首先研究本工程与其他类似工程相比，是否存在某些不可比因素，如果扣掉这些因素的影响，仍然有不合理的情况，就应当深入调查其原因，并考虑适当调整某些人工、材料、机械台班单价、定额含量及分摊系数。

c.分析工期与报价的关系。根据进度计划与报价，计算出月产值、年产值。如果从投标人的实践经验角度判断这一指标过高或者过低，就应当考虑工期的合理性。

d.分析单位面积价格和用工量、用料量的合理性。参考同类工程的经验，可以收集当地类似工程的资料，排除不可比因素影响后进行分析比较，探索本报价的合理性。

e.对明显不合理的报价构成部分进行微观方面的分析检查。从提高工效、改变施工方案、调整工期、压低供货人和分包人的价格、节约管理费用等方面提出可行方案，并修正初步报价，计算出另一个低报价方案。根据定量分析方法可以测算出基础最优报价。

f.将原初步报价方案、低报价方案、基础最优报价方案整理成对比分析资料，提交内部的报价决策人或决策小组研讨。

② 动态分析方面　通过假定某些因素的变化，测算报价的变化幅度，特别是这些变化对报价的影响。对工程中风险较大的工作内容，采用扩大单价、增加风险费用的方法来减少风险。

有可能导致工期延误的风险有很多，如管理不善、材料设备交货延误、质量返工、监理工程师的刁难、其他投标人的干扰等，由于这些原因而造成的工期延误，不但不能索赔，还有可能遭到罚款。由于工期延长可能使占用的流动资金及利息增加，管理费相应增大，工资开支也增多，机械设备使用费用增大。这种增加的开支部分只能用减小利润来弥补，因此，通过多次测算可以得知工期拖延多久利润将全部消耗。

（4）进行报价决策

① 报价决策的依据　投标人自己的造价人员编制的计算书及分析指标应当是决策的主要资料依据。由其他途径获得的招标人的"标底价"或者竞争对手"报价"等，只能作为一般参考。有些经纪人掌握的"标底"，可能只是招标人多年前编制的预算，或者只是从"可行性研究报告"上摘录下来的估算资料，与工程最后设计文件内容差别极大。有时，某些招标人利用中间商散布所谓"标底价"，引诱投标人以更低的价格参加竞争，而实际工程成本却比这个"标底价"要高得多。还有的投标竞争对手也散布一个"报价"，实际上，他的真实投标价格却比这个"报价"低得多。因此，投标人应以自己的报价资料为依据进行科学分析，作出恰当的投标报价决策。

② 报价差异的原因　大多数情况下，投标人用相似的计算方法和相似的基础价格资料进行投标报价，因此，从理论上分析，各投标人的投标报价与招标人的标底价都应当相差不多。但在实际投标中却出现很大差异。除了计算失误，如漏算、误解招标文件、有意放弃竞争而报高价者外，投标价格差异有以下几方面基本原因：

a.不同程度的利润获取。有的投标人以维持生存局面而降低利润率，甚至为了中标不计取利润；也有的投标人经营状况良好，不急切中标，追求较高利润。

b.各自拥有的优势不同。有的投标人拥有雄厚的资金；有的投标人拥有众多的优秀管理人才；有的投标人拥有闲置的机具和材料等。

c.施工方案的选取不同。对于一些特殊的工程项目和部分大中型项目，施工方案的选择对成本的影响较大。工程进度的合理安排、机械化程度的准确选择、工程管理的优化等，都可以明显降低施工成本，从而降低报价，增强竞争力。

d.管理费用的不同。项目所在地企业和外地企业、老企业和新企业、国有企业和集体企业、大型企业和中小型企业之间的管理费用是有很大差别的。由于在清单计价模式下会显示投标人的个别成本，这种差别会导致更加明显的个别成本差异。

③ 在利润和风险之间作出决策　由于投标情况繁琐复杂，计价中碰到何种情况很难事先预料。一般情况下，报价决策是由决策人与造价工程师一起，对各种影响报价的因素进行正确的分析，并作出果断的决策。不仅要对计价时提出的各种方案、价格、费用、分摊系数等予以审定和进行必要的修正，决策人还要充分认真地考虑期望的利润和承担风险的能力。在一个工程中，风险和利润并存，投标人应尽最大可能避免风险，采取措施转移防范风险，并获得一定的利润策略。决策者应当全面权衡风险和利润，并作出选择。

④ 依据工程量清单作出决策　招标人提供的工程量清单，是按未进行图纸会审的图纸和规范编制的，投标人中标后，工程量清单会随工程的进展发生设计变更，相应价格也会发

生变更。在投标时，投标人应当严格按照招标人的要求进行。招标人有权拒绝接受经过投标人擅自变更的投标书。因此，有时投标人即使确认招标人的工程量清单有错项、漏项、施工过程中定会发生变更及招标条件隐藏着的巨大的风险，也不会正面变更或减少条件，而是采取不平衡报价等技巧来针对招标人的错误问题，为中标后的索赔留下伏笔。或者利用详细说明、附加解释等附加某些条件提示招标人注意，降低投标人的投标风险。

⑤ 低报价中标的决策　低报价中标是实行清单计价后的重要因素，但必须强调低价的合理性。并不是报价越低越好，报价不能低于投标人的个别成本，更不能由于低价中标而造成亏损。最低成本价的确定必须是在保证质量、工期的前提下，在保证预期的利润并考虑一定风险的基础上。低价虽然重要，但不是报价唯一因素，除了低报价之外，决策者可以采取策略或投标技巧战胜竞争者。投标人可以提出一些对招标人有利的优惠条件或能够让招标人降低投资的合理化建议来弥补报高价的缺陷。

7.投标报价的技巧

投标技巧是指在投标报价中采用的投标手段让招标人可以接受，中标后能获得更多的利润的巧妙手法。投标时，投标人既要在先进合理的技术方案和较低的投标价格上下功夫，还要运用一些其他手段辅助中标，主要方法有下列几种。

（1）不平衡报价法　即一个工程项目的投标报价，在总价基本确定后，调整内部各个项目的报价，以期达到既不提高总价，不影响中标，又能在结算时获得更理想的经济效益。常见的不平衡报价法如表3-31所示。

表3-31　常见的不平衡报价法

序号	信息类型	变动趋势	不平衡结果
1	资金收入的时间	早 晚	单价高 单价低
2	清单工程量不准确	增加 减少	单价高 单价低
3	报价图纸不明确	增加工程量 减少工程量	单价高 单价低
4	暂定工程	自己承包的可能性高 自己承包的可能性低	单价高 单价低
5	单价和包干混合制项目	固定价格项目 单价项目	价格高 价格低
6	单价组成分析表	人工费和机械费 材料费	单价高 单价低
7	议标时招标人要求压低单价	工程量大的项目 工程量小的项目	单价小幅度降低 单价较大幅度降低
8	工程量不明确报单价的项目	没有工程量 有假定的工程量	单价高 单价适中

① 前期措施费、基础工程、土石方工程等能够早日结算的项目，可以报得较高，以利资金周转。设备安装、装饰工程等后期工程项目的报价可适当降低。

② 预计今后工程量会增加的项目，单价适当提高，而工程量在将来有可能减少的项目的单价可适当降低，工程结算时损失不大。但是，对于清单工程量有错误的早期工程，如果工程量不可能完成而可以降低的项目，则不能盲目抬高单价，要经过具体的分析和核算后再作决定。

③ 设计图纸有误，修改后估计工程量要增加的，可以提高单价，而工程内容说不清楚的，则可以降低单价。

④ 一些暂定项目要在开工后由发包人研究决定是否实施，由哪一家投标人实施，因此对这些项目要作具体分析。如果工程不分包，则其中确定要施工项目的单价可高些，不一定要施工的则应该低些；如果工程分包，则报价不宜太高。

⑤ 单价包干的合同中，招标人要求有些项目采用包干报价时，宜报高价。因为首先这类项目多半有风险，其次这类项目在完成后可全部按报价结算。其余单价项目则可适当降低。

⑥ 有时招标文件对工程量大的项目要求投标人报"清单项目报价分析表"，这时可将表中的人工费及机械设备费报得较高，而材料费报得较低。这主要是为了在今后补充项目报价时，可以参考选用"清单项目报价分析表"中较高的人工费和机械费，而材料则往往采用市场价，因而可获得较高的利润。

⑦ 投标人压低标价时，首先应压低工程量少的单价，这样总的标价不会降低太多，而给发包人工程量清单上的单价大幅度下降，投标人很有让利诚意的感觉。

⑧ 在其他项目费中要报工日单价和机械台班单价，可以高些，以便在日后招标人用工或使用机械时可多盈利。对于其他项目中的工程量要具体分析，是否报高价，高的限度是多少，否则会抬高总报价。

不平衡报价对投标人虽然可以降低一定的风险，但报价必须建立在仔细核对工程量清单表中的工程量风险的基础上，特别是对于降低单价的项目，一定要控制在合理的幅度内（一般控制在10%以内），否则工程量一旦增多，将造成投标人的重大损失。如果忽略这一点，有时招标人会挑选出报价过高的项目，要求投标人进行单价分析，而围绕单价分析中过高的内容压价，以致投标人得不偿失。

（2）多方案报价法　有时招标文件中规定，可以提一个建议方案。有些招标文件工程范围不很明确，条款不清楚或不公正，技术规范要求过于严格时，则在全面估计风险的基础上，按多方案报价法处理。即按原招标文件报一个价，然后再提出如果某条款有一些变动，报价可降低的额度，这样可以降低总造价，吸引招标人。

投标人应认真研究原招标方案，提出更合理的方案以吸引招标人，这种新的建议可以降低总造价或提前竣工，但对原招标方案也要报价，以供招标人比较，这样才能增加自己方案中标的可能性。投标人提出建议方案时，为防招标人将此方案透漏给其他投标人，因此不要将方案写得太具体，保留方案的技术关键。同时要注意的是，由于投标时间很短，如果仅为中标而匆忙提出一些没有成熟的建议方案，可能引起很多不良后果，因此建议方案一定要比较成熟。

（3）突然降价法　突然降价法是指先按一般情况报价或表现出自己对该工程兴趣不大，到快要投标截止时，突然降价。因为报价虽然是一件保密工作，但对手往往会通过各种渠道来刺探情报，用此法可以在报价时迷惑竞争对手。采用这种方法时，注意要在准备投标报价的过程中考虑好降价的幅度，在临近投标截止日期前，根据情况信息与分析判断，作出最后降价决策。采用这种方法往往降低的是总价，而要把降低的部分分摊到各清单项内，可采用不平衡报价进行，以期取得更高的效益。

（4）先亏后盈法　对于分期建设的大型工程，在第一期工程投标时，可以将部分间接费分摊到第二期工程中去，并减少利润以争取中标。这样在第二期工程投标时，根据第一期工程的经验、临时设施以及第一期创立的信誉，比较容易拿到第二期工程。如第二期工程遥遥无期时，则不可以采用此法。

（5）开标升级法　在投标报价时，从报价中减掉工程中某些造价高的特殊工作内容，使报价成为低于竞争对手的低价，以此来吸引招标人，从而取得与招标人进一步商谈的机会，在商谈过程中逐步提高价格。当招标人明白过来当初的"低价"实际上是个钓饵时，往往已丧失了与其他投标人谈判的机会。利用这种方法时，要注意在最初的报价中说明某项工作的缺项，否则可能真的以"低价"中标。

（6）许诺优惠条件　投标报价附带优惠条件是行之有效的一种手段。招标人评标时，除了重点考虑报价和技术方案外，还要考虑如工期、支付条件等别的条件，因此在投标时提出提前竣工、低息贷款、赠给施工设备、免费转让新技术或某种技术专利、免费技术协作、代为培训人员等，都是吸引招标人、有助中标的有效手段。

（7）争取评标奖励　有时招标文件规定，对某些技术指标的评标，若投标人提供的指标优于规定指标值时，给予适当的评标奖励。因此，投标人应该使招标人比较注重的指标适当地优于规定标准，由此获得适当的评标奖励，有利于打败其他竞争对手。但要注意技术性能优于招标规定，会导致报价相应上涨，如果投标报价过高，即使获得评标奖励，也难以与报价上涨的部分相抵，这样评标奖励也就失去了意义，这也是运用这种方法时应当引起注意的一个问题。

三、工程量清单计价在进行开标、评标与定标活动中的应用

在工程招投标活动中，保证招投标工作成功的重要环节是开标、评标与定标，这也是最终确定最合适的承包商的关键，是顺利进入工程实施阶段的有效保证。

1. 开标

开标就是招标人将所有投标人的投标文件启封揭晓。开标应在招标文件确定的提交截止时间的同一时间和招标文件（投标通告）确定的地点公开进行。开标时，应依次当众宣读投标人名称、投标价格、有无撤标情况以及招标单位认为合适的其他内容。投标单位法定代表人或授权代表未参加开标会议的视为自动弃权。

投标文件有下列情形之一者，视为无效，招标人不予受理：

① 投标文件未按规定的标志密封。

② 未经法定代表人签署或未加盖投标单位公章或未加盖法定代表人印鉴。

③ 未按规定的格式填写，内容不全或字迹模糊、辨认不清。

④ 投标截止时间以后送达的投标文件。

2. 招标与投标

工程建设项目招标与投标是国际上通用的比较成熟的而且科学合理的工程承发包方式。这是以建设单位作为建设工程的发包者，用招标方式择优选定设计、施工单位；而以设计施工单位为承包者，用投标方式承接设计、施工任务。在园林工程项目建设中推行招标投标制，其目的是控制工期，确保工程质量，降低工程造价，提高经济效益，健全市场竞争机制。

（1）工程招标　工程招标，是指招标人将其拟发包的内容、要求等对外公布，招引和邀请多家承包单位参与承包工程建设任务的竞争，以便择优选择承包单位的活动。

① 工程承包方式　工程承包方式是指承包方和发包方之间经济关系的形式。目前，在园林工程中，最为常见的有以下几种。

a. 建设全过程承包：建设全过程承包叫"统包"或"一揽子承包"，即通常所说的"交钥匙"。它是一种由承包方对工程全面负责的总承包，发包方一般仅需提出工程要求与工期，其他均由承包方负责。这种承包方式要求承发包双方密切配合，施工企业须实力雄厚、技术先进、节约投资、缩短工期。它最大的优点是能充分利用原有技术经验，节约投资，缩短工期，保证工程质量，资信度高。主要适用于各种大中型建设项目。

b.阶段承包：阶段承包是指某一阶段工作的承包方式，例如可行性研究、勘察设计、工程施工等。在施工阶段，根据承包内容的不同，又可细分为包工包料、包工部分包料和包工不包料三种方式。前者是承包工程施工所用的全部人工和材料，是一种很普遍的施工承包方式，多由获得登记证书的施工企业采取。包工部分包料是承包方只负责提供施工的全部人工及部分材料，其余部分材料由建设单位负责的一种承包方式。包工不包料广泛应用于各类工程施工中，它指承包人仅提供劳务而不承担供应任何材料的义务，在园林工程中尤其适用于临时民工承包。

c.专项承包：专项承包是指某一建设阶段的某一专门项目，由于专业性强，技术要求高，如地质勘查、古建结构、假山修筑、雕刻工艺、声控光控设计等需由专业施工单位承包，故称专项承包。

d.招标费用包干：工程通过招标投标竞争，优胜者得以和建设单位订立承包合同的一种先进承包方式。这是国际上通用的获得承包任务的主要方式。根据竞标内容的不同，又有多种包干方式，如招标费用包干、实际建设费用包干、施工图预算包干等。

e.委托包干：委托包干也称协商承包，即不需经过投标竞争，而由业主与承包商协商，签订委托其承包某项工程的合同。多用于资信较好的习惯性客户。园林工程建设中此种承包方式也较为常用。

f.分承包：分承包也称分包，它是指承包者不直接与建设单位发生关系，而是从总承包单位分包某一分项工程（如土方工程、混凝土工程等）或某项专业工程（如假山工程、喷泉工程等），并对承包商负责的承包方式。由于园林工程建设中也常遇到分项工程的专业化问题，所以有时也采用分包方式。

② 工程招标方式　国内工程施工招标多采用项目全部工程招标和特殊专业工程招标等方法。在园林工程施工招标中，最为常用的是公开招标、邀请招标和议标招标三种方式。

a.公开招标：公开招标也称无限竞争性招标。由招标单位公开发布广告或登报向外招标，公开招请承包商参加投标竞争。凡符合规定条件的承包商均可自愿参加投标，投标报名单位数量不受限制，招标单位不得以任何理由拒绝投标单位参与投标。

b.邀请招标：邀请招标亦称有限竞争性选择招标。由招标单位向符合本工程资质要求，具有良好信誉的施工单位发出邀请参与投标，招标过程不公开。所邀请的投标单位一般为5～10个，但不得少于3个。

c.议标招标：也称非竞争性招标。由招标单位直接选定某一承包商，双方通过协商达成协议后将工程任务委托给承包商来完成。这种方式比较适用于小型园林工程项目。

③ 招标程序　工程施工招标程序一般可分为三个阶段，即招标准备阶段、招标投标阶段与决标成交阶段。

a.招标准备阶段：主要包括提出招标申请书、编制招标文件和确定标底。

b.招标投标阶段：建设单位的招标申请经批准后，即可开展该阶段的工作。工作内容主要包括：一是通过各种媒体，如报刊、电台、电视、互联网等发布招标公告或直接向有承包条件的单位发招标邀请函；二是对投标单位进行资格预审，预审的方法一般采用评分法；三是组织投标单位进行现场考察及招标工程交底；四是招标单位召开招标预备会及答疑。

c.决标成交阶段：这一阶段的内容主要是开标、评标、决标和签订施工承包合同。

（2）工程投标　园林工程投标是指投标人愿意按照招标人规定的条件承包工程，编制投标标书，提出工程造价、工期、施工方案和保证工程质量的措施，在规定的期限内向招标人投函，请求承包工程建设任务的活动。

① 投标资格　参加投标的单位必须按招标通知向招标人递交以下有关资料：

a.企业营业执照和资质证书；

b.企业简介与资金情况；

c.企业施工技术力量及机械设备情况；

d.近三年承建的主要工程及其质量情况；

e.异地投标时取得的当地承包工程许可证；

f.现有施工任务，含在建项目与尚未开工项目。

② 投标程序　园林工程投标必须按照一定的程序进行，其主要过程如下：

a.根据招标公告，分析招标工程的条件，再依据自身的能力，选择投标工程；

b.在招标期限内提出投标申请，向招标人提交有关资料；

c.接受招标单位的资格审查；

d.从招标单位领取招标文件、图纸和必要的资料；

e.熟悉招标文件，参加现场勘查；

f.编制投标书，落实施工方案和标价；

g.在规定的时间内，向招标人投送标书；

h.开标、评标与决标；

i.中标人与招标人签订承包合同。

③ 招标文件准备　投标文件主要指投标书，亦称标书。投标人编制的投标书应包括：投标书及其附录；报价的工程量清单；投标保证金；授权书；技术说明书与施工方案；主要施工机械与设备等辅助资料表；证明合格条件和资格的材料；按招标人要求提供的其他资料。

3.评标

评标就是由招标人依法组建的评标委员会负责选择中标人的活动。

（1）评标机构组成　由招标人依法组建的评标委员会负责进行评标。评标委员会由招标人的代表和有关技术、经济等方面的专家组成，人数为5人以上的单数，技术、经济等方面的专家不得少于成员总数的三分之二。评标委员会的专家成员应当从事相关领域工作满8年且具有高级职称或具有同等专业水平，由招标人从政府建设行政主管部门及其他有关政府部门提供的专家名册或者招标代理机构的专家库内相关专家名单中确定，评标委员会成员的名单应当保密，与投标人有利害关系者应更换。

（2）评标的特点　评标是招标人和评标委员会的独立活动，具有保密性和独立性的特点，评标时应避免各种干扰，在封闭状态下进行。

（3）投标文件的说明　评标委员会可以书面形式要求投标人对投标文件中含义不明、表述不一或有明显文字或计算错误的内容作必要的澄清、说明和修正。投标人的答复应采取书面形式，并经法定代表人或授权代表人签字，作为投标文件的组成部分。

投标人的澄清或说明，有下列行为之一者属于违规行为：

① 超越了投标文件的范围。澄清时，加以补充投标文件中没有规定的内容；投标文件中提出的某些承诺条件与解释不一等。

② 对于投标文件中的实质性内容，改变或谋求或提议改变。如改变投标文件中的报价、技术规格、主要合同条款等旨在增强竞争力的条款等。

③ 采用"询标"的方式要求投标单位进行澄清和解释。投标人提交的经济分析报告将作为评标委员会进行评标的参考。

（4）评标的原则　必须依据客观、公正、公平的原则，按照招标文件确定的评标标准、步骤和方法进行，不可采用招标文件中未列明的或已改变的评标标准和方法。设有标底的，应当参考标底。

具体应遵循以下原则：

① 竞争优选；

② 公正、公平、科学合理，反对不正当竞争；

③ 价格合理、保证质量与工期；

④ 规范性和灵活性相结合；

⑤《招标投标法》规定，中标人的投标应当符合下列条件之一。

a.能够最大限度地满足招标文件中规定的各项综合评价标准；

b.能够满足招标文件的实质性要求，并经评审的投标价格最低；但是投标价格低于成本的除外。

（5）评标的一般程序　评标程序一般分为初步评审和详细评审两个阶段。

① 初步评审　包括对投标文件的符合性评审、技术性评审和商务性评审。

a.符合性评审。包括商务符合性评审和技术符合性鉴定。投标文件应实质性响应招标文件的所有条款及条件，无明显差异和保留。明显差异和保留包括以下情况：对工程的范围、质量以及使用性能产生实质性影响；对合同中规定的招标单位的权利及投标单位的责任造成实质性限制；而且纠正这种差异或保留，将会对其他实质性响应的投标单位的竞争地位产生不公正的影响。

b.技术性评审。包括方案可行性评审和关键工序评审：劳务、材料、机械设备、质量控制措施评估以及对施工现场周围环境污染的保护措施的评估等。

c.商务性评审。包括投标报价校核；对全部报价数据计算的准确性进行审查，分析报价构成的合理性等。

初步评审中，评标委员会应当根据招标文件，审查并逐项列出投标文件的全部投标偏差。投标偏差分为重大偏差和细微偏差。出现重大偏差的招标文件视为未能实质性响应，按废标处理；细微偏差指实质上响应招标文件，但在个别地方存在漏项或者提供了不完整的技术信息和资料等情况，且补正这些遗漏或不完整不会对其他投标人造成不公正的结果。

② 详细评审　经过初步评审合格的投标文件，评标委员会应当根据招标文件确定的评标标准和方法，对其技术部分和商务部分作进一步评审、比较。

（6）评标方法　评标方法一般包括经评审的最低投标价法、综合评估法和法律法规允许的其他评标方法。

① 经评审的最低投标价法　能够充分满足招标文件的各项要求，投标价格最低的投标即可中选。需要强调的是，采取这种方法时，投标价不得低于成本。这里的成本，是招标人自己的个别成本。投标人以低于社会平均成本但不低于其个别成本的价格投标，则应该受到保护和鼓励。这种方法一般适用于具有通用技术、性能标准或者招标人对其技术、性能没有特殊要求的招标项目。

② 综合评估法　对投标文件提出的工程质量、投标价格、施工工期、投标人及项目经理业绩、施工组织设计或者施工方案等，能够充分地满足招标文件中规定的各项综合评价标准进行评审和比较。

（7）否定所有投标　评标委员会经评审，认为全部投标都不符合招标文件要求，可以否决所有投标。这种情况下，首先要分析所有投标都不符的原因，往往招标文件的要求过高或不符合实际，就会导致所有投标都不符合招标文件要求，这时，一般需要修改招标文件后，按照《招标投标法》的规定重新招标。

4.中标

经过评标确定中标人后，招标人应当向中标人发出中标通知书，同时将结果通知所有未中标的投标人。中标通知书发出后，招标人改变中标结果的，或中标人放弃中标项目的，都应当依法承担法律责任。招标人和中标人应当自中标通知书发出之日起30日内，按照招标文件和中标人的投标文件订立书面合同。招标人和中标人不得再行订立背离合同实质性内容的其他协议。中标人不得向他人转让中标项目，也不得将中标项目肢解后分别向他人转让。中标人按照合同约定或者经招标人同意，可以将中标项目的部分非主体、非关键性工程分包给他人完成。接受分包的人应当具备相应的资格，并不得再次分包。中标人应当就分包项目向招标人负责，接受分包的人就分包项目承担连带责任。

依法必须进行招标的项目，招标人应当自确定中标人之日起15日内，向有关行政监督部门提交招标投标情况的书面报告。

四、工程量清单计价在编制施工合同中的应用

我国现行的建设工程施工合同示范文本是依据《中华人民共和国合同法》第十二条第二款"当事人可以参考各类合同的示范文本订立合同"的规定，由建设部和工商行政管理部门1999年联合印发的《建设工程施工合同示范文本》（GF 1999—0201）以下简称《示范文本》，供建设各方参照使用。

（一）施工承包合同的概念和作用

工程施工承包合同是工程建设单位（发包方）和施工单位（承包方）根据国家基本建设的有关规定，为完成特定的工程项目而明确相互间权利和义务关系的协议。施工单位向建设单位承诺，按时、按质、按量为建设单位施工；建设单位则按规定提供技术文件，组织竣工验收并支付工程款。

《示范文本》并非某单位自己制订的条款格式，而是由某些综合部门，在广泛听取各方面意见的基础上，按一定程序形成的。《示范文本》具有提示当事人在订立合同时明确各自的权利义务，防止合同纠纷的作用，对缺乏签订合同经验的当事人还具有积极的参考作用。一旦当事人双方经过约定，将《示范文本》的条款内容纳入合同书中，该条款就具有了法律效力。

（二）施工合同签订的原则

订立施工合同的原则是指贯穿于订立施工合同的整个过程，对承发包方签订合同起指导和规范作用的、双方应遵循的准则。

1.合法原则

订立施工合同要严格执行《建设工程施工合同（示范文本）》，通过《合同法》《建筑法》与《环境保护法》等法律法规来规范双方的权利义务关系。唯有合法，施工合同才具备法律效力。

2.平等自愿、协商一致的原则

主体双方均依法享有自愿订立施工合同的权利。在自愿平等的基础上，承发包方就协议内容认真商讨，充分发表意见，为合同的全面履行打下基础。

3.公平、诚实信用的原则

施工合同是双向合同，双方均享有合同权利，也承担相应的义务，不得只注重享有权利而对义务不负责任，这样有失公平。在合同签订中，要诚实信用，当事人应实事求是向对方介绍自己订立合同的条件、要求和履约能力；在拟订合同条款时，要充分考虑对方的合法利益和实际困难，以善意的方式设定合同的权利和义务。

4.过错责任原则

合同中除规定的权利义务，必须明确违约责任，必要时，还要注明仲裁条款。

（三）订立施工合同应具备的条件

订立施工合同应具备以下条件：

① 工程立项及设计概算已得到批准；

② 工程项目已列入国家或地方年度建设计划，附属绿地也已纳入单位年度建设计划；

③ 施工需要的设计文件和有关技术资料已准备充分；

④ 建设资料、建设材料、施工设备已经落实；

⑤ 招标投标的工程，中标文件已经下达；

⑥ 施工现场条件，即"四通一平"已经准备就绪；

⑦ 合同主体双方符合法律规定，并均有履行合同的能力。

（四）施工合同的主要条款

根据合同协议格式，一份标准的施工合同由以下内容组成。

（1）合同标题　写明合同的名称，如×××公园仿古建筑施工合同，××小区绿化工程施工承包合同。

（2）合同序文　包括承发包方名称、合同编号和签订本合同的主要法律依据。

（3）合同正文　是合同的重点部分，由以下内容组成。

① 工程概况：包括工程名称、工程地点、建设目的、立项批文、工程项目一览表。

② 工程范围：即承包人进行施工的工作范围，它实际上是界定施工合同的标的，是施工合同的必备条款。

③ 建设工期：指承包人完成施工任务的期限，明确开、竣工日期。

④ 工程质量：指工程的等级要求，是施工合同的核心内容。工程质量一般通过设计图纸、施工说明书及施工技术标准加以确定，是施工合同的必备条款。

⑤ 工程造价：这是当事人根据工程质量要求与工程的概预算确定的工程费用。

⑥ 各种技术资料交付时间：指设计文件、概预算和相关技术资料。

⑦ 材料、设备的供应方式。

⑧ 工程款支付方式与结算方法。

⑨ 双方相互协作事项与合理化建议采纳。

⑩ 质量保修（养）范围：注明质量保修（养）期。

⑪ 工程竣工验收：竣工验收条款常包括验收的范围和内容、验收的标准和依据、验收人员的组成、验收方式和日期等。

⑫ 违约责任：合同纠纷与仲裁条款。

（五）施工合同的主要内容

施工合同的主要内容，包括工程范围、建设工期、工程质量、工程造价、中间交工工程的开工和竣工时间、材料和设备供应责任、技术资料交付时间、拨款和结算、竣工验收、质量保修范围和质量保证期、双方相互协作等。

1.工程范围

指承包人应建设完成的工程项目和工程量，一般以工程项目一览表的形式附于合同后页。工程范围包括栋数、层数、面积、长度、高度、宽度等建设规模以及结构特征，还包括是否有土建、设备安装、装饰装修等工作。

2.工期条款

工期条款包括工程开工、竣工时间条款和中间交工工程的开工、竣工时间条款。工期条款应当明确，并采用公元纪元法注明。

（1）工期进度计划　承包人在协议约定的日期，将施工组织设计或施工方案和施工进度计划提交给发包人代表。发包人代表应按协议约定的时间予以批准或提出修改意见。逾期可视为已经批准。

（2）逾期开工　承包人不能按协议条款约定的开工日期施工时，应在开工日期7天前向监理工程师提出延期开工的请求并说明理由。监理工程师应在48小时内予以答复，否则视为同意承包人的要求，工期顺延。发包人因故不能按期开工时，应征得承包人同意，并以书面形式通知承包人推迟开工日期，相应顺延工期，发包人应承担承包人造成的经济损失。

（3）暂停施工　施工过程中，因故需暂停施工，监理工程师可要求承包人暂停施工，并在48小时内提出处理意见。在实施处理意见后向监理工程师提出复工请求，经批准继续施工。若监理工程师未能在规定时间内提出处理意见，或48小时内未予答复承包人的复工请求，承包人可自行复工。停工责任在发包人，由发包人承担经济支出；停工责任在承包人，由承包人承担发生的费用。因监理工程师或发包人未及时答复而导致施工无法进行，由发包人承担违约责任。

（4）工期延误　因工程量变化、设计变更、不可抗力、监理工程师同意给予顺延或合同约定的其他情况导致的工期延误，经发包人代表确认后，工期相应顺延。承包人应在以上情况发生后7天内，按合同约定就顺延的内容和由此发生的经济支出向发包人提出索赔。

（5）工期提前　工程如需提前竣工，发承包双方应签订提前竣工补充协议。提前竣工协议内容主要包括提前竣工时间、发包人为赶工提供的条件、赶工措施的费用、提前竣工收益的分享等。竣工日期以补充协议约定的时间为准。承包人应修订进度计划，并报发包人和监理工程师批准，监理工程师应于7天内提出修改意见或给予批准。

3. 工程质量条款

合同中工程质量条款是最重要的条款之一，包括建设工程质量要求、等级、保修范围和保证期等方面。施工单位应当按资质等级承担相应的工程任务，并依据勘察设计文件和技术标准进行施工，接受监理工程师和当地工程质量监督部门的监督检查。

① 工程开工前，发包人应到工程质量监督部门办理工程质量监督手续。

② 施工过程中，接受国家建设主管部门质量监督检查站和监理工程师对其施工质量进行检查，同时施工单位应进行自检。

③ 工程竣工后，发包人组织有关人员进行竣工验收，竣工交付使用的工程，一般应符合下列基本条件：

a. 达到国家规定的竣工条件，完成工程设计和合同规定的各项工作内容。

b. 工程质量符合国家现行的有关法律、法规、技术标准、设计文件和合同中规定的要求，并经质量监督部门核定为合格以上（含合格）。

c. 工程所用材料、设备、构配件要有出厂合格证和必要的试验报告。

d. 具有完整的工程技术档案和竣工图，并已办理完工程竣工交付使用的有关手续。

e. 已签署工程质量保修书。

④ 发承包人在工程竣工验收交付使用后，应确定质量保修范围和保修期。保修由承包人负责，保修的费用按下列原则由责任人承担。

a. 由于承包人未按国家有关规范、标准和设计要求施工，而导致的质量缺陷，维修费用由承包人承担。

b. 由于设计方面造成的质量缺陷，维修费用由建设单位或设计单位承担。

c. 因建筑材料、构配件和设备质量不合格引起的质量缺陷，属于施工单位采购的，维修费用由施工单位承担；属于建设单位采购的，维修费用由建设单位承担。

d. 因使用单位使用不当造成的质量缺陷，维修费用由使用单位承担。

e.因不可抗力造成的质量问题，维修费用由建设单位承担。

4.技术资料的交付

① 在合同订立后，发包人应按合同约定的范围和时间向承包人提供施工所需的勘察报告、设计图纸、技术要求等技术资料。

② 施工过程中，承包人应按合同要求向发包人提交有关资料，并在施工完毕后，向发包人提交完整的竣工资料。

5.材料、设备供应条款

材料、设备的采购分为发包人供应和承包人采购两种情况。

（1）发包人供应材料设备　发包人按照合同约定的材料设备（包括种类、规格、数量、单价、质量等级、时间、地点）清单，把材料及其产品合格证明提供给承包人。发包人代表在所提供材料设备验收的24小时内通知承包人，由承包人与发包人共同验收后，承包人保管，提供的材料设备与合同约定不符的，承包人可拒绝保管，由发包人运出施工现场重新采购。

（2）承包人采购材料设备　根据合同约定，承包人按照设计和规范的要求采购工程需要的材料设备，并提供产品合格证明。在材料设备到货24小时前通知发包人代表或监理工程师验收。对与设计和规范要求不符的材料，发包人代表可拒绝验收，由承包人按照发包人代表要求的时间运出施工现场，重新采购。承包人自己承担由此发生的费用。

根据工程需要，经发包人代表批准，承包人可使用代用材料。原因在于发包人的，由发包人承担发生的费用；原因在于承包人的，由承包人承担发生的经济支出。

6.检查验收条款

为了保证发包人的合法权益，工程质量以及工程的顺利施工，发包人代表或委托工程师有权对承包人是否按照标准、规范和设计要求以及工程师的指示进行施工进行检查。检查验收包括材料设备的检验、施工工艺的检验、竣工验收三种。如果承包人违反合同或工程师的指示，发包人代表或委托的工程师可以要求承包人返工、修改，并承担由此所导致的返工、修改的费用。

7.费用条款

费用条款包括工程造价、预付款支付、结算方式、时间以及保修金等。

（1）工程价款　指发包人按照规定或协议条款约定的各种取费标准计算的，用以支付承包人按照合同要求完成工程内容的价款总额。工程价款是建设工程合同中重要的条款，施工合同已经生效后，任何一方不得擅自更改。采用工程量清单的合同，工程价款一般依据项目单价与实际完成的工程量的乘积确定。工程价款由承包人和发包人以不同的计算方式在合同中加以确定。

（2）预付款支付　合同约定有工程预付款的，发包人应按照合同约定的时间和数额，向承包人预付工程款，并按照合同约定的时间和比例逐次扣回。发包人不按照协议支付预付款的，承包人可在约定预付时间7天后向发包人发出要求预付的通知，发包人收到通知后仍不按约定预付的，承包人可在发出通知7天后停止施工，由发包人承担因此造成的工期延误和经济损失及额外支出。

（3）结算方式　承包人应按照合同约定时间向发包人提交已完工程量的报告，并提出支付申请。发包人代表在收到报告后的7天内按设计图纸及合同约定的时间、方式核实已完工程量。并按相应项目的单价计算支付工程进度款。竣工验收通过后，承包人按照国家相关规定和合同约定向发包人代表提交结算报告，办理竣工结算。

（4）保修金　指发包人为了保证承包人承担保修义务，按照合同约定的比例或金额从工程价款中预留出来一定数量的金钱。发包人在保修金内扣除由于承包人原因造成返修的费用，不足部分由承包人支付。保修期满后有剩余的，发包人应在保修期期满后按照合同约定将剩余的保修金及利息退还给承包人。

8.设计变更条款

施工图设计文件交付使用后，未经原设计单位同意，任何单位和个人不得擅自更改。但由于社会自然因素的不稳定性和建设工程的复杂性，施工过程中可能会出现不可预知的设计变更。须经发包人同意，承包人可以对原设计进行变更，并由发包人取得以下批准：

① 超过原设计标准和规模时，经原设计单位批准，取得相应的追加投资和材料指标；

② 送原设计单位审查，取得相应图纸和说明。

在取得上述两项批准后，发包人对原设计进行变更，向承包人发出变更通知和变更图纸、资料，承包人按照变更后的图纸进行施工。

（六）施工合同主要条款与工程量清单的关系

工程量清单与施工合同二者关系紧密，示范文件内有很多条款是涉及工程量清单的，现分述如下：

1.工程量清单是合同文件的组成部分

除了发包人和承包人签订的协议书，施工合同还包括与建设项目有关的资料和施工过程中的补充、变更文件。工程造价采用工程量清单计价模式的，其施工合同也即通常所说的"工程量清单合同"或"单价合同"。除专用条款另有约定外，组成本合同的文件及优先解释顺序如下：

① 本合同协议书；

② 中标通知书；

③ 投标书及其附件；

④ 本合同专用条款；

⑤ 本合同通用条款；

⑥ 标准、规范及有关的技术文件；

⑦ 图纸；

⑧ 工程量清单；

⑨ 工程报价单或预算书。

无论招标还是非招标的建设项目，工程量清单都是施工合同的组成部分。对于招标工程而言，工程量清单是合同的组成部分。非招标的项目，其计价活动也必须遵守《清单计价规范》，作为工程造价的计算方式和施工履行的标准之一，其合同内容也必须涵盖工程量清单。

2.工程量清单是计算合同价款和确认工程量的依据

工程量清单中所列的工程量是计算投标价格、合同价款的基础，承发包双方必须依据工程量清单所约定的规则，计量和确认工程量。

3.工程量清单是计算工程变更价款和追加合同价款的依据

工程施工过程中，因设计变更或工程量追加影响工程造价时，合同双方应依据工程量清单及其他约定调整价格。一般按以下原则进行：

① 清单或合同中已有适用于变更工程的价格，合同价款按已有价格进行变更；

② 清单或合同中只有类似于变更工程的价格，合同价款可以参照类似价格进行变更；

③ 清单或合同中没有适用或类似于变更工程的价格，由承包人提出适当的变更价格，经监理工程师同意后进行变更。

4.工程量清单是支付工程进度款和竣工结算的计算基础

工程施工过程中，发包人应依据已完工程量和相应单价计算工程进度款，并按合同约定和施工进度支付价款。工程竣工验收通过，承发包人应依据工程量清单约定的计算规则和竣工图纸对实际工程进行计量，调整工程量清单中的工程量，并依此计算工程结算工程款，办理竣工结算。

5.工程量清单是索赔的依据之一

索赔指在合同履行过程中，对于并非自己的过错，而是应由对方承担责任的情况造成的实际损失，合同一方可向对方提出经济补偿和（或）工期顺延的要求。当一方向另一方提出索赔要求时，必须有正当索赔理由，且有索赔事件发生时的有效证据，工程量清单作为合同文件的组成部分也是索赔的理由和证据。《示范文本》第三十六条对索赔的程序、要求作出了规定：当承包人按照设计图纸和技术规范进行施工，其工作内容是工程量清单中没有包含的，则承包人可以向发包人提出索赔；当承包人履行的工作内容不符合工程量清单要求时，发包人可以向承包人提出反索赔。

（七）清单合同的特征

建设工程采用工程量清单的方式进行计价经过长期的实践检验与发展，目前已经成为世界上普遍采用的计价方式。其之所以有如此的生命力，主要依赖于清单合同自身的优点。

1.单价具有综合性和固定性

工程量清单报价均采用综合单价形式，综合单价中包含了清单项目所需的材料、人工、施工机械、管理费、利润以及风险因素，具有完整的综合性。清单合同的单价与以往定额计价相比，简单明了，能够直观反映各清单项目所需的消耗和资源。另外，工程量清单报价具有固定性，一经合同确认，竣工结算不能更改。综合单价因工程变更需要调整时，可按《清单计价规范》的第4.0.9款、第4.0.10款的规定执行，并在签订合同时予以说明。

2.方便计算施工合同价

施工过程中，发包人或监理工程师依据合同中的计日工单价、已有的单价或总价，确定工程变更价和处理费用索赔。工程结算时，承包人可依据竣工图纸、设计变更和工程签证等资料计算实际完成的工程量，对与原清单不符的部分进行调整，最终依据实际完成的工程量确定工程造价。

3.更加适合招标投标

《清单计价规范》颁布实施后，采用工程量清单计价模式，由施工企业依据单位实力自主报价，并通过市场竞争调整和形成价格。施工单位要在激烈的竞争中中标，必须具备先进的设备、技术和管理方法，这就要求施工单位在施工中要加强管理、鼓励创新。

工程量清单是招标文件的关键。准确、全面和规范的工程量清单不仅体现业主的意愿，使工程施工顺利进行，而且有利于工程质量的监督和工程造价的控制；反之，将会给日后的施工管理和造价控制带来麻烦，引起不必要的索赔，甚至导致与招标目的背道而驰的结果。因此，投标时施工单位应依据设计图纸和现场情况对工程量进行复核。

清单合同可以刺激建筑市场竞争，促进建筑业的发展。清单报价能够真实地反映造价，投标单位可根据自身的设备情况、技术水平、管理水平，对不同项目进行计算，以反映投标人的实力水平和价格水平。由招标人统一提供工程量清单，投标企业提供了一个公正合理的基础和环境，真正体现了建设工程交易市场的公平、公正和公开。

（八）清单合同编制的技巧

我国现行的《示范文本》把承包价格的确定方式划分为三种：固定价格合同、可调价格合同和成本加酬金合同。不同类型的合同在工程量清单编制时重点和技巧各不相同。以下对三种类型进行分别介绍。

1. 固定价格合同

根据风险范围的不同，固定价格合同还可以分为固定总价合同和固定单价合同。

（1）固定总价合同　指承包商以约定的固定合同金额，完成设计、规范规定的工作的合同。采用这种方式，要求工程的设计、规范在招标时就非常明确，可以估算其合同金额，否则，如果不够明确，投标人由于存在风险而不得不提高不可预见费，从而抬高了报价。

对于承包人来说固定总价合同有利有弊，如果可以降低成本则会盈利，如果误解了业主招标时设计、规范的要求，遗漏了部分承包范围，则有可能亏损。对于业主来说固定总价合同同样有利有弊，在签订合同的同时就确定工程造价，便于筹措资金，但前提必须是在招标时就明确工程的设计、规范，需要有充足的时间准备，因此工期较长。

因此，固定总价合同的招标文件及工程量清单的特点如下。

① 各部分表述明确、关联紧密，对可预见或应预见的索赔事件明确表达，减少了合同履行时索赔事件的发生；对于不可预见的索赔，亦将工程量和单价计价规则确定，如果发生，可根据事先约定计价。

② 工程范围、图纸表述详尽，特别是对发包的工程范围的边界限定严密，发包工程与另行发包相关工程或甲方供材料与乙方采购材料应分界明显，合同的责、权、利的表述明确详实。

③ 可提供有子目名的工程量清单表，也有只提供工程量清单表的格式。子目名由投标人根据图纸、定额子目或工程量清单说明子目按施工顺序填写。

④ 由投标人按工程量清单格式填写工程量并计算单价，算出总价，作为开标评标的依据。投标人应对任何中间过程的漏项、计算失误负责，在中标后合同履行中不得以此作为索赔依据。

（2）固定单价合同　指把工程细分为单位单项工程子目，招标人在招标前估算出每个单位单项工程子目的数量，投标人只需估算每个单位单项工程子目的价格，实际支付的是实际发生的工程量乘以每个单位工程子目的价格。

这种方式需要给投标人提供充足的技术资料，以便确定工程的性质和技术难度。一般情况下，当实际工程量与估算工程量相差超过10%～15%时，需要改变施工方法，引起单价较大幅度的变化，业主和承包商协商确定调整的价格。该类工程招标文件必须有工程量清单表（有详细子目和单价单位及计量标准）。采用此类合同形式的招标文件及工程量清单编写有以下特点：

① 各部分表述明确、关联紧密，对可预见或应预见的索赔事件明确表达，减少了合同履行时索赔事件的发生；对于不可预见的索赔，亦将工程量和单价计价规则确定，如果发生，可根据事先约定计价。

② 工程范围、图纸表述详尽，特别是对发包的工程范围的边界限定严密，发包工程与另行发包相关工程或甲方供材料与乙方采购材料应分界明显，合同的责、权、利的表述明确翔实。

③ 工程量清单中应按施工顺序，依据图纸列出的无漏、错项的分部分项工程子目名和预估的工程数量及报价格式的工程量清单表和汇总表。

④ 利用完整、清晰、严密的工程量计算规则和计量说明对各子目工作内容进行描述，漏缺这项工作是导致合同履行中索赔的主要因素。

⑤ 明确规定合同单价为固定单价，不得申请变更单价调整的幅度范围以及新增子目的单价确定方法。

⑥ 投标人应按工程量清单格式和先后顺序报价，其所报总价仅为评标依据，单价固定

不变，工程量依据计算规则计算，最后由实际工程量与相应单价乘积的累计作为合同价款的结算价，并依此进行工程款支付和结算。

2. 可调价格合同

在约定的合同价格基础上，如果出现物价的涨落，合同价格可以相应调整就是可调价格合同。物价不稳定的国家或地区一般采用这种合同方式。

我国的大部分省市依据当地的定额确定合同价格，与定额相配套的调价方式包括竣工期调价系数、月或季度的调价系数、材料信息价或市场价与招标文件规定的基期价的差额等。我国的物价相对而言较稳定，调价系数也较小，可以在合同价格中采用预计风险系数的方式，把可调价格合同转变为固定价格合同。

3. 成本加酬金合同

成本加酬金合同是约定业主支付工程必要的成本和酬金的承包合同方式。一般在设计不够完善，总价和单价都不能够确定，但又勉强开工的情况下比较适用。在改造工程、房屋修缮工程中多有采用。成本一般包括材料设备费、劳务费、施工机械费、临时设施费和税金等。酬金一般包括管理费和利润。根据酬金确定方式的不同，成本加酬金合同还可以分为以下三种：

① 成本加百分比合同　指签订合同时，约定酬金为成本的一定比例。这种方式不利于调动承包商缩短工期、节约成本的积极性，因为酬金会随着成本的增加而增加。

② 成本加固定费用合同　指不论成本如何变化，酬金都是固定金额。虽然这种方式较成本加百分比合同可以鼓励承包商为了尽快赚取固定金额，会在尽可能短的时间内完成工程，但是由于成本完全是由业主承担的，所以仍然不能充分调动承包商的积极性节约成本。

③ 最高成本限额加奖惩合同　这种方式较前两种可以最大限度地调动承包商的积极性，缩短工期，降低造价。最高成本限额加奖惩合同是指在签订合同时，事先设定最高成本限额，并约定奖惩方式，根据最终成本与最高成本限额的比较，如果最终成本低于最高成本限额，承包商在约定的酬金之外，还可以获得节余的金额；确定承包商的奖惩金额。如果最终成本超过最高成本限额，承包商将用约定的酬金分担亏损金额；如果最终成本恰好等于最高成本限额，承包商只能得到事先约定的酬金。

（九）清单合同工程价款的调整和履行

1. 合同价款调整的形式

① 工期较短的工程一般采用固定价格，但是由于发包方原因导致工期延长时，两方应洽商说明是否对合同价款作出调整。

② 如果发包方采取一次性付给承包方一笔风险补偿费用的办法，这时应确定补偿的金额和比例以及补偿后是全部不予调整，还是部分不予调整及可以调整项目的名称。

③ 采用可调价格的，应确定调整的范围，以及调整的条件。如补充《合同条件》中列出的项目，则还应作进一步的补充说明。

在工程价款可以调整的情况发生后10天内承包方将调整的原因和金额，以书面形式通知发包方，发包方代表在收到承包方通知10天内作出答复，经批准后通知经办银行和承包方。

2. 合同价款调整的情况

两方都不得擅自更改约定后的协议条款，但协议条款另行约定或有下列情况发生时可作调整：

① 发包方代表确认的工程量增减、设计变更或工程洽商。

② 工程造价管理部门公布的价格调整。

③ 一周内非承包方原因造成停水、停电、停气情况累计超过8小时。

④ 合同约定的其他增减或调整。

3. 清单合同履行中的处理事项

① 发包方按协议条款约定的时间和数额，向承包方预付工程款，开工后按协议条款约定的时间和比例逐次扣回。发包方不按协议预付，承包方在约定预付时间10天后向发包方发出要求预付的通知，发包方收到通知后仍然不能按要求预付，承包方可在发出通知5天后停止施工，发包方从应付之日起向承包方支付应付款的利息并承担违约责任。

② 发包方根据协议条款约定的时间、方式和工程量，按构成合同价款相应项目的单价和取费标准计算、支付工程价款。发包方在其代表计量签字后10天内不予支付，承包方可向发包方发出要求付款的通知，发包方在收到承包方通知后仍不能按要求支付，承包方可在发出通知5天后停止施工，发包方承担违约责任。经承包方同意并签订协议，发包方可延期支付工程价款。协议须明确约定付款的日期和从发包方计量签字后第11天起计算应付工程价款的利息率。

③ 承包方按协议条款约定时间，向发包方代表提交已完工程量的报告。发包方代表接到报告后3天内按设计图纸核实已完工程数量（以下简称计量），并在计量24小时前通知承包方参加。承包方无正当理由不参加的，发包方自行进行计量，结果视为有效。发包方代表不按照约定时间通知承包方，使承包方不能参加计量，计量结果无效。发包方代表收到承包方报告后3天内未进行计量，从第4天起承包方报告中开列的工程量即视为已被确认。发包方代表对承包方超出设计图纸要求增加的工程量和因自身原因造成返工的工程量，不予计量。

④ 发包方供应的材料设备与清单不符时，按照下列情况进行处理：

a. 发包方承担由于材料设备单价与清单不符造成的所有差价。

b. 材料设备与清单不符，承包方可以拒绝接收，由发包方运出施工现场重新采购。设备到货时可以只验收箱子数量。但是承包方开箱时应请发包方到场，出现缺件或质量等级、规格与清单不符，发包方应承担重新采购及拆除和重建的经济支出，并顺延工期。

c. 发包方供应材料与清单的规格型号不符时，承包方可以代为调剂替换，发包方应承担相应的经济支出。

d. 到货地点与清单不符，发包方负责倒运至清单指定地点。

e. 发包方供应的材料数量如果多于清单约定数量时，发包方负责将多余部分运出施工现场。

f. 材料供应时间早于清单约定日期时，由发包方承担由此发生的保管费用。

g. 因发包方提供的材料设备与清单不符或迟于清单约定供应时间时，由发包方承担相应的经济支出，并顺延工期，发包方赔偿承包方由此造成的损失。

⑤ 发包方需要验收承包方供应的材料设备。

a. 承包方应按协议条款的约定及设计和规范的要求采购材料，提供产品合格证明，并应在材料设备到货前24小时通知发包方验收。

b. 承包方提供的材料与清单不符时，应负责把产品运出施工现场重新采购，并承担由此发生的费用。

c. 发包方验收后发现材料设备不符合规范和设计要求，由承包方负责修理、拆除及重新采购，并承担由此发生的费用，并顺延工期。

d. 根据工程的要求并经过发包方代表的批准，承包方可以使用代用材料。因发包方原因使用时，由发包方承担发生的费用。

⑥ 保修金一般是采取按合同价款一定比率，在发包方应付承包方工程款内预留的办法，由发包方掌握。这一比率由双方在协议条款中约定，保修金额一般在合同价款5%的幅度范围内。如果施工单位向建设单位出具履约保函或有其他保证的，保修金可以不留。

在工程的保修期满后，应及时结算和退还剩余的保修金。采取按合同价款一定比率，发包方应在保修期满后20天内结算，将剩余保修金和按协议条款约定利率计算的利息一起退还承包方。如果因承包方原因造成返修的费用超过保修金数额的，由承包方交付不足部分。

（十）清单合同中工程变更的处理

清单合同中工程变更的处理意义重大。在工程项目施工过程中，由于施工现场的环境变化、业主的要求、施工技术的需要以及工程设计变更，引发的工程量的变化和施工进度的改变，会导致业主方和承包方经常发生争执，这种情况会直接影响工程投资和施工工期，导致索赔和反索赔。

1. 工程变更的控制程序

① 工程变更的一般控制程序为：

提出工程变更→分析提出的工程变更对项目目标的影响→分析有关的合同条款和会议、通信记录→初步确定处理变更所需的费用、时间范围和质量要求（向业主提交变更评估报告）→确认工程变更。

② 承包方提出工程变更的控制程序为：

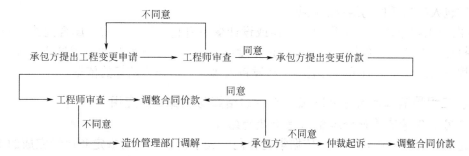

③ 如果建设单位需改变原工程设计，发包方应于变更前14天以书面形式向承包方发出变更通知。承包方根据发包方变更通知并按工程师的要求实行变更。由发包方承担因变更导致合同价款的增减而造成承包方的损失，相应顺延延误的工期。

④《示范文本》约定："承包人在双方确定变更后14天内不向工程师提出变更工程价款报告时，视为该项变更不涉及合同价款的变更。"因此变更价款的确认应在工程变更发生时办理。

⑤ 工程变更，都应该有发包人和承包人的盖章及代表人的签字，涉及到设计上的变更还应该由设计单位盖章和有关人员签字后才能生效。

2. 确定工程变更价款

应根据原报价方法和合同约定以及有关规定确定工程变更价款。并非所有的工程变更通知书都可以计算工程变更价款。首先应考虑工程变更内容是否符合规定。采用综合单价报价时，重点应放在原报价所含的工作内容上。其次应结合合同的相关规定。如有疑问，应先与原签证人员联系，再熟悉合同和定额，使所签的工程变更通知书符合规定后，再编制价格。

工程变更后，首先应做好工程变更对工程造价增减的调整工作，在合同规定的时间里，先由承包人根据设计变更单、洽商记录等有关资料提出变更价格，再报发包人代表批准后调整合同价款。应遵循下列原则处理工程变更价款：

① 适用原价格原则 中标价、审定的施工图预算或合同中已有适用于变更工程的价格，按这些价格计算、变更合同价款。

② 参考原价格原则 中标价、审定的施工图预算或合同中有类似于变更工程的价格，应参考这些类似项目，计算变更价格，确定变更合同价款。此法可从两个方面考虑，一是寻

找相类似的项目；二是按计算规则、定额编制的一般规定，合同商定的人工、材料、机械价格，参照消耗量定额确定合同价款。

③ 协商价格原则　中标价、审定的施工图预算定额分项或合同价中没有适用的以及类似的单价时，应由承包人秉着客观、公正的态度编制一次性合适的变更价格，送发包人代表批准执行。

④ 临时性处理原则　发包人代表如果不能同意承包人提出的变更价格，在承包人提出变更价格后规定的时间内通知承包人，提请工程师暂定，事先可请工程造价管理机构或以其他方式解决处理。

3.调整工程变更价款

《清单计价规范》第4.0.9条规定：不论由于工程量清单有误或漏项，还是由于设计变更引起新的工程量清单项目或清单项目工程数量的增减，除合同中另有约定外，均应按实调整。

《清单计价规范》第4.0.9条规定：合同中综合单价因工程变更需调整时，除合同另有约定外，应按照下列办法确定：

① 工程量清单漏项或设计变更引起新的工程量清单项目，其相应综合单价由承包人提出，经发包人确认后作为结算的依据。

② 由于工程量清单的工程数量有误或设计变更引起工程量增减，属合同约定幅度以内的，应执行原有的综合单价；属合同约定幅度以外的，其增加部分的工程量或减少后剩余部分的工程量的综合单价由承包人提出，经发包人确认后，作为结算的依据。

五、工程量清单计价在编制工程价款的结算与决算中的应用

1.应用工程量清单计价编制工程价款的结算

承包商在工程实施过程中，依据承包合同中关于付款条款的规定和已经完成的工程量，并按照规定的程序向建设单位（业主）即发包方收取工程价款的一种经济活动就是工程价款的结算。作为反映工程进度和考核经济效益的主要指标，工程价款是造价控制工作的一项非常重要的内容。

（1）我国现行工程价款结算的主要方式

① 按月定期结算　这种方式是指每月由施工企业提出已完成工程月报表，连同工程价款结算账单，经建设单位签证，交建设银行办理工程价款结算。按月定期结算又分为以下两种方式：

a.月初预支，月末结算。施工企业在月初（或月中）按照施工作业计划和施工图预算，编制当月工程价款预支账单，经建设单位批准，交建设银行预支大约50%的当月工程价款，月末按当月施工统计数据，编制已完工程月报表和工程价款结算账单，经建设单位签证，交建设银行办理月末结算。同时，扣除本月预支款，并办理下月预支款。

b.月末结算。施工企业在月末按统计的实际完成分部分项工程量，编制已完工程月报表和工程价款结算账单，经建设单位签证，交建设银行审核办理结算。对于跨年度竣工的工程，由双方进行已完和未完工程量盘点，办理年度结算，结清本年度工程款。

② 分段结算　是指以单项（或单位）工程为对象，按施工对象进度将工程具划分为不同施工阶段，按阶段进行工程价款结算。

这种方法是根据工程的性质，将其施工过程划分为若干阶段，以审定的施工图预算为基础，测算每个阶段的预支款数额。在施工开始时，办理第一阶段的预支款，在该阶段完成后，计算其工程价款，经建设单位签证，交建设银行审查并办理阶段结算，同时办理下一阶段的预支款。

③ 竣工后一次结算　是指建设项目或单项工程全部建筑安装工程建设期在一年以内，或者工程承包合同价值在100万元以下的，可以实行工程价款每月预支或分阶段预支，竣工后一次结算工程价款的方式。

（2）工程竣工结算的目的和意义

① 进行竣工结算的目的

a.提供建设单位编制竣工决算的依据。

b.为施工单位的上级管理部门核定该工程的建筑安装产值和实物工程量的完成情况、确定该工程的最终收入、进行经济核算和考核工程成本提供依据。

c.预算部门据此核定该工程项目的最终造价，作为建设单位拨付工程价款的依据。

② 工程价款结算的重大意义

a.工程价款结算，确定施工企业的货币收入，补充施工生产过程中的资金消耗。

b.为统计施工企业完成生产计划和建设单位完成建设任务提供依据。

c.竣工结算是施工企业完成该工程项目的总货币收入，是企业内部编制工程决算、确定工程成本的重要依据。

d.为建设单位编制竣工决算提供主要依据。

e.竣工结算的完成，标志着发承包双方所承担的合同义务和经济责任的结束。

（3）工程竣工结算的程序

① 承包单位按施工合同规定填报竣工结算报表。

② 专业监理工程师审核承包单位报送的竣工结算报表。

③ 总监理工程师审定竣工结算报表，与建设单位、承包单位协商一致后，签发竣工结算文件和最终的工程款支付证书报建设单位。

（4）工程竣工结算的依据

① 建设工程施工合同。

② 工程竣工报告和工程竣工验收单。

③ 施工图纸、设计变更和施工变更资料、施工图预算、索赔资料和文件等。

④ 基本建设预算价格、现行建筑安装工程预算定额、建筑安装工程管理费定额、其他取费标准及调价规定等。

⑤ 相关施工技术的资料等。

（5）工程结算书的审核

① 以单位工程为基础，对施工图预算的定额编号、工程项目、工程量、单价及计算结果等主要内容进行核对。

② 核查开工前的施工准备及临时用水、电、道路和场地平整、障碍物清除的费用是否准确；是否按规定对钢筋混凝土工程中的含钢量进行了调整；土石方工程与地基基础处理有无多漏项；加工订货的项目、规格、数量、单价与施工图预算及实际安装的是否相符；特殊工程中使用的特殊材料的单价有无变化；工程施工变更记录与预算调整是否相符；索赔处理是否符合要求；分包工程费用支出与预算收入是否相符；施工图要求及实际施工是否相符等。应及时调整不相符的情况。

③ 按单项工程汇总各个单位工程预算。编出单项工程综合结算书，综合结算书将单项工程汇编成整个建设项目的工程竣工结算书与说明书。

④ 与建设单位和承包单位进行协商竣工结算的价款总额。

⑤ 工程竣工结算书送经主管领导审定后，再由监理单位、建设单位和预算合同审查部门审查确认，再由财务部门据此办理工程价款的最终结算和拨款，同时将资料按档案管理。

2.应用工程量清单计价编制工程价款的竣工决算

竣工决算是竣工验收报告的重要组成部分，是由建设单位编制的反映建设项目实际造价和投资效果的文件。竣工决算以竣工结算为依据，以单项工程或建设项目为对象，主要由竣工决算报表、竣工决算报告说明书、工程竣工图、工程造价比较分析四部分组成。

（1）竣工决算编制的依据

① 建设项目可行性研究报告和有关文件。

② 建设项目总概算书和单项工程综合概算书。

③ 建设项目设计图纸及说明。

④ 建筑工程竣工结算文件。

⑤ 设备购置费用竣工结算文件。

⑥ 工、器具和生产用具购置费用结算文件。

⑦ 设备安装工程竣工结算文件。

⑧ 其他工程和费用的结算文件。

⑨ 施工中发生的各种记录、验收资料、会议纪要等资料。

⑩ 国家有关部门颁发的建设工程竣工决算文件。

（2）编制工程竣工决算的作用及意义

① 可以作为固定资产价值核定与交付使用以及分析和考核固定资产投资效果的依据。

② 可以使建设单位准确计算已投入使用的固定资产的折旧费，使建设周期缩短，节省了基建投资，对企业合理计算生产成本和企业利润，进行经济核算意义重大。

③ 竣工决算准确反映了竣工项目的实际建设成本、主要原材料消耗、实际建设工期、新增生产能力、占地面积和完工的主要工程量。因此，工程竣工决算是考核竣工项目概（预）算与基建计划执行情况以及分析投资效果的重要依据。

④ 竣工决算反映着竣工项目自开工以来各项资金来源和运用情况以及最终取得的财务成果。因此，它是综合掌握竣工项目财务情况和总结财务管理工作的重要依据。

⑤ 竣工决算反映了竣工项目实际物化劳动消耗和活劳动消耗的数量，为积累各项技术经济资料，提高建设管理水平提供了基础资料。因此，它是修订概（预）算定额和降低建设成本的重要依据。

（3）竣工决算报告说明书　竣工决算报告说明书是全面考核分析工程投资与造价的书面总结，其中全面反映了工程建设成果和经验，主要内容包括：

① 从工程的质量、进度、造价和安全四方面对工程进行总评价。

a.质量：根据验收委员会或质量监督部门的验收情况评定等级、合格率和优良品率。

b.进度：说明开工及竣工日期，对照合同工期是否提前或延期。

c.造价：对照概算是节约还是超支，用金额和百分率进行分析说明。

d.安全：根据劳动部门和施工部门的记录，说明有无设备及人身事故情况发生。

② 分析各项财务和技术经济指标。

a.分析概算执行情况。

b.分析新增生产能力的效益。说明交付使用财产占总投资额的比例及新增加固定资产的造价占投资总数的比例。

c.分析基本建设投资包干情况。说明投资包干数，实际使用数和节约额，投资包干结余的构成和包干结余的分配情况。

d.财务分析。列出历年资金来源和资金占用情况。

③ 总结工程建设的经验教训并说明有待解决的问题。

（4）竣工决算报表　分别按大、中型建设项目和小型建设项目制订。

① 大、中型建设项目的决算报表　包括竣工工程概况表、竣工财务决算总表、竣工财务决算明细表、建设项目交付使用财产总表、建设项目交付使用财产明细表、建设项目建成交付使用后的投资效益表等。

a.竣工工程概况表：填报该表主要根据最后一次审查批准的初步设计概算、基本建设计划和实际执行结果。主要内容有：基本概况，如建设基址、占地面积、建设周期、完成的主要工程量、新增生产能力、主要材料消耗及技术经济指标和建设成本等；全面考核分析从筹建到竣工的全部费用；未完工程尚需投资的内容、投资额、施工单位及完成时间等。

b.财务决算总表：该表作为考核和检查基本建设投资效果的依据，可以反映全部竣工的大、中型建设项目的资金来源和投资完成情况及资金结余。

c.竣工财务决算明细表：该表反映竣工项目年度资金的来源及运用状况。

d.建设项目交付使用财产总表：该表作为财产交接依据，可以反映大、中型建设项目建成后，新增固定资产、流动资产、无形资产、递延资产和其他资产的全部情况。

e.建设项目交付使用财产明细表：该表反映竣工交付使用固定资产、流动资产、无形资产、递延资产和其他资产的详细内容。固定资产部分，应逐项盘点填列。

② 小型建设项目的决算报表

a.小型建设项目竣工决算总表：该表综合反映小型建设项目的全部工程和财务情况，其内容有建设基址、占地面积、新增生产能力、建设周期、初步设计或概算的批准日期和部门；全部竣工工程的资金来源运用；交付使用财产的概算成本和实际成本的对比情况。

b.小型建设项目交付使用财产明细表。

（5）竣工财务决算说明书　主要包括以下内容：

① 建设项目概况；

② 会计账务的处理、财产物资及债权债务的清偿情况；

③ 资金结余，基建结余资金等的上交分配情况；

④ 主要技术经济指标的分析、计算；

⑤ 基本建设项目管理及决算中存在的问题并提出合理建议；

⑥ 其他需说明的问题。

（6）竣工财务决算报告

① 大、中型建设项目竣工财务决算报表：

a.竣工财务决算审批表；

b.概况表；

c.竣工财务决算表；

d.交付使用资产总表；

e.交付使用资产明细表。

② 小型建设项目竣工财务决算报表：

a.竣工财务决算审批表；

b.竣工财务决算总表；

c.交付使用资产明细表。

（7）工程竣工图　工程竣工图是工程进行交工验收、维护、改建和扩建的依据，是真实地记录各种地上、地下建筑物、构筑物等情况的技术文件。国家规定：各项新建、扩建、改建的基本建设项目工程，特别是基础、地下建筑、管线、结构、井巷、桥梁、隧道、港口、水坝以及设备安装等隐蔽部位，必须编制竣工图。

在施工过程中必须及时做好隐蔽工程记录，整理好设计变更文件，以确保竣工图质量。竣工图绘制过程如下：

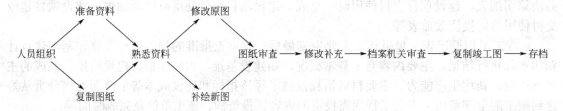

（8）竣工工程造价比较分析

① 竣工工程造价比较分析的用途

a.比较分析竣工决算书中对控制工程造价所采取的措施、效果及其动态的变化情况，及时总结经验教训，为以后的工程项目提供了珍贵的参考资料。

b.财务部门为核实建设工程造价，检查概算执行情况，首先必须积累概算动态变化资料和设计方案变化的资料以及对工程造价有重大影响的设计变更资料；其次，对竣工形成的实际工程造价节约或超支的数额进行考查。为了便于对比，可先对整个项目的总概算进行对比，之后再对工程项目（或单项工程）的综合概算和其他工程费用概算进行对比，最后再对比单位工程概算，并分别将工程、设备、工器具购置和其他基建费用逐一与项目竣工决算编制的实际工程造价进行对比，找出节约或超支的具体环节。

② 竣工工程造价比较分析的内容

a.主要实物工程量。对比分析中应审查项目的建设规格、结构、标准是否遵循设计文件的规定，其间的变更部分是否按照规定的程序办理。对于实物工程量出入比较大的情况，须查清因由。

b.主要材料消耗量。要按照竣工决算表中所列明的三大材料实际超概算的消耗量考核主要材料消耗量，查明在工程的哪一个部分超出量最大，并查明超耗原因。

c.考核建设单位管理费。根据竣工决算报表中所列的建设单位管理费与概算所列的控制额比较，确定节约或超支数额，并查明原因。

六、建设工程清单合同的索赔与反索赔

1.清单合同索赔的涵义

索赔指当事人依据自己享有的权利向某一方提出的有关资格、财产、金钱及其他方面的赔偿要求。建设工程清单合同索赔指在建设工程合同实施过程中，当事人一方因对方违约或非自身原因造成损失时，向对方提出的赔偿要求。在这里要注意两点：

（1）承包方和发包方都可以提出索赔　在实际施工过程中，工程合同索赔主要是由承包方提出的，因为在合同实施过程中，发包方总是处于主动地位，合同风险主要落在承包方身上。因此工程界逐步将"索赔"变成了承包方向发包方提出索赔的专用名词，而将发包方向承包方提出的索赔称为"反索赔"。一般情况下，发包方对承包方的索赔主要是承包方的工程质量和工期没有满足合同要求。

（2）建设工程合同索赔与一般商务合同索赔的原因不完全相同　不同于商务合同中的索赔问题只是针对于对方违约的情况，建设工程合同索赔除了违约这种情况外，由于工程建设过程中影响因素多，如工程实施的条件、环境等因素的变化而造成当事人的损失时，也可向对方提出索赔的要求。

建设工程由于受到自然环境和资源状况的影响，以及规划变更和其他一些人为因素的干

扰，会出现很多超出合同约定的条件及相关事项的事情，承包方往往会遭受意外损失，这种情况发生时，应本着合同公平及诚实信用原则，允许其通过索赔对合同约定的条件进行合理、适当的调整。一般情况下，建设工程合同索赔都为工期索赔和经济索赔，工程索赔额往往占到工程总造价的7%左右。

2. 建设工程合同索赔的原因

（1）合同风险分担不均　承包方和发包方应共同承担建设工程合同的风险，但受"买方市场"规律的制约，往往只是承包方单方在承担风险。法律允许其通过索赔来减少风险以作为补偿。

（2）施工条件变化　现场条件的变化对工程施工影响很大。对于业主提供的工程地质条件资料，如地下水、地质断层、熔岩孔洞、地下文物遗址等，往往是不够准确的。这些不利的自然条件及一些人为的因素导致设计变更、工期延长和工程成本大幅度增加时，都会致使索赔情况的发生。

（3）工程变更　业主或监理工程师在建设工程施工过程中，为确保工程质量及进度，或由于其他原因，往往会发出更换建筑材料、增加新任务、加快进度或暂停施工等相关要求，造成不能按原定设计及计划进行施工，导致工期延长、费用增加，此时，承包方即可提出索赔要求。

（4）工期延长　工程施工过程中，由于气候、水文等自然因素的影响，导致工期延误、费用增加时，即可提出索赔要求。

（5）业主违约　当发生业主未按合同约定提供施工条件或未按时支付工程款，监理工程师未按规定时间提交施工图纸、指令及批复意见等违约行为时，承包方即可提出索赔。

（6）合同缺陷　由于合同约定不明，或合同文件中出现错误、矛盾、遗漏的情况时，承包方应按业主或监理工程师的解释执行，因此而增加的费用及延误的工期，承包方可提出索赔。

（7）国家法令法规的变更　国家有关法律和政策的变更，如法定休息日增加、进口限制、税率提高等造成承包方损失时，承包方可提出索赔并应得到赔偿。

（8）其他　其他如不可抗力的发生、因业主原因造成的暂停施工或终止合同等，承包方都可提出索赔。

3. 建设工程合同索赔的依据

在索赔发生时，当事人一方应该有充分的依据，才能取得赔偿。依据主要包括：

（1）合同文件　当事人之间最基本的约定文件就是工程承包合同。不论国内有关部委的合同示范文本，或是国际上权威性组织的合同文件样本，只有为双方接受并编入有关工程项目合同时，才能作为索赔的依据。

（2）施工文件　施工文件中虽然有一些不是正式的合同文件，但它客观地反映了工程施工活动，是证明索赔事实存在的证据，因而也是索赔的依据。从法律上讲，施工文件只有在得到工程师或工程师代表和承包商的确认后，才能构成索赔的依据。

这些施工资料主要包括：①施工前与施工过程中编制的工程进度表；②每周的施工计划和每日的各项施工记录；③会议记录、会议纪要，应有双方签字；④由承包方提供的各类施工备忘录；⑤来往信函；⑥由工程师检查签字批准的各类工程检查记录和竣工验收报告；⑦工程施工录像和照相资料；⑧各类财务单据，包括工程单据、发票、收据等；⑨现场气象记录；⑩市场信息资料；⑪其他资料。

（3）前期索赔文件　前期索赔主要是研究和解决在招标过程中，投标人在投标后至签订承包合同前这一期间所发生的索赔问题。导致前期索赔的原因一般有两方面：一方面，投标人在投标有效期内可能要求撤标，或提出背离招标文件的要求，拒签合同，给招标单位造成损失；另一方面，业主在投标人中标后，可能会提出超出原招标文件范围的要求，或者要求增加不合理的合同条款，致使双方无法签订或延迟签订工程承包合同，给中标方造成经济损失。前期索赔的依据就是与之有关的招标与投标文件（包括投标保证）以及招标所应遵循的法律。

（4）国家相关法律法规文件　《公司法》《海关法》《税法》《劳动法》《环境保护法》等与工程项目建设有关的法律及建设法规都会直接影响工程承包活动。当任何一方违背这些法律或法规，或在某一规定日期之后发生法律或法规变更，均可能引起索赔。如双方对索赔发生争议，一般是先通过双方都可信赖的第三方进行调解解决，如双方分歧严重，调解不成，则可通过仲裁或诉讼的司法程序予以解决。

4.建设工程合同的风险与对策

（1）建设工程合同中的风险　这里所说的风险是指建设工程施工中的不确定性经济活动。由于风险的不确定性，损失与盈利同时存在。当风险发生时，没有转嫁和减轻的措施，就可能遭受经济损失，甚至导致工程亏本。如果风险很小甚至没发生，该项工程就会得到较高的盈利。

建设工程合同中的风险包括：

① 大量的承包工程合同都有对承包方承担风险的条款。

② 合同条文不完整，隐含潜在的风险。

③ 合同中仅对一方规定了约束性条款的不利合同风险。

（2）建设工程合同风险的对策　合同管理人员在合同实施过程中，首先发现合同中的风险，然后分析可能发生的风险，并采取技术上、经济上、管理上的措施，尽可能避免风险发生，降低风险损失。

① 采取技术措施。对于工程设计变更及费用调整风险较大的合同，采取技术措施为主。工程技术人员应全面分析可能变更的各种问题，提出发包方能够接受，且承包方便于施工、费用少调或不调的合理化建议。

② 采取经济措施。对工程风险较大的某一部分工作，可采取相应的经济措施，以减少风险损失。如采取增加机械设备，增加施工及管理人员，增加工资、奖金或加班费用等措施，保证工程的顺利进行和工程的如期完成。

③ 采取组织措施。对风险较大的工程项目应派遣得力的项目负责人，配备能力较强的工程技术人员及合同管理人员，组建精明强干的项目管理班子。

④ 加强索赔管理。施工单位中普遍采用的风险对策还包括：在工程施工中加强索赔管理，用索赔和反索赔来弥补或减少损失；详细划清双方责任，寻找索赔机会，通过索赔和反索赔提高合同总价；争取总价的调整，达到风险损失索赔的目的。

⑤ 共担风险。在一些大型工程项目中，由于专业技术、工程经验和处理工程风险能力的不同，承包方应注意发挥自己的长处，避免自己的弱项，与其他专业工程单位共同承包工程，共担风险。

⑥ 分包转嫁风险。总包单位有时虽然已看出招标文件或合同条款中的风险，但为了不失去承接工程的机会，往往答应签订合同，然后将一些风险大的分项工程分包出去。向分包单位转嫁风险，减少自己可能发生的风险损失。

⑦ 争取化解风险的机会。在合同实施中，当双方都能认真执行合同、履行自己的责任时，承包方可利用这种友好的气氛，对一些隐含风险的条款进行有利于自己的解释，并作为合同的补充文件形成资料，使一些本来对自己不利的条款得到化解。

⑧ 若履约比毁约损失更大时应果断毁约。采用欺骗手段而签订的合同，受骗一方往往

只有当合同实施到一定程度时才发现自己上当。这时应认真分析履行合同的后果，当履约的损失远大于毁约时，主管当事人应果断毁约。

应针对每项工程的实际情况采取上述某一种或多种措施，但关键问题是管理人员的实际工程管理经验和对合同风险的分析能力及应变能力。

5.有利合同的签订

（1）有利合同的评价　对于承包方有利的合同，可以从下几个方面进行评价。

① 合同的条款、内容完善，责权分明，概念准确，对自己比较有利或比较优惠的条款都已明确清晰，不会使对方发生误解，执行中不易产生争执。

② 合同价格较高，如在正常管理状态下施工，应有较高的盈利。

③ 合同双方责权关系公平合理，没有苛刻一方的单方面约束性条款。

④ 合同风险较少，发包方承担的风险较多或对某些风险明确了责任方等。

（2）有利合同的签订　一般应加强以下几个方面的工作：①认真掌握招标文件；②仔细调查现场；③制订报价策略；④争取合同拟稿权；⑤选择适合的合同主谈人；⑥掌握好谈判和签订合同的基本原则；⑦寻找减少风险的方法，共担风险；⑧签约前再进行一次全面审查。

一个有利合同的签订，要从制订投标报价，深入了解工程情况开始，尽可能掌握签订合同的主动权，安排精明强干有经验的人员进行具体谈判，分析合同条款中各种可能情况下的不利因素。采取对特殊问题单独谈判等方法，逐步达到签订对自己有利合同的目标。

第三节　《建设工程工程量清单计价规范》内容简介

建设工程工程量清单计价规范是根据《中华人民共和国建筑法》《中华人民共和国合同法》《中华人民共和国招投标法》等法律以及最高人民法院《关于审理建设工程施工合同纠纷案件适用法律问题的解释》（法释200414号），按照我国工程造价管理改革的总体目标，本着国家宏观调控、市场竞争形成价格的原则制定的。中华人民共和国住房和城乡建设部批准发布了国家标准《建设工程工程量清单计价规范》（GB 50500—2013），自2013年7月1日起实施。

一、编制《工程量清单计价规范》的指导思想和原则

结合我国工程造价管理现状，《工程量清单计价规范》的编制要遵循政府宏观调控、市场竞争形成价格的指导思想，创造公平、公正、公开的竞争环境，建立全国统一的、有序的，既与国际惯例接轨，又符合我国国情的建筑市场。

编制工作主要坚持以下原则。

1.政府宏观调控，市场竞争形成价格的原则

规定了工程量清单计价的原则、方法和必须遵守的规则，以规范发包方与承包方计价行为。由企业自主确定属于企业性质的施工方法、施工措施和人工、材料、机械的消耗量水平、取费等，给企业充分选择的权利，充分参与市场竞争。

2.密切结合现行预算定额，又与其有所区别的原则

我国的预算定额经过几十年实践的总结，其中的内容，特别是项目划分、计量单位、工程量计算规则等方面，有一定的科学性和实用性。因此，《清单计价规范》在编制过程中，应以现行的"全国统一工程预算定额"为基础，尽可能多地与其衔接。

但是，预算定额是按照计划经济的要求制定发布贯彻执行的，其中有许多不适应《清单计价规范》编制指导思想的，主要有：①定额项目是国家规定以工序为划分项目的原则；

②施工工艺、施工方法是根据大多数企业的施工方法综合取定的；③工、料、机消耗量是根据"社会平均水平"综合测定的；④取费标准是根据不同地区平均测算的。因此企业不能结合项目具体情况、自身技术管理水平自主报价，会表现为平均主义，不能充分调动企业加强管理的积极性。

3.既与国际惯例接轨又要符合我国工程造价现状的原则

根据我国当前工程建设市场发展的形势，《清单计价规范》要逐步解决定额计价中与当前工程建设市场不相协调的因素，适应我国市场经济发展以及与国际接轨的需要，积极稳妥地推行工程量清单计价。因此，在编制中，既借鉴了世界银行、菲迪克（FIDIC）、英联邦国家以及香港等的一些做法，同时，也结合了我国现阶段工程造价管理的具体情况。

二、《工程量清单计价规范》内容简介

1.《工程量清单计价规范》的主要内容

《清单计价规范》包括建设工程工程量清单计价规范、房屋建筑与装饰工程计量规范、通用安装工程计量规范三大部分。分别就《清单计价规范》的适用范围、遵循的原则、编制工程量清单应遵循的规则、工程量清单计价活动的规则、工程量清单及其计价格式作了明确规定。

房屋建筑与装饰工程计量规范包括：附录A，土石方工程；附录B，地基处理与边坡支护工程；附录C，桩基工程；附录D，砌筑工程；附录E，混凝土及钢筋混凝土工程；附录F，金属结构工程；附录G，木结构工程；附录H，门窗工程；附录I，屋面及防水工程；附录Q，措施项目。通用安装工程计量规范包括：市政工程计量规范；园林绿化工程工程量计算规范；仿古建筑工程计量规范。

2.《工程量清单计价规范》的特点

（1）强制性 一是由建设主管部门按照强制性国家标准的要求批准颁布，规定全部使用国有资金或国有资金投资为主的大中型建设工程应按计价规范规定执行；二是明确工程量清单是招标文件的组成部分，并规定了招标人在编制工程量清单时必须遵守的规则。

（2）通用性 与国际惯例接轨，符合工程量计算方法标准化、工程量计算规则统一化、工程造价确定市场化的要求。

（3）实用性 附录中工程量清单项目及计算规则的项目名称表现的是工程实体项目，项目名称明确清晰，工程量计算规则简单明了，还特别列有项目特征和工程内容，编制工程量清单时易于确定具体项目名称和投标报价。

（4）竞争性 一是措施项目，由投标人根据企业的施工组织设计，视具体情况报价，使企业充分参与市场竞争；二是人工、材料和施工机械没有具体的消耗量，将报价权交给了投标企业。企业可以依据企业的定额和市场价格信息，也可以参照建设行政主管部门发布的社会平均消耗量定额进行报价。

三、编制工程量清单的基本规定

工程量清单由招标人或委托有工程造价咨询资质的单位编制。工程量清单编制的程序见图3-4。

1.工程量清单的组成（由招标人编制）

① 工程量清单总说明（工程概况、现场条件、编制工程量清单的依据及有关资料，对施工工艺、材料的特殊要求，其他）。

② 分部分项工程量清单。

③ 措施项目清单。

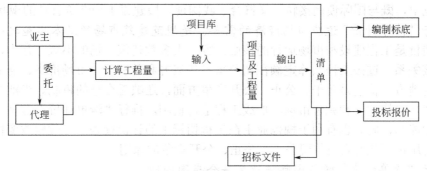

图 3-4　工程量清单编制程序框图

④ 其他项目清单。

⑤ 计日工项目表。

⑥ 材料暂估价表。

2. 工程量清单计价（由投标人编制）

工程量清单计价是指建筑（装饰）工程、安装工程、市政工程、仿古建筑和园林绿化工程在施工招标活动中，招标人按规定的格式提供招标工程的分部工程量清单，投标人按工程价格的组成、计价规定，自主投标报价。

工程量清单报价表的组成：

① 投标总价；

② 工程项目总价表（总包工程）；

③ 单项工程费汇总表；

④ 分项工程量清单计价表、分部分项工程量清单；

⑤ 措施项目清单计价表；

⑥ 其他项目清单计价表；

⑦ 计日工项目计价表；

⑧ 分部分项工程量清单综合单价分析表；

⑨ 材料暂估价表。

四、编制工程量清单报价注意事项

① 以单位项目为依据，对工程量进行计算与核查。如发现有出入，应按规定作调整和补充。

② 工程量清单的工作内容包含的项目是按建筑物实体量来划分的，要完成工作内容有很多施工工序，所以进行单价分析时要套用多个定额子目。

③ 在编制综合价单时，要在材料消耗量中考虑施工过程的材料损耗。

④ 属于项目措施费的项目应单独列出，不能在"综合单价"中计算。

⑤ 为了提高竞争力，企业应准确掌握劳动力、材料购买加工、机械租赁、竞争对手实力等市场的有关信息。对清单所列项目注意认真研究，正确权衡分析进行投标报价。

五、推行"清单计价"的意义

1. 实行"清单计价"对深化工程造价管理改革，推进建设市场市场化具有重要的意义

现预算定额中规定的消耗量和有关施工措施性费用是按社会平均水平编制的，以此为依据形成的工程造价基本上属社会平均价格，然而，社会平均水平并不能代表社会先进水平，不能反映参与竞争企业的实际消耗和技术管理水平，因此，这只能作为参考价格。改变以往的"定额计价"模式，推行适应招标投标需要的"清单计价"办法，在一定程度上促进了企

业的良性竞争，既与国际惯例接轨，又符合了我国现阶段建设工程造价管理的现状。

2. 实行"清单计价"适应市场经济的需要，是规范建筑市场的治本措施之一

工程造价是工程建设和市场运行的核心内容，大多数建筑市场的不规范行为，都与工程造价有直接关系。过去工程预算定额在调节承发包双方利益和反映市场价格、需要方面存在着不协调的地方。特别是公平、公正、公开竞争方面，还缺乏合理的机制。当前规范市场的首要任务就是尽快建立和完善市场，形成工程造价机制。推行"清单计价"有利于发挥企业自主报价的能力，同时也有利于规范业主在工程招标中的计价行为，有效地改变招标单位在招标中盲目压价，从而真正体现公平、公正、公开竞争的原则。

3. 实行"清单计价"既与国际接轨又符合我国国情

"清单计价"是目前国际上的通行做法。我国加入WTO之后，一方面一些国外的企业进入了我国建筑市场，与我国的建筑行业间展开了竞争，其结果必然要引进国际惯例、规范和做法来计算工程造价；其次，国内建筑企业也同样要到国外市场竞争，也需要按国际惯例、规范和做法来计算工程造价；三是国内工程方面，我国的建筑企业为了与外国建筑商在国内市场竞争，也必须参照国际惯例、规范和做法来计算工程承发包价格，规范我们自身的造价方法，增强本土企业的竞争力和素质。

4. 实行"清单计价"是促进建设市场有序竞争和企业健康发展的需要

"清单计价"的实行改变了长期以来建设行政主管部门发布的定额和规定的取费标准进行计价的模式。投标单位通过对单位工程成本、利润进行分析，统筹考虑，精心选择施工方案，根据企业的定额合理确定人工、材料、机械等要素投入量的适当配置，优化组合，合理控制现场经费和施工技术措施费，在满足招标文件所提条件下，确定竞标报价。这样不仅有利于提高劳动生产率，促进企业技术进步，节约投资，规范建设市场。而且，由于工程量清单是公开的，有利于防止招标工程中弄虚作假、暗箱操作等不规范行为。工程量清单的准确性和完整性，又提高了招标单位的管理水平。

5. 实行"清单计价"有利于我国工程造价政府职能的转变

由过去的政府控制的指令性定额转变为制订适应市场经济规律需要的"清单计价"方法，由过去的政府干预转变为对工程造价进行依法监管，有效地强化了政府对工程造价的宏观调控。

第四节　工程量清单计价与现行定额计价关系

一、现行定额的属性

长时间以来，我国的工程造价管理实行的是与计划经济相适应的概预算定额管理模式，并在很长一段时间内起到过积极有效的作用。进入市场经济后，传统的概预算定额管理模式逐渐暴露出了与经济体制改革、对外经济开放与国际经济接轨中的不适应性和滞后性。主要体现在以下几个方面。

1. 政府管理机构职能滞后

现行定额标准的制定和执行，在施行计划经济的几十年中，一直是一种政府职能管理的行为，即使在中国入世之后，定额模式在建设行业中仍然是运行主体，使概预算定额管理制度与市场发展的差距越来越大。

2. 法定形式的工程价格构成限制承包人的自主权

① 政府通过"办法"、"规定"等文件的实行使政府管理职能反映在工程适价的价格形成过程中。使作为建筑市场主体的与价格行为密切相关的发包人和承包人没有决策权和定价

权，影响了发包人投资的积极性，取消了承包人生产经营的自主权。

② 现行定额模式下的价格是由政府统一定基准价，采用系数调整方法的静态价格管理方法管理动态变化的建筑市场，把实体消耗与措施消耗联系在一起；另外，现行定额模式基于事先确定工程造价的需要，将应由承包人自行决定的施工方法、手段、技术装备、管理方法、水平等本属于竞争机制的活跃因素固定化了，这不利于发挥承包人的优势，不利于降低工程造价，难以最终确定个体成本价。

3.政出多门导致国家缺乏统一的工程量计算规则

国家没有统一的工程量计算规则、计量单位、名称编码等，由各地区、各部门自行制订，使地区与地区之间、部门与部门之间、地区与部门之间产生许多矛盾，更难与国际通用规则相衔接，不适应对外开放和国际工程承包。

4.现行定额标准不利于《招标投标法》的经评审的最低投标价法中标

在招投标活动中招标报价及标底在招标文件中要求是按现行定额标准计算的，而《招标投标法》中已明确规定标底可有可无，经评标后的最低投标价法中标。显然，用现行定额模式套定额取费的计价方法，并由此在竞标过程中而确定的标底和中标价与《招标投标法》中明确规定的低价法中标是相悖的，是不符合市场经济规律的。

二、现行定额的用途与意义

虽然现行定额随着经济体制改革的深入，日益显露出其与市场经济发展的不相适应性和滞后性，但体现在政府对工程造价的直接管理和调控过程中，现行定额仍然发挥出应有的作用。

1.现行定额的本质

现行定额的本质是一种物化劳动和活劳动的消耗社会平均水平。在计划经济年代，它是被强制执行的价格和消耗标准；在市场经济初期，仍受由政府编制和发布的消耗量水平的信息的制约。经过几十年实践的总结，现行定额内容具有一定的科学性和实用性，而且它的存在本身就是一种活劳动的产物。

2.现行定额仍可作为工程量清单计价的基础

这里所讲的与工程量清单计价有关系的"定额"，仅指政府已不再规定反映社会平均消耗量水平（标准），而仅可供企业向工程量清单计价的过渡时期的重要参考标准。

3.现行定额是实行改革的一种手段

目前由政府编制、发布消耗量水平的行为，是在绝大多数企业还没有能力建立自己完整的消耗标准时的一种临时行为，在推行工程量清单及计价中，应该将这种政府行为视为一种推荐性的标准，加上若干强制性条文，便形成了"工程量清单计价计算规范"，这是现行定额实行改革的一种手段。

4.完善现行定额改革的方向

建筑施工企业竞争的实质是劳动生产率的竞争，而劳动生产率高低的具体表现就是活劳动效率高和物化劳动的消耗标准低，它反映了一个企业的消耗量控制水平。企业应该建立自己的定额标准，使用企业自己的消耗量标准作为编制工程量清单的基础，编出企业自己的消耗量水平标准，参与市场竞争，这才是政府所规定的现行定额完成历史使命、完善现行定额改革的真正方向。

三、工程量清单计价法与传统定额计价法的差别

在编制"工程量清单计价规范"过程中，应该以现行定额为基础，特别是在项目划分、计量单位、工程量计算规则等方面，尽可能多地与现行定额衔接。但在采用《计价规范》编

制造价时，还是要减少现行定额对工程量清单计价的影响，因为它们之间存在着对工程造价合理确定和有效控制的差别，具体差别体现在如下几个方面。

1. 编制工程量的单位

传统定额预算计价办法是：工程量由招标单位和投标单位分别按图计算。工程量清单计价是：工程量由招标单位统一计算或由工程造价咨询资质单位统一计算。各投标单位按照招标人提供的"工程量清单"，根据自身的技术装备、施工经验、企业成本、企业定额、管理水平自主填写报价单。

2. 表现形式

采用传统的定额预算计价法一般是总价形式。工程量清单报价法采用综合单价形式，工程量清单报价具有直观、单价相对固定的特点，工程量发生变化时，单价一般不作调整。

3. 编制的依据

传统的定额预算计价法依据工程造价管理部门发布的价格信息，根据图纸、人工、材料、机械台班消耗量，人工、材料、机械台班单价进行计算。工程量清单报价法，标底的编制根据招标文件中的工程量清单和有关要求、施工现场情况、合理的施工方法以及按建设行政主管部门制定的有关工程造价计价办法编制。企业的投标报价则根据企业定额或参照建设行政主管部门发布的社会平均消耗量定额和市场价格信息来编制投标书。

4. 费用组成

传统预算定额计价法的工程造价由直接工程费乘以一定的百分比、间接费用、利润、税金组成。而工程量清单计价法工程造价包括分部分项工程费、措施项目费、其他项目费，并将工程实体消耗与施工措施实施分离，让施工企业在竞争中充分体现其施工技术（措施）。

5. 评标办法

传统预算定额计价投标一般只对投标总价进行评审，且以社会平均单价水平为标准来决定中标人。而工程量清单计价法，除了对投标总价进行评审，还要对分部分项工程量报价、措施项目费用报价、其他项目费用报价逐一进行比较分析，实行经评审的最低投标价中标。

6. 项目编码

传统的预算定额项目编码，全国各省市自行编制。工程量清单计价，实现了全国统一编码、统一项目名称、统一计量单位、统一规则的"四统一"。奠定了形成全国大市场的基础。

7. 合同价调整方式

传统的定额预算计价合同价调整方式有：变更签证、定额解释、政策性调整。工程量清单计价法合同调整方式主要是索赔。工程量清单的综合单价一般通过招标中报价的形式体现，一旦中标，报价作为签订施工合同的依据相对固定下来，工程结算按承包商实际完成工程量乘以清单中相应的单价计算，减少了调整活口。

8. 索赔事件增加

因承包商对工程量清单单价包含的工作内容一目了然，因此如果建设方不按清单内容施工的，任意要求修改清单的，都会增加施工索赔的概率。

清单计价方式与定额计价方式比较见表3-32。

四、《清单计价规范》与现行定额的衔接

《计价规范》的全面实施，是一个逐步推广的过程。这就需要工程量清单与现行定额有一个充分的衔接空间，掌握好这个空间，是工程造价研究机构所面临的现实问题。

1. 建立工程量清单与现行定额共性的衔接平台

工程量清单与现行定额有以下共性：

表3-32　清单计价与定额计价比较

项目	工程量清单计价法	传统定额预算计价法
编制工程量的人（单位）	由招标单位统一计算	招标、投标分别按图计算
编制工程量清单时间	必须在发出招标文件前编制	发出招标文件后编制
计价表现形式	综合单价形式。包括人工费、材料费、机械使用费、管理费、利润，并考虑风险因素	一般是总价形式
编制依据	标底的编制： ① 根据招标文件中的工程量清单和有关要求 ② 根据施工现场情况 ③ 根据合理的施工方法 ④ 根据建设行政主管部门制定的有关工程造价计价办法编制 企业的投标报价： ① 根据企业定额 ② 根据市场价格信息 或参照建设行政主管部门发布的社会平均消耗量定额编制	依据图纸 ① 人工、材料、机械台班消耗量依据建设行政主管部门颁发的预算定额 ② 人工材料机械台班单价量依据工程造价管理部门发布的价格信息进行计算
费用组成	包括分部分项工程费、措施项目费、其他项目费、规费、税金；包括工程量清单中没有体现而施工中又必须发生的工程内容所需费用；包括风险因素增加的费用；包括完成每项工程包含的全部工程内容的费用	由直接工程费、现场经费、间接费、利润、税金组成
评标采用办法	采用工程量清单计价法投标，一般采用合理低报价中标法。既对总报价进行评分，还要对综合单价进行分析评分	预算定额计价，一般采用百分制评分法
项目编号	全国实行统一编码	采用预算定额项目编码，全国各省市采用不同的定额子目
合同调整方式	工程量清单计价不能随意调整	调整方式有：变更签证、定额解释、政策性调整
计算工程量时间	① 在初步设计完成后开始招标的情况下，承包商据以报价的工程量清单中各项工作内容下的工程量一般为概算工程量 ② 在施工图完成后的清单计价	① 在规划阶段进行估算 ② 在初步设计完成后进行概算 ③ 施工图预算
投标工程量计算口径	统一	不统一
索赔	索赔事件增加	

① 项目编码与项目名称与全国基础定额相关联。

② 计量单位名称大多数是一致的，只有一小部分是不同的或需要补充的。

③ 工程量计算规则一部分与定额计算规则相同，不同的部分是根据新项目名称，结合设计图纸的要求增设的。

④ 结合项目名称的特征描述和工作内容的概括，这些项目绝大部分和定额中的子目是相对应的。

综上所述，有一条基本规律：分部分项工程量清单的某一项目实际上就是原来定额中相连或相关工序定额子目的组合。

由此，根据两者的共性，可以把清单项目作为一个平台与原来定额内容进行衔接。原来的定额有分部分项的，分部分项下面就是定额子目；现在在分部分项和定额子目之间增加了一项内容，即"清单项目"。项目名称设立上形成三个层次：分部分项为一级，清单项目为二级，定额子目作为三级。"清单项目"成为衔接平台，将《计价规范》与现行定额有机地衔接起来,在项目名称设立的基础工作的空间上即分为三个层次。

2.建立衔接平台的操作步骤与作用

① 根据某清单项目的特征和工作内容,可以找到相应若干定额子目。大部分的子目组合之后与清单项目应该是完全一致的,如果不完全一致,则根据清单项目调整。

② 对于两者的工程量计算规则,可以设定几条原则:第一,以清单项目计算规则为准,保留完全相同的;第二,存在差别但没有矛盾的,可以在各自的规则平台上分别进行,即几个子目仍使用原规则,最后并入项目规则;第三,如果有矛盾并将导致结果不同,则修改定额计算规则,以符合清单要求。

③ 解决计量单位问题。真正计量单位不同的只是少数,应依清单调整。大多数实际上不是计量单位不同,而是被组合子目有各自的计量单位,可以依次使用。而清单项目则应该是一个新计量单位,子目组合完毕后再归入这个新计量单位中即可。

3.衔接中应注意的问题

① 工程造价管理部门首先可以考虑把清单项目作为定额子目的上一级规则平台,然后根据这一级的要求,调整定额子目工程量计算规则和计量单位。

② 清单报价编制,首先可以编制一个几条子目的小预算,当这个小预算完成后,得出汇总价格,然后按照清单项目的计量单位计算即可得出综合单价。

贯彻、落实、执行《工程量清单计价规范》的一大问题,是如何使工程量清单计价有机地融入以现行定额计价模式为基础的工作,从如上所述的操作步骤来看,项目编码、项目名称、计量单位和计算规则的"四统一"要求均能满足,结果与目的均能达到,"工程量清单计价规范"和现行定额能通过设置平台自然衔接,这对推广工程量清单计价和综合单价法将有很大的作用。

第五节 工程量清单计价名称术语

1.相应资质的中介机构

具有工程造价咨询机构资质,并按规定的业务范围承担工程造价咨询业务的中介机构。

2.措施项目

为完成工程项目施工,发生于该工程施工前和施工过程中技术、生活、安全等方面的非工程实体项目。

3.暂列金额

招标人在工程量清单中暂定并包括在合同价款中的一笔款项。用于施工合同签订时尚未确定或者不可预见的所需材料、设备、服务的采购,施工中可能发生的工程变更、合同约定调整因素出现时的工程价款调整以及发生的索赔、现场签证确认等的费用。

4.计日工项目费

完成招标人提出的,工程量暂估的计日工所需的费用。

5.消耗量定额

由建设行政主管部门根据合理的施工组织设计,按照正常施工条件下制订的,生产一个规定计量单位工程合格产品所需人工、材料、机械台班的社会平均消耗量。

6.企业定额

施工企业根据本企业的施工技术和管理水平而编制的人工、材料和施工机械台班等的消耗标准。

7.项目编码

采用十二位阿拉伯数字表示。1~9位为统一编码,其中1、2位为附录顺序号,3、4位为专业工程顺序码,5、6位为分部工程顺序码,7、8、9位为分项工程项目名称顺序码,10~12位为清单项目名称顺序码。

8.直接费

直接费由直接工程费和措施费组成。其中,直接工程费包括人工费、材料费(消耗的构料费总和)和施工机械使用费。

9.间接费

间接费是指园林绿化施工企业为组织施工和进行经营管理以及间接为园林工程生产服务的各项费用,包括规费和施工管理费。

按国家现行的有关规定,间接费包括费用内容如下:

① 工作人员工资:指施工企业的政治、经济、试验、警卫、消防、炊事和勤杂人员以及行政管理部门等的基本工资、辅助工资和工资性质的津贴。

② 工作人员工资附加费:指按国家规定计算的支付工作人员的职工福利基金和工会经费。

③ 工作人员劳动保护费:工作人员劳动保护费是按照国家有关部门规定标准发放的劳动保护用品的购置费、维修费、保健费及防暑降温费等。

④ 职工教育经费:指按财政部有关规定在工资总额1.5%的范围内掌握开支的在职职工教育经费。

⑤ 办公费:指行政管理办公用的文具、纸张、账表、印刷、邮电、书报、会议、水电、烧水和集体取暖(包括现场临时宿舍取暖)用材料等费用。

⑥ 差旅交通费:指职工因公出差、调动工作(包括家属)的差旅费、助勤补助费、市内交通费和误餐补助费,职工探亲路费、劳动力招募费,职工离退休、退职一次性路费,工伤人员就医路费、工地转移费以及行政管理部门使用的交通工具的油料、燃料、养路费及车船使用税。

⑦ 固定资产使用费:指行政管理和试验部门使用的属于固定资产的房屋、设备、仪器等的折旧基金、大维修基金,维修、租赁费以及房产税、土地使用税等。

⑧ 行政工具用具使用费:指行政管理使用的、不属于固定资产的工具、器具、家具、交通工具和检验、试验、测绘、消防用具等的购置、摊销和维修费。

10.直接成本

施工过程中耗用的构成工程实体和有助于工程形成的各种费用。它由人工费、材料费、施工机械使用费组成。

11.人工费

直接从事建设工程施工的生产工人的开支和各项费用。

12.材料费

施工过程中耗用的构成工程实体的原材料、辅助材料、构配件、零件、半成品的费用和周转使用材料的摊销(或租赁)费用。

13.施工机械使用费

使用施工机械作业所发生的机械使用费以及机械安装、拆除和进出场费用。

14.间接成本

施工企业为施工准备、组织施工生产和经营管理而发生在现场和企业的各项费用。它由管理费、规费和其他费用组成。

15. 管理费

施工企业为组织施工生产而发生在现场和企业的各项管理费用。

16. 规费

根据省级政府或省级有关权力部门规定必须缴纳的、应计入建筑安装工程造价的费用。

17. 其他费用

根据施工现场和工程实际需要，为保证正常施工及工程质量而发生的各项费用，包括：支付工程造价管理机构的预算定额等编制及管理经费、定额测定费、支付临时工管理费、民兵训练、经有关部门批准应由企业负担的企业型上级管理费、印花税等。

18. 利润

施工企业在生产经营收入中所获得的不属于直接成本、间接成本的部分。

19. 税金

国家税法规定的应计入建筑安装工程造价内的营业税、城市维护建设税及教育费附加等。

20. 利息

施工企业在按照规定支付银行的计划内流动资金贷款利息。

21. 分部分项工程费

完成在工程量清单列出的各分部分项清单工程量所需的费用。包括：人工费、材料费（消耗的材料费总和）、机械使用费、管理费、利润以及风险费。

22. 措施项目费

由"措施项目一览表"确定的工程措施项目金额的总和。包括：人工费、材料费、机械使用费、管理费、利润以及风险费。

23. 其他项目费

暂列金额、材料购置费（仅指由招标人购置的材料费）、总承包服务费、计日工项目费的估算金额等的总和。

24. 总承包服务费

为配合协调招标人进行的工程分包和材料采购所需的费用。

25. 清单消耗量

即清单项目组合的工程内容。

26. 招标投标

采购人事先提出货物、工程或服务采购的条件和要求，邀请投标人参加投标，并按照规定程序从中选择交易对象的一种市场交易行为。从采购交易过程来看，它必然包括招标和投标两个最基本且相互对应的环节。

27. 建设工程合同

指"承包人进行工程建设，发包人支付工程价款的合同，包括工程勘察、设计、施工合同"（《合同法》第二百六十九条）。"承包人"是指在建设工程合同中负责工程勘察、设计、施工任务的一方当事人；"发包人"是指在建设工程合同中委托承包人进行工程勘察、设计、施工任务的建设单位。

28. 索赔

当事人在合同实施过程中，根据法律、合同规定及惯例，对并非由于自己的过错而应由合同对方承担责任的情况造成的，且实际发生了错误，向对方提出给予经济补偿和（或）时间补偿要求。

29. 工程施工合同

承包人按照发包人的要求，依据勘察、设计的有关资料、要求，进行建设、安装的合同。工程施工合同可分为施工合同和安装合同两种。施工合同一般是指进行土木建设的合同，但也不排除部分安装的内容，两种类型的合同经常交织在一起。

30. 估价

估价师在施工总进度计划、主要施工方法、分包商和资源安排确定之后，根据本公司的工料消耗标准和水平以及询价结果，对本公司完成招标工程所需要支出的费用的估价。

31. 定额

在社会生产中，为了生产某一合格产品或完成某一工作成果，都要消耗一定数量的人力、物力和财力。从个别的生产工作过程来考察，这种消耗数量，受各种生产工作条件的影响，是各自不同的。从总体的生产工作过程来考察，规定出社会平均必需的消耗数量标准，这种标准就称为定额。

32. 建筑安装工程定额

在建筑安装工程施工生产过程中，为完成某项工程或某项结构构件，都必须消耗一定数量的劳动力、材料和机具。在社会平均生产条件下，把科学的方法和实践经验相结合，制订为生产质量合格的单位工程产品所必需的人工、材料、机械数量标准，就称为建筑安装工程定额，或简称为工程定额。

33. 工程建设

指一定的资金、建筑材料、机械设备等，通过购置、建造与安装等活动，转化为固定资产的过程，以及与之相联系的工作（如征用土地、勘察设计、培训生产职工等）。固定资产是指使用年限在一年以上且单位价值在规定限额以上的劳动资料和消费资料。

34. 竣工结算

指建设项目完成，并经建设单位、监理单位和有关部门验收以后，由施工单位依照有关规定，向建设单位（发包人）递交竣工结算报告及完整的结算资料，经监理单位和建设单位审核、确认，双方按照协议书约定的合同价款及专用条款约定的合同价款调整内容，进行工程竣工结算；建设单位收到竣工结算报告及结算资料后，在规定的时间（28天）内进行核实，给予确认或者提出修改意见；建设单位确认后，通知经办银行向施工单位（承包人）支付工程竣工结算价款。

35. 竣工决算

建设项目的全部工程完成后，并经有关部门验收盘点移交后，按有关规定计算和确定工程建设的实际成本，由监理工程师根据监理委托合同，协助建设单位编制综合反映该工程从筹建到竣工投产全过程中，各项资金的实际运用情况和建设成果的总结性文件。

36. 工程价款结算

已完工程经有关单位验收后，施工企业按国家规定向建设单位办理工程款清算的一项日常性工作。其中包括预收工程备料款、中间结算和竣工结算，在实际工作中通常称为工程结算。

37. 索赔证据

当事人用来支持其索赔成立或和索赔有关的证明文件和资料。作为索赔证据既要真实、准确、全面、及时，又要具有法律证明效力。

38. 工程备料款的起扣点

随着工程的进展，预收的备料款应陆续扣还，在工程竣工之前全部扣完。工程备料款开始扣还时的工程进度状态称为工程备料款的起扣点。

39. 基本建设

国民经济各部门实现新的固定资产生产的一种经济活动，即进行设备购置、安装和建筑的生产活动以及与此相联系的其他有关工作。

40.固定资产

指在社会生产过程中能够在较长时期内为工农业生产和人民生活等方面服务的物质资料。按经济用途的不同，固定资产可分为生产性固定资产和非生产性固定资产。生产性固定资产，是指在物质资料生产过程中，能够在较长时期内发挥作用而不改变其物质形态的劳动资料，是人们用来影响和改变劳动对象的物质技术手段。非生产性固定资产，是指供人们物质文化生活使用的一种固定资产，可以在较长时期内使用而不改变其物质形态，但它们只不过是直接服务于人民的物质文化生活而已。

41.建设项目

指在一个总体设计或初步设计范围内，由一个或几个单项工程所组成的行政上具有独立的组织形式，经济上实行独立核算，由法人资格与其他经济实体建立经济往来关系的建设工程实体。

42.单项工程

指在一个建设项目中，具有独立的设计文件、建成后能够独立发挥生产能力或效益的工程。工业建设项目的单项工程，一般是指各个生产车间、办公楼、食堂、住宅等；非工业建设项目中，每栋住宅楼、剧院、商店、教学楼、图书馆、办公楼等各为一个单项工程。

43.单位工程

指具有独立组织施工条件及单独作为计算成本对象，但建成后不能独立进行生产或发挥效益的工程。

民用项目的单位工程较容易划分。以一栋住宅楼为例，其中一般土建工程、给排水、采暖、通风、照明工程等各为一个单位工程。

工业项目由于工程内容复杂，划分比较困难。以一个车间为例，其中土建工程、机电设备安装、工艺设备安装、工业管道安装、给排水、采暖、通风、电气安装、自控仪表安装等各为一个单位工程。

44.分部工程

指在单位工程中，按部位、材料和工种进一步分解出来的工程。如建筑工程中的一般土建工程，按照部位、材料结构和工种的不同，《全国统一建筑工程基础定额》（土建）（GJD-101—1995）将它划分为土石方工程、桩基础工程、脚手架工程、砌筑工程、混凝土及钢筋混凝土工程、构件运输及安装工程、门窗及木结构工程、楼地面工程、屋面及防水工程、防腐保温隔热工程、装饰工程、金属结构制作工程等14个分部工程。

45.分项工程

为了计算工程造价和工料耗用量的方便，必须把分部工程按照不同的施工方法、不同的构造、不同的规格等，进一步分解为分项工程。分项工程是指能够单独地经过一定施工工序完成，并且可以采用适当计量单位计算的建筑或设备安装工程。

第四章

园林绿化工程工程量计算方法

第一节　绿化工程的概念及特点

一、园林绿化工程的概念

园林绿化工程是建设风景园林绿地的工程。园林绿化是为人们提供一个良好的休息、文化娱乐、亲近大自然、满足人们回归自然愿望的场所，是保护生态环境、改善城市生活环境的重要措施。园林绿化泛指城市园林绿地和风景名胜区中涵盖园林建筑工程在内的环境建设工程，包括园林建筑工程、土方工程、园林筑山工程、园林理水工程、园林铺地工程、绿化工程等，它应用工程技术来表现园林艺术，使地面上的工程构筑物和园林景观融为一体。

二、园林绿化工程的特点

① 园林绿化工程是一种公共事业，是在国家和地方政府领导下旨在提高人们生活质量、造福于人民的公共事业。

② 园林绿化工程是根据法律、法规实施的事业。目前我国已出台许多的相关法律、法规，如：《土地法》《环境保护法》《城市规划法》《建筑法》《森林法》《文物保护法》《城市绿化规划建设指标的规定》《城市绿化条例》等。

③ 随着人民生活水平的提高和人们对环境质量的要求越来越高，对城市中的园林绿化要求亦多样化，工程的规模和内容也越来越大，工程中所涉及的面广泛，高科技已深入到工程的各个领域。

④ 园林绿化工程在现阶段的工作往往需要多部门、多行业协同作战。

第二节　绿化工程工程量计算方法

绿化工程主要指绿化工程的准备工作、植树工程、花卉种植与草坪铺栽工程、大树移植工程、绿化养护管理等工程。

一、相关规定

（一）有关名词及定义

苗高：指从地面起到顶梢的高度。

胸径：是指距地面1.3m处的树干的直径。

条长：指攀缘植物，从地面起到顶梢的长度。

冠径：指展开枝条幅度的水平直径。

年生：指从繁殖起到掘苗时止的树龄。

（二）各种植物材料在运输、栽植过程中的合理损耗率

乔木、果树、花灌木、常绿树为1.5%；绿篱、攀缘植物为2%；草坪、木本花卉、地被

植物为4%；草花为10%。

（三）绿化工程

新栽树木浇水以三遍为准，浇齐三遍水即为工程结束。

（四）植树工程

① 一般树木栽植：乔木胸径在3～10cm以内，常绿树苗高在1～4m以内；

② 大树栽植：大于上述规格者，按大树移植执行。

（五）绿化工程的准备工作

1. 勘察现场

勘察现场适用于绿化工程施工前的对现场调查，对各种架高物、地下管网、各种障碍物、水源、地质、交通等状况作全面的了解，并做好施工安排或施工组织设计。

2. 清理绿化用地

① 人工平整：是指地面凹凸高差在±30cm以内的就地挖填找平，凡高差超出±30cm的，每10cm增加人工费35%，不足10cm的按10cm计算。

② 机械平整场地：不论地面凹凸高差多少，一律执行机械平整。

3. 工程量计算规则

① 勘察现场以植株计算：灌木类以每丛折合1株，绿篱每延长1m折合一株，乔木不分品种规格一律按株计算。

② 拆除障碍物，以实际拆除体积（m³）计算。

③ 平整场地，按设计供栽植的绿地范围以平方米（m²）计算。

（六）植树工程

1. 植树工程的施工工序

（1）进土方和堆造地形

① 进土方　土壤是植树工程的基础，是苗木赖以生存的物质环境。对于栽植土方不足的工地，就需要从其他地方移土进场，且所进土壤必须是具有符合植物生长所需要的水、肥、气、热能力的栽植土。对场地中原有不符合栽植条件的土壤，应根据栽植要求，全部或部分利用种植土或人造土进行改良。

② 堆造地形

a. 测设控制网：堆造地形是一项复杂的工程，具有不可毁改性，需要严格按照规划设计要求进行施工。园林工程建设场地内的地形、地物往往比较复杂，形状变化较大，这种情况会导致施工前的施测范围大，为施工测量带来一定难度，如湖岸线、道路、花坛和种植点等的施工。对于较大范围的园林工程施工测量，建设场地内的控制网测设就显得尤为重要。

b. 挖、堆土方：土方工程是园林绿化施工的物质基础，是绿化种植、景观工程等成功进行的前提，对体现园林工程的整体构思和布局，建立园林景观和植物种植组成的框架结构起到重要作用，在园林工程中应作为重要项目施工。

（2）定点放线　行道树的定点、放线：行道树栽植的位置必须要求准确，株行距相等（国外有用不等距的），按设计断面定点。

（3）刨树坑　分三项：刨树坑、刨绿篱沟、刨绿带沟。土壤划分为坚硬土、杂质土、普通土三种。刨树坑系从设计地面标高下掘，无设计标高的按一般地面水平。

刨坑操作规范内容包括：

a. 坑形和地点。以定植点为圆心，按挖穴规格直径在地面画圆，从周边向下刨坑，按规定深度垂直刨挖到底，切忌刨成上大下小的锅底形。否则栽植踩实时会造成根系劈裂卷曲或上翘，使根系不能自然舒展，影响树木正常生长。在高地、土埂上刨坑，植树点地面平整后还需适当深刨；在斜坡、山地上刨坑，要外推土，里削土，坑面要平整；在低洼地刨坑，要适当填土深刨。

b.土壤堆放。刨坑时，要将对质地良好的上部表层土和下部底层土分开堆放，在栽种时将养分充足的表层土壤填在坑的底部，使树木根部与其直接接触。杂层土壤中的部分好土，也要和其他石造土分开堆放。

c.地下物处理。若刨坑时发现电缆、管道等，应立即停止操作，及时找到有关部门配合解决；在绿地内挖自然式树木栽植穴时，若发现有障碍物严重影响操作，应与设计人员协商，适当改动位置。

（4）选苗　苗木的选择，首先应满足设计对规格和树形提出的要求，其次还要注意选择长势好、树姿端正、植株健壮、根系发达、无病虫害、无机械损伤的苗木；而且所选树苗必须在育苗期内经过翻栽，根系集中在树根和靠近根的茎。育苗期没有经过翻栽的留床老苗，移植成活率较低，即使移栽成活，生长势在多年内都较弱，绿化效果不好，不宜采用。苗木选定后，为避免挖错，要在枝干挂牌或于根基部位作出明显标记；注意挂牌时，应将标记牌挂至阳面，并在移栽时，保持同一方向，有利于促进植物生长发育，提高成活率。

① 乔木　总体要求：树干挺直秀丽，树冠完整丰富，生长健壮无病虫害，根系发育良好。其中，阔叶树树冠要茂盛，根系要发达；针叶树要分枝少，叶色苍翠，层次分明，如雪松、龙柏等不能存在脱脚病征。具体选用的乔木规格，胸径在10cm以下，允许偏差±1cm；胸径10～20cm，允许偏差±2cm；胸径20cm以上，允许偏差±3cm。高度允许偏差±20cm，蓬径允许偏差±20cm。

② 灌木　总体要求：树姿端正优美，树冠圆整，生长健壮，无病虫害，根系茂盛。其中，发枝力较弱的树种，在分枝数量可以不用过分强求，但要有极强观赏性，具备上拙下垂、横欹、回折、弯曲等势；花灌木树种，应选择树龄进入成熟阶段；常绿树种，树干要挺直健壮，树冠丰满。具体选用的灌木规格，高度允许偏差±20cm，蓬径允许偏差±10cm，地径允许偏差±1cm。

（5）掘苗和包装

① 掘苗　掘苗是植树工程中一个重要环节，保证起掘苗木质量，是提高植树成活率和决定最终绿化成果的关键因素。苗木优秀的原生长品质是保证苗木质量的基础，但正确的掘苗方法，合理的时间安排，认真负责的组织操作，却是提高掘苗质量的关键。掘苗质量的高低还与土壤含水情况、工具锋利程度、包装材料适用与否有关，事前做好充分的准备工作尤为重要。

② 苗木包装　苗木的包装是一项重要工作，需要较高的技术水平。操作时不但要考虑苗木习性、生长地的土质、土壤含水量，还要兼顾苗木的规格、土球规格、起挖季节、运输距离等综合因素，不同植物操作工序的繁简程度也不相同。这里介绍的是非大规格（即人工徒手可搬运）乔木和花灌木的包装，并以沙壤土为例（大树移植包装在第三节中介绍）。

a.树身包装。苗木在挖掘、运输和栽植等过程中，容易导致树体遭受损伤、水分蒸发过量，为减轻损失需要对其进行包装。包装的形式可以按实际需要确定，但必须以达到保护树身的目的为原则。草包、麻袋、尼龙袋等是较为常见的包装材料，也可以因地制宜，就地取材。以起挖雪松为例，为避免折断枝条，影响栽后的观赏效果，掘苗时用草绳将树冠适度地拉拢，这样既可以减少挖掘的困难，还可以方便运输；但注意捆苗时要松紧适宜，以利于通透空气。有的小灌木在运输过程中，要用蒲包把整个树身都包起来，以防水分散失过快。

b.土球包装。常见的常绿树种，如雪松、白皮松、侧柏、珊瑚树、夹竹桃、广玉兰、香樟、茶花等，无论在任何季节移植，均应带土球并对土球进行包装。落叶树种，如海棠、栾树、白蜡、紫叶李、合欢、樱花、银杏、鹅掌楸等，在休眠期移植小规格的树种，可以裸根移植；若在非休眠期移植，或者纬度跨度较大，在休眠期从南往北移植时，均应带土球。

ⅰ.打内腰绳：有的土球土壤含水量低，土质松散，在运输过程中容易破碎，故应在修平时拦腰横捆几道草绳，若土球土质坚硬，水分含量高，黏结性强，则可以不打内腰绳。

ⅱ.包装：取适宜预先浸过水的蒲包和蒲包片，将土球完全覆盖掩实，用草绳在中腰拴好。

ⅲ.捆纵向草绳：将草绳用水浸湿后，先在树干基部横向紧绕几圈，然后沿土球垂直方向倾斜30°，左右缠捆，随拉随捆，为使捆得更加牢固，操作过程中应用事先准备好的木槌、砖石块敲打草绳，使草绳稍嵌入土，但注意不能弄散土球。每道草绳间距视土质和运距等情况而定，一般相隔8cm定形，直至把整个土球捆完；若运距较远或土质较松，草绳的密度也要相对加大。

（6）运苗　苗木运输质量同样是影响移植成活的关键因素，实践证明在施工过程中做到"随掘、随运、随栽"，可以提高栽植成活率。减少树根在空气中暴露的时间，减轻水分蒸发和机械磨损，对树木成活大有益处。如果需要长途运苗，为提高栽植成活率，还应做好调度工作，加强对苗木的保护。

① 苗木装车。加强运苗装车前的检验工作，对苗木的品种、规格、质量等进行严格核对，若发现不符合要求的植株，应立刻交由苗圃方面并更换，决不允许不合格的苗木上车。

裸根乔木苗装车时要按顺序排放，树根朝前，树梢向后，主干较高树种为避免树梢拖地车厢内还应铺垫草袋、蒲包等物，必要时还可以用绳子围拢吊起来，但必须要在捆绳的地方铺垫蒲包；装车不要超高。树木装车后，应立即清点数目，随后用苫布或稻草等软体物将树根盖严捆好，减轻树根失水，若条件允许还可以进行喷水；为避免途中擦伤树皮，每棵树之间不要压得太紧。

在装运带土球苗时，若苗木高度小于1.5m，可以立装；而高大的苗木必须放倒，装车时土球向前，树梢向后，并用木架将树冠架稳，防止树梢晃动摇摆。土球直径大于60cm的苗木只装一层，若土球较小可以码放2～3层。土球之间必须排码紧密，避免摇摆碰撞，为防止破坏土球，运输过程中土球上不准站人和放置重物。

② 苗木运输。苗木运输途中，押运人员和司机要相互协作，合理分工，经常检查苫布是否漏风。短途运苗中途最好不要休息，长途行车时应经常洒水浸湿树根，防止树根失水死亡，休息时要选择荫凉之处停车，避免风吹日晒。

③ 苗木卸车。"爱护苗木，轻拿轻放"是卸车的基本准则，每位工人都应熟记于心。裸根苗要依顺序依次拿取，不准乱抽，更不可整车卸下。卸载带土球苗木时应双手抱土球轻轻放下，不得提拉树干，更不能将苗木直接拖下车。较大土球卸车麻烦时，若条件允许最好用起重机卸车，若条件不允许应事先准备好一块长木板，将其从车厢上斜放至地，将土球自木板上顺势缓缓滑下，禁止将土球沿木板滚下，以免散球。

（7）假植　苗木运到施工现场后，有时会由于天气、施工进度等原因导致不能立刻进行栽植工作，需要进行临时栽植。这种因不能及时栽植而所实施的临时性栽植，就称"假植"。

① 裸根苗假植。如果裸根苗需要短期假植1～3天，可在栽植处附近选择合适地点，先挖一条宽约50cm的浅沟，长度根据苗木数量而定，然后立排一行苗木，紧靠苗根再挖一个同样的横沟，并用挖出来的土将第一行树根埋严，挖完后再码一苗，如此循环直至将全部苗木假植完。如果假植时间较长，需要3天以上甚至1个月左右，为减少交叉施工的影响，

可事先在不影响施工的地方挖好深30～40cm、宽1.5～3m（长度视需要而定）的假植沟，将苗木分类排码，码一层苗木，根部埋一层土，全部假植完毕以后，还要仔细检查，一定要将根部埋严，不得裸露。假植沟内应经常适度灌水，保持树根潮湿，防止土质过于干燥，降低成活率。

② 带土球苗假植。苗木运到工地以后，若1～3天内能完成栽植则不需要假植，如果需要较长栽植时间，应于工地附近，在不影响正常施工的前提下，将苗木码放整齐，四周培土，并用草绳将树冠之间围拢，并根据需要经常对苗木进行叶面喷水。

（8）树木栽植　分七项：乔木、果树、观赏乔木、花灌木、常绿灌木、绿篱、攀缘植物。

乔木根据其形态特征及计量的标准分为：按苗高计量的有紫叶李、木槿等；按冠径计量的有丁香、金银木等。常绿树根据其形态及操作时的难易程度分为两种：常绿乔木指侧柏、圆柏、黑松、雪松等；常绿灌木指小龙柏球、黄柏球、匍地柏等。绿篱分为：落叶绿篱指小白榆、雪柳等；常绿绿篱指侧柏、小桧柏等。攀缘植物分为两类：紫藤、凌霄（属高档）；爬山虎类（属低档）两种类型。

选择一天中光照较弱、气温较低的时间栽植苗木，以上午11点以前、下午3点以后进行为好，如果阴天无风则更佳。树木种植前，要再次检查种植穴的挖掘质量与树木的根系是否结合，坑较小的要进行加大加深处理，并在坑底垫10～20cm的疏松土壤（表土），使土堆呈锥形，便于根系顺锥形土堆四下散开，保证根系舒展开。将苗木立入种植穴内扶直，分层填土，提苗至合适程度，踩实固定。裸根苗、土球苗的栽植技术也各不相同。

① 散苗。将树苗按设计图规定或预先做好定点木桩，散植于定植穴（坑）边，称为"散苗"。散苗时应遵循以下基本原则：

a.爱护苗木，轻拿轻放，避免在搬运过程中损伤树根、树皮、枝干或土球。

b.散苗与栽苗应同时进行，边散边栽，保证散毕栽完，尽量减少树根暴露时间。

c.如果假植沟内剩余的苗木露出根系，应及时用土埋掩，保证根系正常。

d.用作行道树、绿篱的苗木应事先量好高度将苗木按一定级别分布，然后散苗，邻近苗木规格要保证大体一致。其中与行道树相邻的同种苗木，其规格差别要求为高度不得超过50cm，干径不得超过1cm。

e.栽植常绿树时，应保持树形最好的一面朝向主要的观赏面。

f.要按规定对号入座，细致分工，不能搞错需要特殊处理的苗木。

g.散苗完成后要及时按照设计图纸详细核对，若发现错误应立即纠正，以保证植树位置的准确。

② 栽苗。散苗后将苗木放入坑内扶直，分层填土，将苗提至适合高度，踩实（稀土可不踩，可以灌水）固定的过程，称为"栽苗"。

（9）施肥　分七项：乔木施肥、观赏乔木施肥、花灌木施肥、常绿乔木施肥、绿篱施肥、攀缘植物施肥、草坪及地被施肥（施肥主要指有机肥，其价格已包括场外运费）。

（10）修剪　分三项：修剪、强剪、绿篱平剪。修剪指栽植前的修根、修枝；强剪指"抹头"；绿篱平剪指栽植后的第一次顶部定高平剪及两侧面垂直或正梯形坡剪。

（11）防治病虫害　分三项：刷药、涂白、人工喷药。

刷药泛指以波美度为0.5的石硫合剂为准，刷药的高度至分枝点均匀全面；涂白其浆料重量比为生石灰：氯化钠：水=2.5：1：18为准，刷涂料高度在1.3m以下，要上口平齐、高度一致；人工喷药指栽植前需要人工肩背喷药防治病虫害，或必要的土壤有机肥人工拌农药灭菌消毒。

2. 栽植后的养护管理

① 灌水。为提高成活率，促进土壤与根系快速密切结合，栽苗完成后应立即实施灌水，保持土壤湿度。

② 扶正、封堰。第一遍浇水完成后，第二天要立即检查苗木是否有倒伏现象，如有发现应及时扶正，但不能强行扶起，随后将苗木固定好。水分完全渗透后，用耙和锄疏松堰内表土，切断土壤毛细管，以减少水分蒸发，同时每次浇水后都应中耕一次，待水分完全渗透后，将灌水堰用细土填平。

③ 包扎。为减少新栽苗木的水分蒸发，枝干较大树种可用草绳进行包扎，降低蒸腾作用。

④ 树木支撑。较大苗木栽植完成后，容易被风吹倒，常常需要采取保护措施，一般设立柱支撑。支撑方式分为：单柱支撑、三角支撑、四角支撑、扁担支撑和行列式支撑等。支撑支柱要牢固，并在树木绑扎处夹垫软质物，绑扎完后还应检查苗木是否正直。树木支撑分五项：两架一拐、三架一拐、四脚钢筋架、竹竿支撑、绑扎幌绳。

a. 单柱支撑：栽植行道树往往会受坑槽限制，只能采取单柱支撑。支柱设在盛行风向的一面，长3.5m，于栽植前埋入土中1.1m，支柱中心和树木中心距离不超过35cm。

b. 三角支撑：适用于中心主干明显，树体较大的树木。以钢绳、毛竹等作为支撑材料，选树高的2/3处为支撑位置，将支撑与树干固定，支撑端部可以用地桩固定。其中一根撑杆（绳）必须在主风向位上，其他两根可均匀分布。

c. 四角支撑：又名"井"字支撑。主干不明显的较大树木适用该方法。用4根长75cm横担和4根长2.1～3m的杉木桩进行绑扎支撑，每条支柱与地面都应呈75°角，保持支撑底部4个点成正方形。

d. 扁担支撑：支撑绿地中的孤植树木时常用此法。一般支撑桩长2.3m，打入土中1.2m，桩位应在根系和土球范围外；水平桩离地1m。

e. 行列式支撑：成排树木，可用绳索或淡竹相互连接，支撑高度宜在1.8m左右，小苗可适当降低高度，以两端或中间适当的位置作支撑点。

⑤ 新树浇水。分两项：人工胶管浇水、汽车浇水。

人工胶管浇水，距水源以100m以内为准，每超50m用工增加14%。

⑥ 清理废土分。人力车运土、装载机自卸车运土。

⑦ 铺设盲管。包括找泛水、接口、养护、清理并保证管内无滞塞物。

⑧ 铺淋水层。由上至下、由粗至细配级按设计厚度均匀干铺。

⑨ 原土过筛。目的在于保证工程质量前提下，充分利用原土降低造价，但原土必须是含瓦砾、杂物不超过30%，且土质理化性质符合种植土要求。

二、工程量计算规则

① 刨树坑以个计算，刨绿篱沟以延长米计算，刨绿带沟以立方米（m³）计算。

② 土坑换土，以实挖的土坑体积乘以系数1.43计算。

③ 原土过筛：按筛后的好土以立方米（m³）计算。

④ 植物修剪、新树浇水的工程量，除绿篱以延长米计算外，树木均按株数计算。

⑤ 施肥、刷药、涂白、人工喷药、栽植支撑等项目的工程量均按植物的株数计算，其他均以平方米（m²）计算。

⑥ 清理竣工现场，每株树木（不分规格）按5m²计算，绿篱每延长米按3m²计算。

⑦ 盲管工程量按管道中心线全长以延长米计算。

三、花卉种植与草坪铺栽

花卉种植与草坪铺栽工程工程量计算规则为：每立方米栽植数量按草花25株；木本花卉5株；栽植宿根花卉草本9株，木本5株；草坪播种20m²计算。

四、大树移植工程

（一）大树移植前的准备工作

① 包括大型乔木移植、大型常绿树移植两种，每种又分为带土台和装木箱两种类型。

② 大树移植的规格，乔木以胸径10cm以上为起点，分10～15cm、15～20cm、20～30cm和30cm以上四个规格。

③ 浇水按自来水考虑，为三遍水的费用。

④ 所用吊车、汽车按不同规格计算。工程量按移植大树株数计算。

⑤ 选树　大树具有成形、成景、见效快的优点，但是种植困难、成本高，在设计上把大树设计在重点绿化景观区内，能够起到画龙点睛的作用，还要善于发掘具有特点的树种，对树种移植也要进行设计，安排大树移植的步骤、线路、方法等，这样才能保证大树的移植达到较好的效果。

进行大树的移植要了解以下几个方面，包括树种、年龄时期、干高、胸径、树高、冠幅、树形，尤其是树木的主要观赏面，要进行测量记录，并且要摄像。

（二）资料准备

大树移植前必须了解以下资料：

① 树木品种、树龄、定植时间、历年来养护管理情况，此外还要了解当前的生长状况、生枝能力、病虫害情况、根部生长情况，若根部情况不能掌握的要进行探根处理。

② 对树木生长和种植地环境调查，分析树木与建筑物、架空线、共生树木之间的空间关系，营造施工、起吊、运输环境等条件。

③ 了解种植地的土质状况，研究地下水位、地下管线的分布，创造合理的生长环境条件，保证树木移植之后能够健康地生长。

五、绿化养护管理工程

园林树木养护管理的主要内容包括园林树木的土壤管理、施肥管理、水分管理、光照管理、树体管理、园林树木整形修剪、自然灾害和病虫害及其防治措施、看管围护以及绿地的清扫保洁等。

（一）有关规定

① 本分部为需甲方要求或委托乙方继续管理时的执行定额。

② 本分部注射除虫药剂按百株的1/3计算。

乔木透水10次，常绿树木6次，花灌木浇透水13次，花卉每周浇透水1～2次。

中耕除草：乔木3遍，花灌木6遍，常绿树木2遍；草坪除草可按草种不同修剪2～4次，草坪清杂草应随时进行。

喷药：乔木、花灌木、花卉7～10遍。

打芽及定型修剪：落叶乔木3次，常绿树木2次，花灌木2次。

喷水：移植大树浇水适当喷水，常绿类6～7月份共喷124次，植保用农药化肥随浇水执行。

（二）工程量计算规则

乔灌木以株计算；绿篱以延长米计算；花卉、草坪、地被类以平方米（m²）计算。

六、园林植物的灌排水管理

水分是植物的基本组成部分，植物体重量的40% ～ 80%是由水分组成的，植物体内的一切生命活动都是在水的参与下进行的。只有水分供应充足，园林植物才能充分发挥其观赏效果和绿化功能。

（一）园林植物的灌水

1.灌溉水的水源类型

灌溉水质量的好坏直接影响园林植物的生长，雨水、河水、湖水、自来水、井水及泉水等都可作为灌溉水源。

2.灌水的时期

园林植物除定植时要浇大量的定根水外，其灌水时期大体分为休眠期灌水和生长期灌水两种。具体灌水时间由一年中各个物候期植物对水分的要求、气候特点和土壤水分的变化规律等决定。

（1）生长期灌水　园林植物的生长期灌水可分为花前灌水、花后灌水和花芽分化期灌水三个时期。

① 花前灌水。可在萌芽后结合花前追肥进行，具体时间因植物种类而异。

② 花后灌水。多数园林植物在花谢后半个月左右进入新的迅速生长期，此时如果水分不足，新梢生长将会受到抑制，一些观果类植物此时如果缺水则易引起大量落果，影响以后的观赏效果。夏季是植物的生长旺盛期，此期形成大量的干物质，应根据土壤状况及时灌水。

③ 花芽分化期灌水。园林植物一般是在新梢生长缓慢或停止生长时，开始花芽分化，此时也是果实的迅速生长期，都需要较多的水分和养分。若水分供应不足，则会影响果实生长和花芽分化。因此，在新梢停止生长前要及时而适量地灌水，可促进春梢生长而抑制秋梢生长，也有利于花芽分化果实发育。

（2）休眠期灌水　在冬春严寒干旱、降水量比较少的地区，休眠期灌水非常必要。秋末或冬初的灌水一般称为灌"封冻水"，这次灌水是非常必要的，因为冬季水结冻、放出潜热有利于提高植物的越冬能力和防止早春干旱的作用。对于一些引种或越冬困难的植物以及幼年树木等，浇封冻水更为必要。而早春灌水，不但有利于新梢和叶片的生长，还有利于开花与坐果，同时还可促使园林植物健壮生长，是花繁果茂的关键。

① 灌水方法。

a.地上灌水。地上灌水包括人工浇灌、机械喷灌和移动式喷灌等。

人工浇灌，虽然费工多、效率低，但在山地等交通不便、水源较远、设施较差等情况下，也是很有效的灌水方式。人工浇灌用于局部灌溉，灌水前应先松土，使水容易渗透，并做好穴（深15 ～ 30cm），灌溉后要及时疏松表土以减少水分蒸发。

机械喷灌，是固定或拆卸式的管道输送和喷灌系统，一般由水源、动力机械、水泵、输水管道及喷头等部分组成，目前已广泛用于园林植物的灌溉。

b.地面灌水。这是效率较高的灌水方式，水源有河水、井水、塘水、湖水等，可进行大面积灌溉。

c.地下灌水。地下灌水是借助于埋设在地下的多孔的管道系统，使灌溉水从管道的孔眼中渗出，在土壤毛细管作用下，向周围扩散浸润植物根区土壤的灌溉方法。地下灌水具有蒸发量小、节约用水、保持土壤结构、便于耕作等优点，但是要求设备条件较高，在碱性土壤中应注意避免"泛碱"。

② 灌水顺序。园林植物由于干旱需要灌水时，由于受灌水设备及劳力条件的限制，要根据园林植物缺水的程度和急切程度，按照轻重缓急合理安排灌水顺序。一般来说，新栽的

植物、小苗、观花草本和灌木、阔叶树要优先灌水，长期定植的植物、大树、针叶树可后灌，喜水湿、不耐干旱的先灌，耐旱的后灌。因为新植植物、小苗、观花草本和灌木及喜水湿的植物根系较浅，抗旱能力较差，阔叶树类蒸发最大，其需水多，所以要优先灌水。

（二）园林植物的排水

园林植物的排水是防涝的主要措施。其目的是减少土壤中多余的水分以增加土壤中空气的含量，促进土壤空气与大气的交流，提高土壤温度，激发好气性微生物的活动，加快有机物质的分解，改善植物的营养状况，使土壤的理化性状得到改善。

园林植物的排水是一项专业性基础工程，在园林规划和土建施工时应统筹安排，建好畅通的排水系统。园林植物的排水常见的有以下几种。

① 明沟排水。在园林规划及土建施工时就应统筹安排，明沟排水是在园林绿地的地面纵横开挖浅沟，使绿地内外连通，以便及时排除积水。这是园林绿地常用的排水方法，关键在于做好全园排水系统。操作要点是先开挖主排水沟、支排水沟、小排水沟等在绿地内组成一个完整的排水系统，然后在地势最低处设置总排水沟。这种排水系统的布局多与道路走向一致，各级排水沟的走向最好相互垂直，但在两沟相交处最好成锐角（45°～60°）相交，以利排水流畅，防止相交处沟道阻塞。

此排水方法适用于大雨后抢排积水，或地势高低不平不易出现地表径流的绿地排水视水情而定，沟底坡度一般以0.2%～0.5%为宜。

② 暗沟排水。暗沟排水是在地下埋设管道形成地下排水系统，将低洼处的积水引出，使地下水降到园林植物所要求的深度。暗沟排水系统与明沟排水系统基本相同，也有干管、支管和排水管之别。暗沟排水的管道多由塑料管、混凝土管或瓦管做成。建设时，各级管道需按水力学要求的指标组合施工，以确保水流畅通，防止淤塞。

此排水方法的优点是不占地面，节约用地，并可保持地势整齐、便利交通，但造价较高，一般配合明沟排水应用。

③ 滤水层排水。滤水层排水实际就是一种地下排水方法，一般用于栽植在低洼积水地以及透水性极差的土地上的植物，或是针对一些极不耐水湿的植物在栽植之初就采取的排水措施。其做法是在植物生长的土壤下层填埋一定深度的煤渣、碎石等透水材料，形成滤水层，并在周围设置排水孔，遇积水就能及时排除。这种排水方法只能小范围使用，起到局部排水的作用。如屋顶花园、广场或庭院中的种植地或种植箱，以及地下商场、地下停车场等的地上部分的绿化排水等，都可用这种排水方法。

④ 地面排水。地面排水又称地表径流排水，就是将栽植地面整成一定的坡度（一般在0.1%～0.3%，不要留下坑洼死角），保证多余的雨水能从绿地顺畅地通过道路、广场等地面集中到排水沟排走，从而避免绿地内植物遭受水淹。这种排水方法既节省费用又不留痕迹，是目前园林绿地使用最广泛、最经济的一种排水方法。不过这种排水方法需要在场地建设之初，经过设计者精心设计安排，才能达到预期效果。

第三节　园林工程工程量计算方法

园林工程是园林建设的重要组成部分，它主要包括叠山工程、道路工程、雕塑工程、景观桥梁、附属小品、小型管道、花窖、金属动物笼舍等工程。

一、叠山工程

叠砌假山是我国一门古老的传统技艺，是园林建设中的重要组成部分，它通过造景、托景、陪景、借景等手法，使园林环境千变万化，气魄更加宏伟壮观，景色更加宜人。叠山工程不是简单的山石堆垒，而是模仿真山风景，还原真山气势，具有林泉丘壑之美，是大自然景色在园林中的缩影。

（一）有关计算资料的统一规定

① 定额中综合了园内（直径200m）山石倒运，必要的脚手架，加固铁件，塞垫嵌缝用的石料砂浆，以及5t汽车起重机吊装的人工、材料、机械费用。

② 定额中的主体石料的材料预算价格，因石料的产地不同、规格不同时，可按实调整差价。

③ 假山基础按相应定额项目另行计算。

（二）工程量计算规则

① 假山工程量按实际堆砌的石料以吨（t）计算。

计算公式为：堆砌假山工程量（t）=进料验收的数量－进料剩余数

② 假山石的基础和自然式驳岸下部的挡水墙，按相应项目定额执行。

③ 塑假石山的工程量按其外围表面积以平方米（m²）计算。

二、道路工程

本分部包括园林建筑及公园绿地内的小型甬路、路牙、侧石等工程。

（一）有关计算资料的统一规定

① 安装侧石、路牙适用于园林建筑及公园绿地、小型甬路。

② 定额中不包括刨槽、垫层及运土，可按相应项目定额执行。

③ 砖砌侧石、路缘、砖、石及树穴是按1∶3白灰砂浆铺底1∶3水泥砂浆勾缝考虑的。

（二）工程量计算规则

侧石、路缘、路牙按实铺尺寸以延长米计算。

三、景观小品

（一）有关计算资料的统一规定

① 园林景观小品是指园林建设中的工艺点缀品，艺术性较强，它包括堆塑装饰和小型钢筋混凝土、金属构件等小型设施。

② 园林小摆设系指各种仿匾额、花瓶、花盆、石鼓、坐凳及小型水盆、花坛池、花架的制作。

（二）工程量计算规则

① 堆塑装饰工程分别按展开面积以平方米（m²）计算。

② 小型设施工程量：预制或现浇水磨石景窗、平凳、花槽、角花、博古架等，按图示尺寸以延长米计算，木纹板工程量以平方米（m²）计算。预制钢筋混凝土和金属花色栏杆工程量以延长米计算。

四、园路及园桥工程

（一）有关计算资料的统一规定

① 园路包括垫层、面层。

② 如用路面同样的材料铺设的路牙，其工料、机械台班已包括在定额内，如用其他材料或预制块铺设的，按相应项目定额另行计算。

③ 园桥包括基础、桥台、桥墩、护坡、石桥面等项目。

（二）工程量计算规则

① 各种园路垫层按设计尺寸，两边各放宽5cm乘厚度以立方米（m³）计算。

② 各种园路面层按设计尺寸以平方米（m²）计算。

③ 园桥：毛石基础、桥台、桥墩、护坡按设计尺寸以立方米（m³）计算。石桥面按平方米（m²）计算。

五、小型管道及涵洞工程

本分部只包括园林建筑中的小型排水管道工程。大型下水干管及涵道，执行市政工程的有关定额。

工程量计算规则：

① 排水管道的工程量，按管道中心线全长以延长米计算，但不扣除各类井所占长度。

② 涵洞工程量以实体积计算。

六、金属动物笼舍

这里是指园林建筑中动物笼舍等金属结构工程。

（一）有关计算资料的统一规定

① 定额中按以焊接为主考虑的，对构件局部采用螺栓连接时已考虑在内，非特殊情况（如铆接或全部螺栓连接）不得换算。

② 定额中均考虑了金属面油漆，如设计要求与定额不同时，可另按相应油漆定额换算。

③ 钢材栏中的价格，系指按各自构件的常用材料综合取定的，一般不再调整。如设计采用特别种类的钢材，可进行换算。

（二）工程量计算规则

构件制作、安装、运输均按设计图纸计算重量：钢材重量的计算，多边形及圆形按矩形计算，不减除孔眼、切肢、切边、切角等重量。定额中的铁件系指门把、门轴、合页、支座、垫圈等铁活，计算工程量时，不得重复计算。

第四节　园林土方及结构工程计算方法

一、建筑面积计算方法

（一）建筑面积的组成

建筑面积包括使用面积、辅助面积和结构面积。使用面积是指建筑物各层平面布置中可直接为生产或生活使用的净面积的总和，在民用建筑中居室净面积称为居住面积。辅助面积是指建筑物各层平面布置中为辅助生产或生活所占的净面积的总和。使用面积与辅助面积的总和称为"有效面积"。结构面积是指建筑物各层平面布置中的墙体、柱等结构所占面积的总和。

（二）建筑面积的作用

建筑面积是表示建筑物平面特征的几何参数，以平方米（m²）为单位。建筑面积包括使用面积、交通面积和结构面积，是建筑物各层水平平面面积的总和。

建筑面积在作用可归纳为如下几个方面：

① 它是计算工程以及相关分部分项工程量的依据。如脚手架、楼地面工程量的大小都与建筑面积有关。

② 它是编制、控制以及调整施工进度计划和竣工验收的重要指标。

③ 它是确定工程技术经济指标的重要依据。根据单位面积的工程量、造价、材料等，

可与结构性质类似的工程相互比较其技术经济效果。如，

$$单方造价＝工程预算总造价（元）/建筑面积（m^2）$$
$$单方材料消耗量＝某种建筑材料消耗量/建筑面积（m^2）$$

（三）建筑面积计算方法

1.计算建筑面积的范围

① 单层建筑物不论其高度如何均按一层计算，其建筑面积按建筑物外墙勒脚以上的外围水平面积计算。单层建筑物内如有部分楼层者也应计算建筑面积。

② 高低联跨的单层建筑物，如需分别计算建筑面积，当高跨为边跨时，其建筑面积按勒脚以上两端山墙外表面间的水平长度乘以勒脚以上外墙表面至高跨中柱轴线的水平宽度计算；当高跨为中跨时，其建筑面积按勒脚以上两端山墙外表面间的水平长度乘以中柱外边线的水平宽度计算。

③ 多层建筑物的建筑面积按各层建筑面积的总和计算，其底层按建筑物外墙勒脚以上外围水平面积计算，二层及二层以上按外墙外围水平面积计算。

④ 地下室、半地下室等及相应出入口的建筑面积按其上口外墙外围的水平面积计算。

⑤ 用深基础做地下架空层加以利用。层高超过2.2m的，按围护结构外围水平面积计算建筑面积。

⑥ 坡地建筑物利用吊脚做架空层加以利用且层高超过2.2m，按围护结构外围水平面积计算建筑面积。

⑦ 穿过建筑物的通道，建筑物内的门厅、大厅，不论其高度如何，均按一层计算建筑物面积，门厅、大厅内回廊部分按其水平投影面积计算建筑面积。

⑧ 舞台灯光控制室按围护结构外围水平面积乘以实际层数计算建筑面积。

⑨ 建筑物内的技术层，层高超过2.2m的应计算建筑面积。

⑩ 有柱雨篷按柱外围水平面积计算建筑面积；独立柱的雨篷按顶盖的水平投影面积的一半计算建筑面积。

⑪ 有柱的车棚、货棚、站台等按柱外围水平面积计算建筑面积；单排柱、独立柱和车棚、货棚、站台等按顶盖的水平投影面积的一半计算建筑面积。

⑫ 突出墙外的门斗按围护结构外围水平面积计算建筑面积。

⑬ 封闭式阳台、挑廊，按其水平投影计算建筑面积；凹阳台、挑阳台按其水平投影面积的一半计算建筑面积。

⑭ 建筑物墙外有顶盖和柱的走廊按柱的外边线水平面积计算建筑面积。无柱的走廊、檐廊按其投影面积的一半计算建筑面积。

⑮ 两个建筑物间有顶盖的架空通廊，按通廊的投影面积计算建筑面积；无顶盖的架空通廊按其投影面积的一半计算建筑面积。

⑯ 室外楼梯作为主要通道和用于疏散的均按每层水平投影面积计算建筑面积；楼内有楼梯者，室外楼梯按其水平投影面积的一半计算建筑面积。

⑰ 跨越其他建筑物、构筑物的高架单层建筑物，按其水平投影面积计算建筑面积，多层者按多层计算。

2.不计算建筑面积的范围

① 突出墙面的构件配件和艺术装饰，如柱、垛、勒脚、台阶、无柱雨篷、无柱门罩、无围护的挑台等。

② 检修、消防用的室外爬梯。

③ 层高在2.2m以内的技术层。

④ 没有围护结构的屋顶水箱。

⑤ 牌楼、实心或半实心的砖塔、石塔。

⑥ 构筑物：如城台、院墙及随墙门、花架等。

二、土方工程

（一）土壤的分类

不同种类的土壤，其组成形态、工程性质均不同。土壤的分类按研究方法和适用目的不同有不同的划分方法。如按土的生成年代、生成条件及颗粒级配或塑性指数等分类方法。

在土方施工中，按土的坚硬程度即开挖时的难易程度可把土壤划分为三类土：松土、半坚土、坚土。其组成、容重及开挖方式详见表4-1。施工中选择施工工具，确定施工技术和劳动定额需根据具体的土壤类别来制订。

表4-1 土的工程分类

类别	级别	编号	土壤的名称	天然含水量状态下土壤的平均容重 / （kg/m）	可松性系数 k_p	可松性系数 k'_p	开挖方法工具
松土	I	1	砂土	1500	1.08～1.17	1.01～1.03	用铁锹掘
		2	植物土壤	1200			
		3	壤土	1600			
半坚土	II	1	黄土类黏土	1600	1.30～1.45	1.10～1.20	用锹，镐挖掘，局部，彩撬棍开挖
		2	15mm 以内的中小砾石砂质土	1700			
		3	黏土	1650			
		4	混有碎石与卵石的腐殖土	1750			
	III	1	稀软黏土	1800			
		2	15～50mm 的碎石及卵石土	1750			
		3	黄土	1800			
坚土	IV	1	重质黏土	1950	1.24～1.30	1.04～1.07	用锹、镐、撬棍、凿子、铁锤等开挖；或用爆破方式开挖
		2	含有50kg以下石块的黏土 块石所含体积＜10%	2000			
		3	含有重10kg以下石块的粗卵石	1950			
	V	1	密实黄土	1800			
		2	软泥灰岩	1900			
		3	各种不坚实的页岩 石膏	2000 2200			
	VI		均为岩石，省略	7200			爆破

土方工程包括平整场地、挖地槽、挖地坑、挖土方、回填土、运土等分项工程。

（二）有关计算资料的统一规定

计算土方工程量时，应根据图纸标明的尺寸、勘探资料确定的土质类别以及施工组织设计规定的施工方法、运土距离等资料，分别以立方米（m^3）或平方米（m^2）为单位计算。在计算分项工程之前，首先应确定以下有关资料。

1.土壤的分类

土壤的种类很多，各种土质的物理性质各不相同，而土壤的物理性质直接影响土石方工程的施工方法，不同的土质所消耗的人工、机械台班就有很大差别，综合反映的施工费用也不同，因此正确区分土方的类别，对于准确套用定额计算土方工程费用关系很大。

2.挖土方、挖基槽、挖基坑及平整场地等子目的划分

3.土方放坡及工作面的确定

土方工程施工时，为了防止塌方，保证施工安全，当挖土深度超过一定限度时，均应在其边沿做成具有一定坡度的边坡。

（1）放坡起点 放坡起点系指对某种土壤类别，挖土深度在一定范围内，可以不放坡，如超过这个范围时，则上口开挖宽度必须加大，即所谓放坡。放坡起点应根据土质情况确定（表4-2）。

表4-2 挖土方、地槽、地坑放坡系数

土壤类型	人工挖土	放坡起点深度/m
一、二类土	1：0.67	1.20
三类土	1：0.33	1.50
四类土	1：0.25	2.00

（2）放坡坡度 根据土质情况，在挖土深度超过放坡起点限度时，均在其边沿做成具有一定坡度的边坡。

土方边坡的坡度以其高度 H 与底宽 B 之比表示，放坡系数用"K"表示。

$$K=B/H$$

（3）工作面的确定 工作面系指在槽坑内施工时，在基础宽度以外还需增加工作面，其宽度应根据施工组织设计确定，若无规定时，可按表4-3增加挖土宽度。

表4-3 工作面增加计算表

基础工程施工项目	每边增加工作面/cm
毛石砌筑每边增加工作面	15
混凝土基础或基础垫层需支模板数	30
使用卷材或防水砂浆做垂直防潮面	80
带挡土板的挖土	10

（4）土的各种虚实折算表（表4-4）

表4-4 虚实折算表

虚土	天然密实土	夯实土	松填土
1.00	0.77	0.67	0.83
1.30	1.00	0.87	1.08
1.50	1.15	1.00	1.25
1.20	0.92	0.80	1.00

（三）主要分项工程工程量的计算方法

（1）工程量 除注明者外，均按图示尺寸以实体积计算。

（2）挖土方 凡平整场地厚度在30cm以上，槽底宽度在3m以上和坑底面积在20m² 以上的挖土，均按挖土方计算。

（3）挖地槽 凡槽宽在3m以内，槽长为槽宽3倍以上的挖土，按挖地槽计算。外墙地槽长度按其中心线长度计算，内墙地槽长度以内墙地槽的净长计算，宽度按图示宽度计算，突出部分挖土量应予增加。

（4）挖地坑　凡挖土底面积在20m²以内，槽宽在3m以内，槽长小于槽宽3倍者按挖地坑计算。

（5）挖土方、地槽、地坑的高度　按室外自然地平至槽底计算。

（6）挖管沟槽　按规定尺寸计算，槽宽如无规定者可按表4-5计算。沟槽长度不扣除检查井，检查井的突出管道部分的土方也不增加。

表4-5　管沟底宽度

管径/mm	铸铁管、钢管、石棉水泥管	混凝土管、钢筋混凝土管	缸瓦管	附注
50～75	0.6	0.8	0.7	① 本表为埋深在1.5m以内沟槽底宽度，单位为米（m）。
100～200	0.7	0.9	0.8	② 当深度在2m以内，有支撑时，表中数值应增加0.1m。
250～350	0.8	1.0	0.9	
400～450	1.0	1.3	1.1	③ 当深度在3m以内，有支撑时，表中数值应加0.2m
500～600	1.3	1.5	1.4	

（7）平整场地　指厚度在±30cm以内的就地挖、填、找平，其工程量按建筑物的首层建筑面积计算。

（8）回填土、场地填土　分松填和夯填，以立方米计算。挖地槽原土回填的工程量，可按地槽挖土工程量乘以系数0.6计算。

① 满堂红挖土方，其设计室外地平以下部分如采用原土者，此部分不计取黄土价值的其他直接费和各项间接费用。

② 大开槽四周的填土，按回填土定额执行。

③ 地槽、地坑回填土的工程量，可按地槽地坑的挖土工程量乘以系数0.6计算。

④ 管道回填土按挖土体积减去垫层和直径大于500mm（包括500mm本身）的管道体积计算，管道直径小于500mm的可不扣除其所占体积，管道在500mm以上的应减除管道的体积，可按表4-6计算。

表4-6　每米管道应减土方量表

管径 管道种类	减去量/m³					
	500～600	700～800	900～1000	1100～1200	1300～1400	1500～1600
钢管	0.24	0.44	0.71			
铸铁管	0.27	0.49	0.77			
钢筋混凝土管及缸瓦管	0.33	0.60	0.92	1.15	1.35	1.55

⑤ 用挖槽余土作填土时，应套用相应的填土定额，结算时应减除其利用部分的黄土价值，但其他直接费和各项间接费不予扣除。

三、基础垫层

基础垫层工程包括素土夯实、基础垫层。基础垫层均以立方米计算，其长度：外墙按中心线，内墙按垫层净长，宽、高按图示尺寸。

四、砖石工程

砖石工程包括砌基础与砌体、其他砌体、毛石基础及护坡等。

（一）有关计算资料的统一规定

① 砌体砂浆强度等级为综合强度等级，编制预算时不得调整。

② 砌墙综合了墙的厚度，划分为外墙、内墙。

③ 砌体内采用钢筋加固者，按设计规定的重量，套用"砖砌体加固钢筋"定额。

④ 槽高是指由设计室外地平至前后檐口滴水的高度。

（二）主要分项工程量计算规则

① 标准砖墙体厚度，按表4-7计算。

② 基础与墙身的划分：砖基础与砖墙以设计室内地平为界，设计室内地平以下为基础以上为墙身，如墙身与基础为两种不同材料时按材料为分界线；砖围墙以设计室外地平为分界线。

表4-7　标准砖墙体计算厚度表

墙体	1/4	1/2	3/4	1	1.5	2	2.5	3
计算厚度/mm	53	115	180	240	365	490	615	740

③ 外墙基础长度，按外墙中心线计算；内墙基础长度，按内墙净长计算。墙基大放脚重叠处因素已综合在定额内；突出墙外的墙垛的基础大放脚宽出部分不增加，嵌入基础的钢筋、铁件、管件等所占的体积不予扣除。

④ 砖基础工程量不扣除 $0.3m^2$ 以内的孔洞，基础内混凝土的体积应扣除，但砖过梁应另列项目计算。

⑤ 基础抹隔潮层按实抹面积计算。

⑥ 外墙长度按外墙中心线长度计算，内墙长度按内墙净长计算。女儿墙工程量并入外墙计算。

⑦ 计算实砌砖墙身时，应扣除门窗洞口（门窗框外围面积）、过人洞空圈、嵌入墙身的钢筋砖柱、梁、过梁、圈梁的体积，但不扣除每个面积在 $0.3m^2$ 以内的孔洞梁头、梁垫、檩头、垫木、木砖、砌墙内的加固钢筋、墙基抹隔潮层等及内墙板头压1/2墙者所占的体积。突出墙面窗台虎头砖、压顶线、门窗套、三皮砖以下的腰线、挑檐等体积也不增加。嵌入外墙的钢筋混凝土板头已在定额中考虑，计算工程量时，不再扣除。

⑧ 墙身高度从首层设计室内地平算至设计要求高度。

⑨ 砖垛、三皮砖以上的檐槽、砖砌腰线的体积，并入所附的墙身体积内计算。

⑩ 附墙烟囱（包括附墙通风通、垃圾道）按其外形体积计算，并入所依附的墙体积内，不扣除每一孔洞横断面积在 $0.1m^2$ 以内的体积，但孔洞内的抹灰工料也不增加。如每一孔洞横断面积超过 $0.1m^2$ 时，应扣除孔洞所占体积，孔洞内的抹灰应另列项目计算。如砂浆强度等级不同时，可按相应墙体定额执行。附墙烟囱如带缸瓦管、除灰门以及垃圾道带有垃圾道门、垃圾斗、通风百叶窗、铁算子以及钢筋混凝土预制盖等，均应另列项目计算。

⑪ 框架结构间砌墙，分别按内、外墙以框架间的净空面积乘墙厚按相应的砖墙定额计算，框架外表面镶包砖部分也并入框架结构间砌墙的工程量内一并计算。

⑫ 围墙以立方米计算，按相应外墙定额执行，砖垛和压顶等工程量应并入墙身内计算。

⑬ 暖气沟及其他砖砌沟道不分墙身和墙基，其工程量合并计算。

⑭ 砖砌地下室内外墙身工程量与砌砖计算方法相同，但基础与墙身的工程量合并计算，按相应内外墙定额执行。

⑮ 砖柱不分柱身和柱基，其工程量合并计算，按砖柱定额执行。

⑯ 空花墙按带有空花部分的局部外形体积以立方米计算，空花所占体积不扣除，实砌部分另按相应定额计算。

⑰ 半圆旋按图示尺寸以立方米计算，执行相应定额。

⑱ 零星砌体定额适用于厕所蹲台、小便槽、水池腿、煤箱、垃圾箱、台阶、台阶挡墙、花台、花池、房上烟囱、阳台隔断墙、小型池槽、楼梯基础等，以立方米计算。

⑲ 炉灶按外形体积以立方米计算，不扣除各种空洞的体积，定额中只考虑了一般的铁件及炉灶台面抹灰，如炉灶面镶贴块料面层者应另列项目计算。

⑳ 毛石砌体按图示尺寸，以立方米计算。

五、混凝土及钢筋混凝土工程

混凝土及钢筋混凝土工程包括现浇、预制、接头灌缝混凝土及混凝土安装、运输等。

（一）有关计算资料的统一规定

① 混凝土及钢筋混凝土工程预算定额系综合定额，包括了模板、钢筋和混凝土各工序的工料及施工机械的耗用量。模板、钢筋不需单独计算。如与施工图规定的用量另加损耗后的数量不同时，可按实调整。

② 定额中模板按木模板、工具式钢模板、定型钢模板等综合考虑的，实际采用模板不同时，不得换算。

③ 钢筋按手工绑扎、部分焊接及点焊编制的，实际施工与定额不同时，不得换算。

④ 混凝土设计强度等级与定额不同时，应以定额中选定的石子粒径，按相应的混凝土配合比换算，但混凝土搅拌用水不换算。

（二）工程量计算规则

（1）混凝土和钢筋混凝土以体积为计算单位的各种构件，均根据图示尺寸以构件的实体积计算，不扣除其中的钢筋、铁件、螺栓和预留螺栓孔洞所占的体积。

（2）基础垫层与基础的划分。混凝土的厚度12cm以内者为垫层，执行基础定额。

（3）基础

① 带形基础：凡在墙下的基础或柱与柱之间与单独基础相连接的带形结构，统称为带形基础。与带形基础相连的杯形基础，执行杯形基础定额。

② 独立基础：包括各种形式的独立柱和柱墩，独立基础的高度按图示尺寸计算。

③ 满堂基础：底板定额适用于无梁式和有梁式满堂基础的底板。有梁式满堂基础中的梁、柱另按相应的基础梁或柱定额执行。梁只计算突出基础的部分，伸入基础底板部分，并入满堂基础底板工程量内。

（4）柱

① 柱高按柱基上表面算至柱顶面的高度。

② 依附于柱上的云头、梁垫的体积另列项目计算。

③ 多边形柱，按相应的圆柱定额执行，其规格按断面对角线长套用定额。

④ 依附于柱上的牛腿的体积，应并入柱身体积计算。

（5）梁

① 梁的长度：梁与柱交接时，梁长应按柱与柱之间的净距计算，次梁与主梁或柱交接时，次梁的长度算至柱侧面或主梁侧面的净距。梁与墙交接时，伸入墙内的梁头应包括在梁的长度内计算。

② 梁头处如有浇制垫块者，其体积并入梁内一起计算。

③ 凡加固墙身的梁均按圈梁计算。

④ 戗梁按设计图示尺寸，以立方米（m³）计算。

（6）板

① 有梁板是指带有梁的板，按其形式可分为梁式楼板、井式楼板和密肋形楼板。梁与

板的体积合并计算，应扣除大于0.3m²的孔洞所占的体积。

② 平板系指无柱、无梁直接由墙承重的板。

③ 亭屋面板（曲形）系指古典建筑中亭面板，为曲形状。其工程量按设计图示尺寸，以实体积立方米计算。

④ 凡不同类型的楼板交接时，均以墙的中心线划为分界。

⑤ 伸入墙内的板头，其体积应并入板内计算。

⑥ 现浇混凝土挑檐、天沟与现浇屋面板连接时，按外墙皮为分界线，与圈梁连接时，按圈梁外皮为分界线。

⑦ 戗翼板系指古建中的翘角部位，并连有摔网椽的翼角板，椽望板系指古建中的飞檐部位，并连有飞椽和出沿椽重叠之板。其工程量按设计图示尺寸，以实体积计算。

⑧ 中式屋架系指古典建筑中立贴式屋架。其工程量（包括立柱、童柱、大梁）按设计图示尺寸，以实体积立方米计算。

（7）其他

① 整体楼梯，应分层按其水平投影面积计算。楼梯井宽度超过50cm时的面积应扣除。伸入墙内部分的体积已包括在定额内不另计算，但楼梯基础、栏杆、栏板、扶手应另列项目套相应定额计算。

楼梯的水平投影面积包括踏步、斜梁、休息平台、平台梁以及楼梯及楼板连接的梁。

楼梯与楼板的划分以楼梯梁的外侧面为分界。

② 阳台、雨篷均按伸出墙外的水平投影面积计算，伸出墙外的牛腿已包括在定额内不再计算。但嵌入墙内的梁应按相应定额另列项目计算。阳台上的栏板、栏杆及扶手均应另列项目计算，楼梯、阳台的栏杆、栏板、吴王靠（美人靠）、挂落均按延长米计算（包括楼梯伸入墙内的部分）。楼梯斜长部分的栏板长度，可按其水平长度乘系数1.15计算。

③ 小型构件，系指单件体积小于0.1m³以内未列入项目的构件。

④ 古式零件系指梁垫、云头、插角、宝顶、莲花头子、花饰块等以及单件体积小于0.05m³未列入的古式小构件。

⑤ 池槽按实体积计算。

（8）枋、桁

① 枋子、桁条、梁垫、梓桁、云头、斗拱、椽子等构件，均按设计图示尺寸，以实体积立方米计算。

② 枋与柱交接时，枋的长度应按柱与柱间的净距计算。

（9）装配式构件制作、安装、运输

① 装配式构件一律按施工图示尺寸以实体积计算，空腹构件应扣除空腹体积。

② 预制混凝土板或补现浇板缝时，按平板定额执行。

③ 预制混凝土花漏窗按其外围面积以平方米计算，边框线抹灰另按抹灰工程规定计算。

六、木结构工程

本分部包括门窗制作及安装、木装修、间壁墙、顶棚、地板、屋架等。

（一）有关计算资料的统一规定

① 普通木门窗的工料按86MC通用图集综合取定。

② 木种分类

第一类：杉木、红松。

第二类：椴木、杉松、樟子松、白松、云杉。

第三类：柏木、水曲柳、青松、楸子木、樟木、榆木、黄花松。

第四类：红木、柞木、檀木、桦木。

③ 定额中凡包括玻璃安装项目的，其玻璃品种及厚度均为参考规格，如实际使用的玻璃品种及厚度与定额不同时，玻璃厚度及单价应按实调整，但定额中的玻璃用量不变。

④ 凡综合刷油者，定额中除在项目中已注明者外，均为底油一道，调合漆二遍，木门窗的底油包括在制作定额中。

⑤ 一玻一纱窗，不分纱扇所占的面积大小，均按定额执行。

⑥ 木墙裙项目中已包括安制踢脚板在内，不另计算。

（二）工程量计算规则

① 定额中的普通窗适用于：平开式；上、中、下悬式；中转式及推拉式。均按框外围面积计算。

② 各类门扇的区分如下：

a. 全部用冒头结构镶木板的为"装板门扇"；

b. 全部用头结构，镶木板及玻璃，不带玻璃棱的为"玻璃镶板门扇"；

c. 二冒以下或丁字冒，上部装玻璃带玻璃棱的为"半截玻璃门扇"；

d. 门扇无中冒头或带玻璃棱，全部玻璃的为"全玻璃门扇"；

e. 用上下冒头或带一根中冒头，直装板，板面起三角槽的为"拼板门扇"。

③ 定额中的门框料是按无下坎计算的，如设计有下坎时，按相应"门下坎"定额执行，其工程量按门框外围宽度以延长米计算。

④ 各种门如亮子或门扇安纱扇时，纱门扇或纱亮子按框外围面积另列项目计算，纱门扇与纱亮子以门框中坎的上皮为分界。

⑤ 木窗台板按平方米计算，如图纸未注明窗台板长度和宽度时，可按窗框的外围宽度两边共加10cm计算，凸出墙面的宽度按抹灰面增加3cm计算。

⑥ 木楼梯（包括休息平台和靠墙踢脚板）按水平投影面积以平方米计算（不计伸入墙内部分的面积）。

⑦ 挂镜线按延长米计算，如与窗帘盒相连接时，应扣除窗帘盒长度。

⑧ 门窗贴脸的长度，按门窗框的外围尺寸以延长米计算。

⑨ 暖气罩、玻璃黑板按边框外围尺寸以垂直投影面积计算。

⑩ 木搁板按图示尺寸以平方米计算。定额内按一般固定考虑，如用角钢托架者，角钢应另行计算。

⑪ 间壁墙的高度按图示尺寸，长度按净长计算，应扣除门窗洞口，但不扣除面积在0.3m² 以内的孔洞。

⑫ 厕所浴室木隔断，其高度自下横枋底面算至上横枋顶面，以平方米计算，门扇面积并入隔断面积内计算。

⑬ 预制钢筋混凝土厕浴隔断上的门扇，按扇外围面积计算，套用厕所浴室隔断门定额。

⑭ 半截玻璃间壁，系指上部为玻璃间壁下部为半砖墙或其他间壁，应分别计算工程量，套用相应定额。

⑮ 顶棚面积以主墙实钉面积计算，不扣除间壁墙、检查洞、穿过顶棚的柱、垛、附墙烟囱及水平投影面积1m² 以内的柱帽等所占的面积。

⑯ 木地板以主墙间的净面积计算，不扣除间壁墙、穿过木地板的柱、垛和附墙烟囱等所占的面积，但门和空圈的开口部分也不增加。

⑰ 木地板定额中，木踢脚板数量不同时，均按定额执行，如设计不用时，可以扣除其

数量但人工不变。

⑱ 栏杆的扶手均以延长米计算。楼梯踏步部分的栏杆、扶手的长度可按全部水平投影长度乘系数1.15计算。

⑲ 屋架分别不同跨度按架计算，屋架跨度按墙、柱中心线计算。

⑳ 楼梯底钉顶棚的工程量均以楼梯水平投影面积乘系数1.10，按顶棚面层定额计算。

七、地面与屋面工程

（一）园林铺地工程

园林铺地的分类如下。

（1）按使用材料的不同对铺地进行分类　铺地的分类根据划分方法的不同，可以有很多种，如按使用材料的不同来划分，按铺地包含内容来分，按铺地的色彩来划分等。

① 混凝土铺地。是指用水泥混凝土或沥青混凝土进行统一铺装的地面。它平整、耐压、耐磨，多用于通行车辆或人流集中的公园主路。

② 块料铺地。它包括各种天然块料和各种预制混凝土块料的铺地。它坚固、平稳，便于行走，图案的纹样和色彩丰富多彩，适用于公园步行道或通行少量轻型车的地段及光滑度不高的各种活动场所。

③ 碎料铺地。用各种碎石、瓦片、卵石等拼砌而成的地面，通常有各种美丽的地纹图案。它主要用于庭院和各种游憩、散步的小路，经济、美观，富有装饰性。

④ 渣土铺地。由煤渣、三合土等组成的路面，多用于临时或过渡性园路。有一定耐磨度，很易磨损行人车辆及鞋底，渗水性好。

（2）按铺地包含内容进行分类

① 园路铺地。园中交通游览及漫步的道路如主干道、次干道、次道、游步道等的铺筑。

② 庭院铺地。如餐厅庭院、茶室庭院、展室小卖庭院及各种专类园如盆景园院内的铺地等。

③ 文娱、体育等各种场所铺地。如儿童游戏场、老年人活动场地及各种综合性露天广场。

（3）按铺装地面的色彩来进行分类　可分为沉着型铺地和明快型铺地。

（二）园林铺地的功能

在园林中，铺地以线或面的形式形成贯穿全园的交通网，它既是划分和联系各景区和景点的纽带，也是组成园林风景的造景要素；同时它又能参与保护环境和改善原有的小气候。因此无论在使用功能上，还是在景观功能方面，均有较高的要求。由此可见，铺地具有多种环境功能。

1.划分组织空间，引导游览

园林铺地能以其独特的方式起到分隔空间和组织空间的作用。公园中常常利用地形、植物、建筑和园路，把全园分割成各种不同功能的景区，同时又通过园路把各种不同的景区联系成一个整体，并深入到各个景点。沿园路行进，游人获得的是动态的连续印象。园路像导游一样，引导游人按照设计者的意愿、路线和角度来游赏园林景物，欣赏那一幅幅美丽的风景画面，这种对景观的连续性组织，即观赏程序的安排，对游客是非常重要的，它能将设计者的造景序列传达给游客。园路能给行人以方向感，通过布局和路面铺砌图案引导游客到达目的地。随着游人的行进，各种景色或逐渐接近或戏剧性地突然出现，吸引游客不断前进而得到一种满足和惬意。庭院及园林广场铺地以其不同于园路铺装的色彩、材料、图案、尺度、质感、布局来标定自己的范围，以不同的地面外观效果来提醒游客空间的变换。

2.交通集散功能

园路的交通，首先是游览交通，即为游客提供一个舒适的既能游遍全园又能根据个人的需要，深入到各个景区或景点的游览道路。设计时要考虑到人流的分布、集散和疏导。近年来随着离退休人数的增加以及平均寿命的延长，公园人群年龄结构发生了变化，儿童约占总游人数的5%～10%，老年人约占总人数的70%～85%。因此，公园规划除重视儿童需要外，更应注重为老年人、残疾人提供游憩的方便，合理地组织路线的变化。其次是园务交通，公园要为广大游客提供必要的便餐、小卖部、饮料等方便的服务；要经常地进行维修、养护、管理、防火等方面的运输工作；要安排自己职工的生活。这一切都必须提供必要的交通条件。在设计时要考虑这些车辆通行的地段、路面的宽度和质量。通常情况下，园务道路可以和游览道路合用，但对于大型园林由于园务工作交通量大，有时还有必要设置园务专用道路和出入口。

庭院及园林广场等场地可以看作是园路的放大，它的地面铺装，增加了园林中的活动场地，为游人在公园里从事文娱、体育活动以及某些学术活动提供了场所。我国园林，过去多以参观游览为主。游园的方式注重自我感受，人们以思索、追溯领悟艺术品中的哲理、情感为主要欣赏方式，追求"神游"。而现代人的旅游方式，则更注重参与。游人不仅要求优美的环境，而且积极要求投入其中。因此，铺地不仅限于单纯的交通，还要包括相当数量的活动场地。如北京紫竹院公园，这几年仅为群众活动就增加铺地面积近$8000m^2$。

3.创造美的地面景观

在园林中，铺地以其优美的线形，丰富多彩的铺砌图案，可与山、水、植物、建筑、石头等共同构成园林艺术的统一体。它作为园林空间的下界面，始终伴随着游览者，并以其意境、质感、色彩、纹样、尺度以及光影效果影响着风景，参与着景的创造。

（1）意境的创造　意境是我国园林艺术的精髓。它是一个能使人深受感染的环境，只有通过各种素材的共同渲染，才能使游客在游赏的过程中激发出一种情绪，一种想象或联想的力量，而获得一种美的境界，一种特殊的兴味。如"南京大屠杀遇难同胞纪念馆"，从形式到序列的安排，整个建筑的重心和意境中心，是占了很大面积的一片苍白卵石的形象，时刻感染和压迫着参观者的情绪，显示出环境艺术的感人力量。

（2）质感　铺装的美，在很大程度上依靠铺装材料质感的美。一般铺地材料，以粗糙、坚固、深厚为好，也有突出表现其细腻之处的。质感的表现，必须尽量发挥素材所固有的美。如花岗石的粗犷、鹅卵石的润滑、青石板的美丽等。在材料的选择上，要特别注意与周围环境相调和。如北京北海公园琼岛西南的一处铺地，杭州植物园山外山饭店庭院内的铺地，由于质感纹样的相似统一，而形成一种调和的美感。草坪中点缀步石，形成对比调和的美等。

（3）色彩　色彩是主要的造型要素，它是心灵表现的一种手段，它能把"情绪"赋予环境之中，而作用于人的心理。因此，园林中对色彩的运用已越来越引起人们的重视。目前彩色铺地正引起人们的广泛兴趣。在园林铺地设计中，有意识地利用色彩的变化，可以丰富和加强空间的气氛。铺地能以其宁静、清洁、安定，或热烈、活泼、舒适，或粗糙、野趣、自然的风格，感染着游客，具有较强的美感。

（4）纹样　在园林中，路面以它多种多样的形态、纹样来衬托、美化环境，增加园林的景色。纹样则起装饰路面的作用。园林中铺地纹样常因场所的不同而各有变化，讲究路面的纹样、材料与景区意境相结合。如苏州拙政园枇杷园的铺地，采用琵琶纹。海棠春坞的铺地采用万字海棠纹，以增加富贵之意。北京故宫的铺地纹中，有文房四宝、花鸟鱼虫、吉祥话、三国的故事和民间寓言等，从纹样形式和意境两方面美化了园林环境。

（5）尺度　铺地砌块的大小、拼缝的设计、色彩和质感等都与场地的尺度有密切的关系。如大场地，质地可粗些，纹样不必过细；小场地则适宜精致些，纹样可以细些。如杭州植物园山外山庭院，用几块小材料组合为一体，然后在周边做成宽缝，取得较大的尺度感，与建筑环境相协调。

（6）光影效果　园林铺地中富有变化的阴影，可使纹样更加突出，使原来单一的路面变得既朴素又丰富，又可增加铺地的美感。

最后要指出的是，在做园林铺地设计时，不要过分追求色彩、质感、纹样的变化，地纹不要凹凸不平，要在稳定、舒适、安全的前提下追求变化的美。

4. 改善园林小气候

铺地可以从温度和风两个方面改善园林气候。

（三）有关计算资料的统一规定

① 混凝土强度等级及灰土、白灰焦渣、水泥焦渣的配合比与设计要求不同时，允许换算。但整体面层与块料面层的结合层或底层的砂层的砂浆厚度，除定额注明允许换算外一律不得换算。

② 散水、斜坡、台阶、明沟均已包括了土方、垫层、面层及沟壁。如垫层、面层的材料品种、含量与设计不同时，可以换算，但土方量和人工、机械费一律不得调整。

③ 随打随抹地面只适用于设计中无厚度要求，如设计中有厚度要求时，应挂水泥砂浆抹地面定额执行。

④ 水泥瓦、黏土瓦的规格与定额不同时除瓦的数量可以换算外，其他工料均不得调整。

⑤ 铁皮屋面及铁皮排水项目，铁皮咬口和搭接的工料包括在定额内不得另计，铁皮厚度如与定额规定不同时，允许换算，其他工料不变。刷冷底子油一遍已综合在定额内，不另计算。

（四）工程量计算规则

1. 地面工程

（1）楼地面层

① 水泥砂浆，随打随抹、砖地面及混凝土面层，按主墙间的净空面积计算，应扣除凸出地面的构筑物、设备基础及室内铁道所占的面积（不需做面层的沟盖板所占的面积也应扣除），不扣除柱、垛、间壁墙、附墙烟囱以及 $0.3m^2$ 以内孔洞所占的面积，但门洞、空圈也不增加。

② 水磨石面层及块料面层均按图示尺寸以平方米计算。

③ 垫层：地面垫层同地面面层乘以厚度以立方米计算。

（2）防潮层

① 平面：地面防潮层同地面面层，与墙面连接处高在50cm以内展开面积的工程量，按平面定额计算，超过50cm者，其立面部分的全部工程量按立面定额计算。墙基防潮层，外墙长以外墙中心线、内墙按内墙净长乘宽度计算。

② 立面：墙身防潮层按图示尺寸以平方米计算；不扣除 $0.3m^2$ 以内的孔洞。

（3）伸缩缝　各类伸缩缝，按不同用料以延长米计算。外墙伸缩缝如内外双面填缝者，工程量加倍计算。伸缩缝项目，适用于屋面、墙面及地面等部位。

（4）踢脚板

① 水泥砂浆踢脚板以延长米计算，不扣除门洞及空圈的长度，但门洞、空圈和垛的侧壁也不增加。

② 水磨石踢脚板、预制水磨石及其他块料面层踢脚板，均按图示尺寸以净长计算。

（5）水泥砂浆及水磨石楼梯面层　以水平投影面积计算，定额内已包括踢脚板及底面抹灰、刷浆工料。楼梯井在50cm以内者不予扣除。

（6）散水　按外墙外边线的长乘以宽度，以平方米计算（台阶、坡道所占的长度不扣除，四角延伸部分也不增加）。

（7）坡道　按水平投影面积计算。

（8）各类台阶　均以水平投影面积计算，定额内已包括面层及面层下的砌砖或混凝土的工料。

2.屋面工程

（1）保温层　按图示尺寸的面积乘平均厚度以立方米计算，不扣除烟囱、风帽及水斗斜沟所占面积。

（2）瓦屋面　按图示尺寸的屋面投影面积乘屋面坡度延尺系数以平方米计算，不扣除房上烟囱、风帽底座、风道、屋面小气窗和斜沟等所占面积，而屋面小气窗出沿与屋面重叠部分的面积也不增加，但天窗出檐部分重叠的面积应计入相应屋面工程量内。瓦屋面的出线、披水、梢头抹灰、脊瓦、加腮等工料均已综合在定额内，不另计算。

（3）卷材屋面　按图示尺寸的水平投影面积乘屋面坡度延尺系数以平方米计算，不扣除房上烟囱、风帽底座、风道斜沟等所占面积，其根部弯起部分不另计算。天窗出沿部分重叠的面积应按图示尺寸以平方米计算，并入卷材屋面工程量内，如图纸未注明尺寸，伸缩缝、女儿墙可按25cm，天窗处可按50cm，局部增加层数时，另计增加部分。

（4）水落管长度　按图示尺寸展开长度计算，如无图示尺寸时，由沿口下皮算至设计室外地平以上15cm为止，上端与铸铁弯头连接着，算至接头处。

（5）屋面抹水泥砂浆找平层　工程量与卷材屋面相同。

八、装饰工程

本分部包括抹白灰砂浆、抹水泥砂浆等。

（一）有关计算资料的统一规定

① 抹灰厚度及砂浆种类，一般不得换算。

② 抹灰不分等级，定额水平是根据园林建筑质量要求较高的情况综合考虑的。

③ 阳台、雨篷抹灰定额内已包括底面抹灰及刷浆，不另行计算。

④ 凡室内净高超过3.6m以上的内檐装饰其所需脚手架，可另行计算。

⑤ 内檐墙面抹灰综合考虑了抹水泥窗台板，如设计要求做法与定额不同时可以换算。

⑥ 设计要求抹灰厚度与定额不同时，定额内砂浆体积应按比例调整，人工、机械不得调整。

（二）工程量计算规则

（1）工程量均按设计图示尺寸计算。

（2）顶棚抹灰

① 顶棚抹灰面积，以主墙内的净空面积计算，不扣除间壁墙、垛、柱所占的面积，带有钢筋混凝土梁的顶棚，梁的两侧抹灰面积应并入顶棚抹灰工程量内计算。

② 密肋梁和井字梁顶棚抹灰面积，以展开面积计算。

③ 檐口顶棚的抹灰，并入相同的顶棚抹灰工程量内计算。

④ 有坡度及拱顶的顶棚抹灰面积，按展开面积以平方米计算。

（3）内墙面抹灰

① 内墙面抹灰面积，应扣除门、窗洞口和空圈所占的面积，不扣除踢脚线、挂镜线

0.3m² 以内的孔洞和墙与构件交接处的面积。洞口侧壁和顶面不增加，但垛的侧面抹灰应与内墙面抹灰工程量合并计算。

内墙面抹灰的长度以主墙间的图示净长尺寸计算，其高度确定如下：

a.无墙裙有踢脚板其高度由地或楼面算至板或顶棚下皮。

b.有墙裙无踢脚板，其高度按墙裙顶点标至顶棚底面另增加10cm计算。

② 内墙裙抹灰面积以长度乘高度计算，应扣除门窗洞口和空圈所占面积，并增加窗洞口和空圈的侧壁和顶面的面积，垛的侧壁面积并入墙裙内计算。

③ 吊顶顶棚的内墙面抹灰，其高度自楼地面顶面至顶棚下另加10cm计算。

④ 墙中的梁、柱等的抹灰，按墙面抹灰定额计算，其突出墙面的梁、柱抹灰工程量按展开面积计算。

（4）外墙面抹灰

① 外墙抹灰，应扣除门、窗洞口和空圈所占的面积，不扣除0.3m² 以内的孔洞面积，门窗洞口及空圈的侧壁、垛的侧面抹灰，并入相应的墙面抹灰中计算。

② 外墙窗间墙抹灰，以展开面积按外墙抹灰相应定额计算。

③ 独立柱及单梁等抹灰，应另列项目，其工程量按结构设计尺寸断面计算。

④ 外墙裙抹灰，按展开面积计算，门口和空圈所占面积应予扣除，侧壁并入相应定额计算。

⑤ 阳台、雨篷抹灰按水平投影面积计算，其中定额已包括底面、上面、侧面及牛腿的全部抹灰面积。但阳台的栏杆、栏板抹灰应另列项目，按相应定额计算。

⑥ 挑檐、天沟、腰线、栏杆扶手、门窗套、窗台线压顶等结构设计尺寸断面以展开面积按相应定额以平方米计算。窗台线与腰线连接时，并入腰线内计算。

外窗台抹灰长度如设计图纸无规定时，可按窗外围宽度两边并加20cm计算，窗台展开宽度按36cm计算。

⑦ 水泥字按个计算。

⑧ 栏板、遮阳板抹灰，以展开面积计算。

⑨ 水泥黑板、布告栏按框外围面积计算，黑板边框抹灰及粉笔灰槽已考虑在定额内，不得另行计算。

⑩ 镶贴各种块料面层，均按设计图示尺寸以展开面积计算。

⑪ 池槽等按图示尺寸展开面积以平方米计算。

（5）刷浆，水质涂料工程

① 墙面按垂直投影面积计算，应扣除墙裙的抹灰面积，不扣除门窗洞口面积。但垛侧壁，门窗洞口侧壁、顶面也不增加。

② 顶棚按水平投影面积计算，不扣除间壁墙、垛、柱、附墙烟囱所占面积。

（6）勾缝　按墙面垂直投影面积计算，应扣除墙面和墙裙抹灰面积，不扣除门窗套和腰线等零星抹灰及门窗洞口所占面积，但垛和门窗洞口侧壁和顶面的勾缝面积也不增加。独立柱、房上烟囱勾缝按图示外形尺寸以平方米计算。

（7）墙面贴壁纸　按图示尺寸的实铺面积计算。

九、金属结构工程

分部包括柱、梁、屋架等项目。

（一）有关计算资料的统一规定

① 构件制作是按焊接为主考虑的，对构件局部采用螺栓连接时，已考虑在定额内不再

换算，但如果有铆接为主的构件时，应另行补充定额。

② 定额表中的"钢材"栏中数字，以"×"区分："×"以前数字为钢材耗用量，"×"以后数字为每吨钢材的综合单价。

③ 刷油定额中一般均综合考虑了金属面调合漆两遍，如设计要求与定额不同时，按装饰分部油漆定额换算。

④ 定额中的钢材价格是按各种构件的常用材料规格和型号综合测算取定的，编制预算时不得调整，但如设计采用低合金钢时，允许换算定额中的钢材价格。

（二）工程量计算规则

① 构件制作、安装、运输的工程量，均按设计图纸的钢材重量计算，所需的螺栓，电焊条等的重量已包括在定额内，不另增加。

② 钢材重量的计算，按设计图纸的主材几何尺寸以吨计算重量，均不扣除孔眼、切肢、切边的重量，多边形按矩形计算。

③ 计算钢柱工程量时，依附于柱上的牛腿及悬臂梁的主材重量，应并入柱身主材重量计算，套用钢柱定额。

十、脚手架工程

（一）有关计算资料的统一规定

① 凡单层建筑，执行单层建筑综合脚手架；二层以上建筑执行多层建筑综合脚手架。

② 单层综合脚手架适用于檐高20m以内的单层建筑工程，多层综合脚手架适用于檐高140m以内的多层建筑物。

③ 综合脚手架定额中包括内外墙砌筑脚手架、墙面粉饰脚手架，单层建筑的综合脚手架还包括顶棚装饰脚手架。

④ 各项脚手架定额中均不包括脚手架的基础加固，如需加固时，加固费用按实计算。

（二）工程量计算规则

① 建筑物的檐高应以设计室外地平到檐口滴水的高度为准，如有女儿墙者，其高度算到女儿墙顶面，带挑檐者，其高度算到挑槽下皮，多跨建筑物如高度不同时，应分别以不同高度计算。同一建筑物有不同结构时，应以建筑面积比重较大者为准，前后檐高度不同时，以较高的檐高为准。

② 综合脚手架按建筑面积以平方米计算。

③ 围墙脚手架按里脚手架定额执行，其高度以自然地平到围墙顶面，长度按围墙中心线计算，不扣除大门面积，也不另行增加独立门柱的脚手架。

④ 独立砖石柱的脚手架，按单排外脚手架定额执行，其工程量按柱截面的周长另加3.6m，再乘柱高以平方米计算。

⑤ 凡不适宜使用综合脚手架定额的建筑物，可按以下规定计算，执行单项脚手架定额。

a.砌墙脚手架，按墙面垂直投影面积计算。外墙脚手架长度按外墙外边线计算，内墙脚手架长度按内墙净长计算，高度按自然地平到墙顶的总高计算。

b.槽高15m以上的建筑物的外墙砌筑脚手架，一律按双排脚手架计算。

c.槽高15m以内的建筑物，室内净高4.5m以内者，内外墙砌筑，均应按里脚手架计算。

十一、园林给排水工程

园林给排水与污水处理工程是园林工程中的重要组成部分之一，必须满足人们对水量、水质和水压的要求。水在使用过程中会受到污染，而完善的给排水工程及污水处理工程对园林建设及环境保护具有十分重要的作用。

（一）园林给水

给水分为生活用水、生产用水及消防用水。给水的水源：一是地表水源，主要是江、河、湖、水库等，这类水源的水量充沛，是风景园林中的主要水源；二是地下水源，如泉水、承压水等。选择给水水源时，首先应满足水质良好、水量充沛、便于防护的要求。最理想的是在风景区附近直接从就近的城市给水管网系统接入，如附近无给水管网则优先选用地下水，其次才考虑使用河、湖、水库的水。

给水系统一般由取水构筑物、泵站、净水构筑物、输水管道、水塔及高位水池等组成。

给水管网的水力计算包括用水量的计算，一般以用水定额为依据，它是给水管网水力计算的主要依据之一。给水系统的水力计算就是确定管径和计算水头损失，从而确定给水系统所需的水压。

给水设备的选用包括对室内外设备和给水管径的选用等。

（二）园林排水

1.排水系统的组成

（1）污水排水系统　由室内卫生设备和污水管道系统、室外污水管道系统、污水泵站及压力管道、污水处理与利用构筑物、排入水体的出水口等组成。

（2）雨水排水系统　由景区管渠系统、出水口、雨水口等组成。

2.排水系统的形式

污、雨水管道在平面上可布置成树枝状，并顺地面坡度和道路由高处向低处排放，应尽量利用地面或明沟排水，以减少投资。常用的形式有：

（1）利用地形排水　通过竖向设计将谷、涧、沟、地坡、小道顺其自然适当加以组织划分排水区域，就近排入水体或附近的雨水干道，可节省投资。利用地形排水、地边种植草皮，最小坡度为5‰。

（2）明沟排水　主要指土明沟，也可在一些地段视需要砌砖、石、混凝土明沟，其坡度不小于4‰。

（3）管道排水　将管道埋于地下，有一定的坡度，通过排水构筑物等排出。

在我国，园林绿地的排水，主要采取地表及明沟排水为宜，局部地段也可采用暗管排水以作为辅助手段。采用明沟排水应因地制宜，可结合当地地形地势因势利导。

为使雨水在地表形成径流能及时迅速疏导和排除，但又不能造成流速过大而冲蚀地表土以至于导致水土流失，因而在经行竖向规划设计时应结合理水综合考虑地形设计。

（三）园林污水处理

园林中的污水主要有生活污水、降水。风景园林中所产生的污水主要是生活污水，因而含有大量的有机质及细菌等，有一定的危害。污水处理的基本方法有物理法、生物法、化学法等。这些污水处理方法常需要组合应用。沉底处理为一级处理，生物处理为二级处理，在生物处理的基础上，为提高出水质量再进行化学处理为三级处理。目前国内各风景区及风景城市，一般污水通过一、二级处理后基本上能达到国家规定的污水排放标准。三级处理则在排放要求特别高（如作为景区水源一部分时）的水体或污水量不大时，才考虑使用。

（四）园林给排水测量

园林给排水测量是园林给排水工程施工的第一步。这项工作对于实现园林绿化工程设计意图十分重要。

（1）一般原则

① 尊重设计意图　施工测量应该尊重设计意图。一般情况下，各级管道的走向和坡向、喷头和阀门井的位置均应严格按照设计图纸确定，以保证管网的最佳水力条件和最小管材用

量，满足园林工程的要求。

② 尊重客观实际施工测量必须尊重客观实际　园林绿化工程在实施过程中存在着一定的随意性，这种随意性加上绿化工程的季节性，时常要求现场解决设计图纸与实际地形或绿化方案不符的矛盾，需要现场调整管道走向以及喷头和阀门井的位置，以保证最合理的喷头布置和最佳水力条件。其次，园林绿化区域里的隐蔽工程较多，在喷灌工程规划设计阶段，可能因为已建工程资料不全，无法掌握喷灌区域里埋深较浅的地下设施资料，需要在施工测量甚至在施工时对个别管线和喷头的位置进行现场调整。

③ 由整体到局部　施工测量同地形测量一样，必须遵循"由整体到局部"的原则。测量前要进行现场踏勘，了解测量区域的地形，考察设计图纸与现场实际的差异，确定测量控制点，拟定测量方法，准备测量时使用的仪器和工具。若需要把某些地物点作为控制点时，应检查这些点在图上的位置与实际位置是否符合。如果不相符应对图纸位置进行修正。

④ 按点、线、面顺序定位测量　对于封闭区域，测量定位时应按点、线、面的顺序，先确定边界上拐点的喷头位置，再确定位于拐点之间沿边界的喷头位置，最后确定喷灌区域内部位于非边界的喷头位置。按照点、线、面的顺序进行喷头定位，有利于提前发现设计图纸与实际情况不符的问题，便于控制和消化测量误差。

（2）施工测量的要求

① 施工测量必须符合施工图纸及《工程测量规范》的有关要求；

② 对建设单位提供的控制点，在复核无误、精度符合要求后方可引用；

③ 施工场区控制网按要求的导线精度设置平面控制网；

④ 施工场区内按施工情况需要增设水准点，测量精度必须按要求的水准测量精度进行测量。

（3）施工测量的组织与措施　工程施工测量分为控制点的复核、控制网的建立、平面轴线定位、放线等阶段。应对整个工程进行全过程的跟踪测量。

① 施工测量前按要求将测量方案设计意见报告监理审批。内容包括施测的方法和计算方法、操作规程、观测仪器设备和测量专业人员的配备等。

② 工程施工中组建以测量工程师和测量工组成的测量小组，分别负责仪器操作、投点、现场记录、成果整理等工作，有严密的责任制度和程序，分工明确、责任到人。

③ 仪器和工具按照规定的日期、方法及专门检测单位进行标定。

④ 要加强对测量用所有控制点的保护，防止移动和破坏，一旦发生移动和破坏，立即报告监理，并协商补救措施。

⑤ 对所有测量资料注意积累，及时整理，做好签证，及时提出成果报告提供给监理检测审批，以便完整绘入竣工文件。

（4）施工测量方法　常用的实测方法有直角坐标法、极坐标法、交会法和目测法。具体做法按所采用的仪器和工具不同有以下几种。

① 钢尺、皮尺或测绳测量　这种方法简单易行，但必须在较为开阔平坦、视线良好的条件下进行。用尺子或测绳的测量方法也称直角坐标法，这种方法只适合于基线与辅线是直角关系的场合。

② 经纬仪测量　当施工区域的内角不是直角时，可以利用经纬仪进行边界测量。用经纬仪测量需用钢尺、皮尺或测绳进行距离丈量。

③ 平板仪测量　平板仪测量也叫图解法测量。但必须注意在测量过程中，要随时检查图板的方向，以免因图板的方向变化，出现误差过大，造成返工。

无论采用哪种方法确定施工区域的边界，都需要进行图纸与实际的核对。如果两者之间的误差在允许范围内，可直接进行定位，并同时进行必要的误差修正。如果误差超出允许范围，应对设计方案作必要的修改，然后按修改后的方案重新测量。定位完成之后，根据设计图纸在实地进行管网连接，即得沟槽位置。确定沟槽位置的过程称为沟槽定线。沟槽定线前，应清除沟槽经过路线的所有障碍物，并准备小旗或木桩、石灰或白粉等物，依测定的路线定线，以便沟槽挖掘。

（5）施工测量

① 平面控制测量　根据总平面图和建设单位提供的施工现场的基准控制点，用全站仪在场区按要求的导线精度进行测角、测距，联测的数据精度满足测量规范的要求后，即将其作为工程布设平面控制网的基准点和起算数据。

② 工程定位放线　根据设计图纸，计算待测点坐标，应用全站仪的坐标测量模式进行测量，测量点必须进行复核。全站仪坐标测量示意图如图4-1所示。

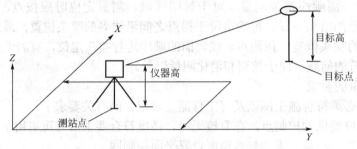

图4-1　全站仪坐标测量示意图

③ 高程控制测量　测定地面点高程的测量工作，称为高程测量，根据仪器不同分为水准测量、三角高程测量、气压高程测量。水准测量原理是利用水准仪提供一条水平线，借助竖立在地面点的水准尺，直接测定地面上各点间的高差，然后根据其中一点的已知高程，推算其他各点的高程。

水准测量所用的仪器有水准仪、水准尺和尺垫三种。DS3型微倾水准仪由望远镜、水准器和基座等部件构成。水准尺有双面水准尺和塔尺两种。尺垫用于水准测量中隆立水准尺和标志转点。使用微倾水准仪的基本操作程序为：安置仪器→粗略整平（简称粗平）→调焦和照准→精确整平（简称精平）→读数。

水准测量方法：为了统一全国的高程系统，满足各种比例尺测图、各项工程建设以及科学研究的需要，在全国各点埋设了许多固定的高程标志，称为水准点，常用"BM"表示。水准点有永久性和临时性两种。水准测量通常是从某一已知高程的水准点开始，引测其他点的高程。在一般的工程测量中，水准路线主要有三种形式：闭合水准路线、附合水准路线、支线水准路线。水准测量的测站检核方法有变动仪高法和双面尺法。

水准测量成果计算：计算水准测量成果时，要先检查野外观测手簿，计算各点间高差，经检核无误，则根据野外观测高差计算高差闭合差。若闭合差符合规定的精度要求，则调整闭合差，最后计算各点的高程。

微倾水准仪的检验与校正：微倾水准仪有四条轴线，轴线应满足的条件为圆水准器轴平行于仪器竖轴、十字丝横丝垂直于仪器竖轴、水准管轴平行于视准轴。

水准测量误差及其消减方法：水准测量误差一般分为观测误差、仪器误差和受外界条件影响产生的误差。观测误差主要包括整平误差、照准误差、估读误差，要消减此类误差在观测时必须使气泡居中，视距线不能太长，后视观测完毕转向前视，要注意重新转动微倾螺旋令气泡居中才能读数，切记不能转动脚螺旋；仪器误差主要包括仪器本身误差、调焦误差、水准尺误差，仪器虽经校正，但还会存在一些误差，比如水准管轴不平行于视准轴的误差，观测时只要将仪器安置于距前后视距等距离处，就可消除这项误差，仪器安置于前后视距等距离处，可消除调焦误差，观测前对水准尺进行检验，尺子的零点误差，使单程观测站数为偶数时即可消除；受外界条件影响产生的误差主要包括仪器升降的误差、天气情况的影响，因此应选晴天进行测量，整平前要将三脚架固定牢固，以消减此类误差。

精密水准仪和水准尺：精密水准仪是能够提供水平视线和精确照准读数的水准仪。主要用于国家一、二等水准测量和高精度的工程测量中。

十二、园林给水工程施工

（一）管道选材

① 管道选材及接口　目前埋地排水管材选用范围有碳钢管、球墨铸铁管、灰口铸铁管、预制混凝土管、预制钢筋混凝土管、各类塑料管、玻璃钢管、有衬里的金属管、不锈钢管等。

② 管道基础　根据设计管顶覆土的深度要求不同，管道基础可分为素土基础、碎石基础、混凝土基础，施工中沟槽应采取适当的排水措施防止基土扰动，遇到软弱地基再另作处理。

（二）园林给水的特点

① 地形复杂　需认真确定供水最不利点；

② 用水点分散　需找出合理有序的供水路线；

③ 用途多样　需分别处理，并应错开用水高峰期；

④ 饮用水要求较高　宜单独供给。

（三）给水管道安装

施工原则为先深后浅，自下而上；跨越挡土墙或结构物处要先于墙基础施工，采取有力措施，保护既有管线；分段开挖见缝插针，为总体施工创造条件。

施工方法分为五步进行：

① 管沟开挖　开挖前现场要进行清理，根据管径大小、埋设深度和土质情况，确定底宽和边坡坡度。根据施工方案采用机械开挖或人工开挖，一般当挖深较小，或避免振动周围、急需探查时才用人工开挖。使用机械开挖时，底部预留20cm用人工清理修整，不得超挖。挖出的土方不应堆在坡顶，以免因荷载增加引起边坡坍塌，多余土方要及时运定。沟底不应积水，应有排水和集水措施，及时将水用抽水泵排走。

② 给水管道基础

a.在管基土质情况较好的地层采用天然土夯实；

b.管基在岩石地段采用砂基础，砂垫层厚度为150mm，砂垫层宽度为$D\pm200$mm；

c.管基在回填土地段，管基的密实度要求达到95%再垫砂200mm厚；

d.管基在软地基地段时，请设计验槽，视具体情况现场处理。

③ 管道安装　给水管道及管件应采用兜身吊带或专用工具起吊，装卸时应轻装轻放，运输时应垫稳、绑牢，不得相互撞击；接口及管道的内外防腐层应采取保护措施。

管节堆放宜选择使用方便、平整、坚实的场地；堆放时必须垫稳，堆放高度应符合规范规定，使用管节时必须自上而下依次搬运。

管道在贮存、运输中不得长期受挤压；安装前，宜将管、管件按施工设计的规定摆放，摆放的位置应便于起吊及送运。管道应在沟槽地基、管基质量检验合格后安装，安装时宜自下游开始，承口朝向施工前进的方向。

接口工作坑应配合管道铺设的方向及时开挖，开挖尺寸应符合规范规定。管节下沟槽时，不得与槽壁支撑与槽下的管道相互碰撞；沟内运管不得扰动天然地基。管道安装时，应将管节的中心及高程逐节调整正确，安装后的管节应进行复测，合格后方可进行下一道工序的施工；应随时清扫管道中的杂物，给水管道暂时停止安装时，两端应临时封堵。管道安装完毕后进行水压试验，试验压力为1.0MPa。

给水管道施工应严格按设计及施工规范进行，按验收标准进行管道打压和隐蔽验收。

④ 管道试验　给水管道安装完成后，应进行强度和严密性试验。为了保证给水管道水压试验的安全，需做好以下两项工作。

a.准备工作。先安装后背：根据总顶力的大小，预留一段沟槽不挖，作为后背（土质较差或低洼地段可作人工后背）。后背墙支撑面积，应根据土质和试验压力而定，一般土质可按承压15t/m^{2}考虑。后背墙面应与管道中心线垂直，紧靠后背墙横放一排枋木，后背与枋木之间不得有空隙，如有空隙则要用砂子填实。在横木之前，立放3～4根较大的枋木或顶铁，然后用千斤顶支撑牢固。试压用的千斤顶必须支稳、支正、顶实，以防偏心受压发生事故。漏油的千斤顶严禁使用。试压时如发现后背有明显走动时，应立即降压进行检修，严禁带压检修。管道试压前除支顶外，还应在每根管子中部两侧用土回填1/2管径以上，并在弯头和分支线的三通处设支墩，以防试压时管子位移，发生事故。

再设排气门：在管道纵断上，凡是高点均应设排气门，以便灌水时适应排气的要求。两端管堵应有上下两孔，上孔用以排气及试压时安装压力表，下孔则用以进水和排水。排气工作很重要，如果排气不良，既不安全，也不易保证试压效果。必须注意使用的高压泵，其安装位置绝对不可以设在管堵的正前方，以防发生事故。

b.试压。应按试压的有关规定执行：管道分段试压的长度，一般不超过1000m。试验压力按设计要求为1.1MPa。

试压段两端后背和管堵头接口，初次受力时，需特别慎重，要有专职人员监视两端管堵及后背的工作状况，另外，还要有一人来回联系，以便发现问题及时停止加压和处理，保证试压安全。试压时应逐步升压，不可一次加压过高，以免发生事故。每次升压后应随即观察检查，没有发现问题后，再继续升压，逐渐加到所规定的试验压力为止。

加压过程中若有接口泄漏，应立即降压修理，并保证安全。

⑤ 管道回填　管道回填应在管道安装、管道基础完成后并且是砂浆强度达到设计标号70%后进行。回填分两步进行：先填两侧及管顶0.5m处，预留出接口处，待水压试验、管道安装符合要求后再填筑其余部分。回填应对称、分层进行，每层约30cm，按要求夯实，以防移位，逐层测压实度。

十三、园林排水工程施工

园林绿地的排水主要采用地表及明沟排水方式为宜，暗管排水只是局部的地方采用，仅作为辅助。采用明沟排水应因地制宜，不宜搞得方方正正，而应该结合当地地形情况，因势利导，做成一种浅沟式、适宜植物生长的形式。

（1）排水管施工方法

① 施工流程为　沟槽开挖→基坑支护→地基处理→基础施工→管道安装→基坑回填土。

② 管沟开挖　一般采取平行流水作业，避免沟槽开挖后暴露过久，引起沟槽坍塌；同时可充分利用开挖土进行基坑回填，以减少施工现场的土方堆积和土方外运数量。根据现况管线的分布和实际地质情况，拟采用人工配合机械开挖的方法。人工填土层用机械开挖和人工开挖，分别按规范要求采用放坡系数，开挖沟底宽应比管道构筑物横断面最宽处侧加宽0.5m，以保证基础施工和管道安装有必要的操作空间，开挖弃土应随挖随运，以免影响交通；场地开阔处，开挖弃土应置于开挖沟槽边线1.0m以外，以减少坑壁荷载，保持基坑壁

稳定；沟槽开挖期间应加强标高和中线控制测量，以防超挖。当人工开挖沟槽深度超过2.0m且地质情况较差时，需对坑壁进行支撑。当采用机械开挖至设计基底标高以上0.2m时，应停止机械作业，改用人工开挖至设计标高。

③ 地基处理　管沟开挖完毕，按规定对基底整平，并清除沟底杂物，如遇不良地质情况或承载力不符合设计要求应及时与建设、设计、监理单位协商，根据实际情况分别采用重锤夯实、换填灰土、填筑碎石、排水、降低水位等方法处理。经检查符合设计及有关规定要求后及时完成基础施工以封闭基坑。

④ 管道安装　管道安装应首先测定管道中线及管底标高，安装时按设计中线和纵向排水坡度在垂直和水平方向保持平顺，无竖向和水平挠曲现象。排水管道安装时，管道接口要密贴，接口与下管应保持一定距离，防止接口振动。管道安装前应先检查管材是否破裂，承插口内外工作面是否光滑。管材或管件在接口前，用棉纱或干布将承口内侧和插口外侧擦拭干净，使接口面保持清洁，无尘砂与水迹。当表面沾有油污时，用棉纱蘸丙酮等清洁剂擦净。连接前将两管接口试插一次，使插入深度及配合情况符合要求，并在插入端表面画出插入承口深度的标线。然后套入橡胶圈，为了使插入容易可以在橡胶圈内涂抹肥皂水作为润滑剂。承插接口连接完毕后，及时将挤出的黏结剂擦干净，不得在连接部位静置固化时间强行加载。

⑤ 管沟回填　回填前应排除积水，并保护接口不受损坏。回填填料符合设计及有关规定要求，施工中可与沟槽开挖、基础处理、管道安装流水作业分段填筑，分段填筑的每层应预留0.3m以上与下段相互衔接的搭接平台。管道两侧和检查井四周应同时分层、对称回填夯实。管道胸腔，部分采用人工或蛙式打夯机（基础较宽）每层0.15m厚分层填筑夯实，管顶以上采用蛙式打夯机，每层0.3m厚，分层填筑夯实，回填密实度严格按回填上的压实度标准执行。

（2）雨污排放系统施工　雨污排放系统施工前，先由技术部门复核检查井的位置、数量，管道标高、坡度等。现场测量图纸设计的市政雨污系统接口标高和现场实测口的是否一致，确定无误后再进行施工。施工时总体上遵循由下而上的顺序进行，具体顺序如下。

① 雨水井、污水井、检查井的施工　首先将现场的雨污管引出，确定井的位置，再根据图纸上的标高确定井的深度。然后进行挖土、垫层、砌筑抹灰等施工。各分项工程施工工艺参照前阶段结构和装饰施工的分项工程施工方案。施工注意事项：

a.当管道基础验收后，抗压强度达到设计要求，基础面处理平整和洒水润湿后，严格按设计要求砌筑检查井。

b.工程所用主要材料，符合设计规定的种类和标号；砂浆随拌随用，常温下，在4小时内使用完毕，气温达30℃以上时，在3小时内使用完毕。

c.立皮数杆控制每皮砖砌筑的竖向尺寸，并使铺灰、砌砖的厚度均匀，保证砖皮水平。

d.铺灰砌筑应攒平竖直、砂浆饱满和厚薄均匀、上下错缝、内外搭砌、接槎牢固。随时用托线板检查墙身垂直度，用水平尺检查砖皮的水平度。圆形井砌筑时随时检测直径尺寸。

e.井室砌筑时同时安装踏步，位置应准确。踏步安装完成后，在砌筑砂浆未达到规定抗压强度前不得踩踏。

f.检查井接入圆管的管口与井内壁平齐，当接入管径大于300mm时，砌砖圈加固。

g.检查井砌筑至规定高程后，及时安装浇筑井圈，盖好井盖。

h.井室做内外防水，井内面用1∶2防水砂浆抹面，采用三层做法，共厚20mm，高度至闭水试验要求的水头以上500mm或地下水以上500mm，两者取大值。井外面用1∶2防水砂浆抹面，厚20mm。井建成后经监理工程师检查验收后方可进行下一道工序。

② 雨水、污水管安装　雨水、污水排水管材插口与承口的工作面，应表面平整、尺寸

准确，既要保证安装时插入容易，又要保证接口的密封性能。管材及配件在运输、装卸及堆放过程中严禁抛扔或激烈碰撞，避免阳光曝晒以防变形和老化。管材、配件堆放时，放平垫实，堆放高度不超过1.5m；对于承插式管材、配件堆放时，相邻两层管材的承口相互倒置并让出承口部位，以免承口承受集中荷载。

（3）雨水、污水管道的闭水试验　排水管道闭水试验是在试验段内灌水，井内水位应为试验段上游管内顶以上2m（一般以一个井段为一段），然后，在规定的时间里，观察管道的渗水量是否符合标准。

试验前，用1：3水泥砂浆将试验段两井内的上游管口砌24cm厚的砖堵头，并用1：2.5砂浆抹面，管段封闭严密。当堵头砌好后，养护3～4天达到一定强度后，方可进行灌水试验。灌水前，应先对管接进行外观检查，如果有裂缝、脱落等缺陷，应及时进行修补，以防灌水时发生漏水而影响试验。

漏水时，窨井边应设临时行人便桥，以保证灌水及检查渗水量等工作时的安全。严禁站在井壁上操作，上下沟槽必须设置立梯、戴上安全帽，并预先对沟壁的土质、支撑等进行检查，如有异常现象应及时清除，以保证闭水试验过程中的安全。

（4）工艺和安全要求　管道安装应采用专用工具起吊，装卸时应轻装轻放，运输时应平稳、绑牢、不得相互撞击；管节堆放宜选择使用方便、平整、坚实的场地，堆放时应垫稳，堆放层高应符合有关规定，使用管节时必须自上而下依次搬运。

管道应在沟槽地基、管基质量检验合格后安装，安装时自下游开始，承口朝向施工前进的方向，管节下入沟槽时，不得与槽壁支撑及槽下的管道相互碰撞，沟内运管不得扰动天然地基。槽底为坚硬地基时，管身下方应铺设砂垫层，其厚度须大于150mm；与槽底地基土质局部遇有松软地基、流沙等，应与设计单位商定处理措施。

管道安装时，应将管节的中心及高程逐节调整正确，安装后的管节应进行复测，合格后方可进行下一工序的施工。还应随时清扫管道中的杂物，管道暂时停止安装时，两端应临时封堵。

雨期施工时必须采取有效措施，合理缩短开槽长度，及时砌筑检查井，暂时中断安装的管道应临时封堵，已安装的管道验收后应及时回填土；做好槽边雨水径流疏导路线的设计，槽内排水及防止漂管事故的应急措施；雨天不得进行接口施工。

新建管道与已建管道连接时，必须先检查已建管道接口高程及平面位置后，方可开挖。给水管道上采用的闸阀，安装前应进行启闭检验，并且进行解体检验。沿直线安装管道时，宜选用管径公差组合最小的管节组对连接，接口的环向间隙应均匀，承插口间的纵向间隙不应小于3mm。

检查井底基础与管道基础同时浇筑，排水管检查井内的流槽，宜与井壁同时砌筑，表面采用水泥砂浆分层压实抹光，流槽应与上下游管道底部接顺。

给水管道的井室安装闸阀时，井底距承口或法兰盘的下缘不得小于100mm，井壁与承口或法兰盘外缘距离不应小于250mm（DN400mm）。闸阀安装应牢固、严密、启用灵活、与管道直线垂直。

井室砌筑应同时安装踏步，位置应准确，踏步安装后，在砌筑砂浆未达到规定的强度前不得踩踏，砌筑检查井时还应同时安装预留支管，预留支管的管径、方向、高程应符合设计要求，管与井壁衔接处应严密，预留支管的管口宜采用低强度等级的水泥砂浆砌筑封口抹平。

检查井接入的管口应与井内壁平齐，当接入管径大于300mm时应砌砖圈加固，圆形检查井砌筑时，应随时检测直径尺寸。当四面收口时，每层收进不应大于30mm；当偏心收口时，每层收进不应大于50mm。

砌筑检查井、雨水口的内壁应采用水泥砂浆勾缝，内壁抹面应分层压实，外壁应采用水泥砂浆搓缝挤压密实。检查井及雨水口砌筑至设计标高后，应及时浇筑或安装顶板、井圈、盖好井盖。雨期砌筑检查水井及雨水口时，应一次砌起，为防止漂管，可在侧墙底部预留进水孔，回填土前应封堵。雨水口位置应符合设计要求，不得歪扭，井圈与井墙吻合，井圈与道路边线相邻边的距离应相等，雨水管的管口应与井墙平齐。

管道施工完毕，在回填土前，雨水管道则应采用闭水法进行严密性试验，试验可分段进行，管道试验合格后，方可进行土方回填。回填土时，槽底至管顶以上50cm范围内不得含有机物及大于50mm的砖、石等硬块，应分层回填，分层夯实，每层厚度不得大于250mm，回填土的密实度必须满足有关要求。

十四、园林喷灌工程

园林喷灌是将灌溉水通过由喷灌设备组成的喷灌系统或喷灌机组，形成具有一定压力的水，由喷头喷射到空中，形成细小的水滴，均匀地喷洒到土壤表面，为植物正常生长提供必要水分的一种先进灌水方法。与传统的地面灌水方法相比，喷灌具有节水、节能、省工和灌水质量高等优点。喷灌的总体设计应根据地形、土壤、气象、水文、植物配置条件，通过技术、经济比较确定。

喷灌系统的组成如下。

① 水源 一般多用城市供水系统作为喷灌水源，另外，井泉、湖泊、水库、河流也可作为水源。在绿地的整个生长季节，水源应有可靠的供水保证。同时，水源水质应满足灌溉水质标准的要求。

② 首部枢纽 其作用是从水源取水，并对水进行加压、水质处理、肥料注入和系统控制。一般包括动力设备、水泵、过滤器、加药器、泄压阀、逆止阀、水表、压力表以及控制设备，如自动灌溉控制器、衡压变频控制装置等。首部枢纽设备的多少，可视系统类型、水源条件及用户要求有所增减。当城市供水系统的压力满足不了喷灌工作压力的要求时，应建专用水泵站或加压水泵室。

③ 管网 其作用是将压力水输送并分配到所需灌溉的绿地区域，由不同管径的管道组成，如干管、支管、毛管等，通过各种相应的管件、阀门等设备将各级管道连接成完整的管网系统。喷灌常用的塑料管有硬聚氯乙烯管（PVC-U）、聚乙烯（PE）管等。应根据需要在管网中安装必要的安全装置，如进排气阀、泄压阀、泄水阀等。

④ 喷头 喷头用于将水分散成水滴，如同降雨一般比较均匀地喷洒在绿地区域。喷头是喷灌系统中最重要的部件，喷头的质量与性能不仅直接影响到喷灌系统的喷灌强度、均匀度和水滴打击强度等技术要素，同时也影响系统的工程造价和运行费用，故应根据植物配置和土壤性质的不同选择不同的喷头。

第五节 园林绿化工程量计算的原则及步骤

一、园林绿化工程计算原则

园林工程量计算是指计算园林工程各专业工程分部分项子目的工程数量。为了保证工程量计算的准确，通常要遵循以下原则。

① 计算口径要一致，避免重复和遗漏 计算工程量时，根据施工图列出分项工程的口径（指分项工程包括的工作内容和范围），必须与预算定额中相应分项工程的口径一致。例

如水磨石分项工程，预算定额中已包括了刷素水泥浆一道（结合层），则计算该项工程量时，不应另列刷素水泥浆项目，造成重复计算。相反，分项工程中设计有的工作内容，而相应预算定额中没有包括时，应另列项目计算。

②工程量计算规则要一致，避免错算　园林工程量计算应根据园林工程施工图纸，并参照附录D市政工程量计算规则进行。工程量计算必须与预算定额中规定的工程量计算规则（或工程量计算方法）相一致，保证计算结果准确。例如，砌砖工程中，一砖半砖墙的厚度，无论施工图中标注的尺寸是"360"或"370"，都应以预算定额计算规则规定的"365"进行计算。

③计量单位要一致　园林工程量计算结果的计量单位必须按《清单计价规范》附录D规定的统一单位。各分项工程量的计量单位，必须与预算定额中相应项目的计量单位一致。例如，预算定额中，栽植绿篱分项工程的计量是10延长米，而不是株数，则工程量单位也是10延长米。

④按顺序进行计算　园林工程各分项子目工程量计算顺序，应按分项子目编号次序逐个进行，避免漏算和重算。

⑤计算精度要统一　为了计算方便，工程量的计算结果统一要求为：工程数量的有效位数，钢材（以吨为单位）、材（以立方米为单位），应保留小数点后三位有效数字，第四位四舍五入；其余项目如以"m^3"、"m^2"、"m"为单位等，一般取小数两位，以下四舍五入；以"个"、"项"等为单位，应取整数。

⑥工程量计算应运用正确的数学公式，不得用近似式或约数。

⑦各分项子目的工程量计算式及结果应誊清在工程量计算表上。工程量计算结果宜用红笔注出或在数字上画方框，以资识别。

⑧工程量计算表应经过仔细审核，确认无误后，再填入园林工程工程量清单表格中。

二、规格标准的转换和计算

①整理绿化地单位换算成$10m^2$，如绿化用地$1850m^2$，换算后为185（$10m^2$）。

②起挖或栽植带土球乔木，一般设计规格为胸径，需要换算成土球直径方可计算。如栽植胸径3cm红叶李，则土球直径应为30cm。

③起挖或栽植裸根乔木，一般设计规格为胸径，可直接套用计算。

④起挖或栽植带土球灌木。一般设计规格为冠径，需要换算成土球直径方可计算。如栽植冠径1m海桐球，则土球直径应为30cm。

⑤起挖或栽植散生竹类，一般设计规格为胸径，可直接套用计算。

⑥起挖或栽植丛生竹类，一般设计规格为高度，需要换算成根盘丛径方可计算。如栽植高度1m竹子，则根盘丛径应为30cm。

⑦栽植绿篱，一般设计规格为高度，可直接套用计算。

⑧露地花卉栽植单位需换算成$10m^2$。

⑨草皮铺种单位需换算成$10m^2$。

⑩栽种水生植物单位需换算成10株。

⑪栽种攀援植物单位需换算成100株。

三、工程量计算的步骤

1.列出分项工程项目名称

根据施工图纸，并结合施工方案的有关内容，按照一定的计算顺序，逐一列出单位工程施工图预算的分项工程项目名称。所列的分项工程项目名称必须与预算定额中相应项目名称一致。

2.列出工程量计算式

分项工程项目名称列出后，根据施工图纸所示的部位、尺寸和数量，按照工程量计算规则（各类工程的工程量计算规则，见工程预算定额有关说明），分别列出工程量计算公式。工程量计算通常采用计算表格进行计算，形式如表4-8所示。

3.调整计量单位

通常计算的工程量都是以米（m）、平方米（m²）、立方米（m³）等为计算单位，但预算定额中往往以10米（m）、10平方米（m²）、10立方米（m³）、100平方米（m²）、100立方米（m³）等为计量单位，因此还需将计算的工程量单位按预算定额中相应项目规定的计量单位进行调整，使计量单位一致，便于以后的计算。

表4-8　工程量计算表

序号	分项工程名称	单位	工程数量	计算式

4.套用预算定额进行计算

各项工程量计算完毕经校核后，就可以编制单位工程施工图预算书。

第五章

园林绿化工程工程量清单计价编制与示例

第一节　园林绿化工程工程量计算规范

《清单计价规范》中园林绿化工程工程量计算规范是针对园林绿化工程的内容，规范适用于园林绿化工程施工方承包计价活动中的工程量清单编制和工程量计算。

一、园林绿化工程工程量清单计价编制的内容及适用范围

1.项目内容

园林绿化工程清单项目包括附录A绿化工程，附录B园路、园桥工程，附录C园林景观工程，附录D措施项目。

2.适应范围

该类工程清单项目适用于采用工程量清单计价的公园、小区、道路等园林绿化工程。

二、相关问题的说明

① 本规范对现浇混凝土工程项目"工作内容"中包括模板工程的内容，同时又在措施项目中单列了现浇混凝土模板工程项目。对此，由招标人根据工程实际情况选用，若招标人在措施项目清单中未编列现浇混凝土模板项目清单，即表示现浇混凝土模板项目不单列，现浇混凝土工程项目的综合单价中应包括模板工程费用。

② 预制混凝土构件按成品构件编制项目，购置费应计入综合单价中。若采用现场预制，包括预制构件制作的所有费用，编制招标控制价时，可按各省、自治区、直辖市或行业建设主管部门发布的计价定额和造价信息组价。

③ 园林绿化工程（另有规定者除外）涉及到普通公共建筑物等工程的项目，按家标准《房屋建筑与装饰工程计量规范》的相应项目执行；涉及到仿古建筑工程的项目，按国家标准《仿古建筑工程计量规范》的相应项目执行；涉及到电气、给排水等安装工程的项目，按照国家标准《通用安装工程计量规范》的相应项目执行；涉及到市政道路、室外给排水等工程的项目，按国家标准《市政工程计量规范》的相应项目执行。

三、表现形式

清单项目划分和设置是用表格形式来表达的。表格共分下列6列：

第一列是项目编码：共分5级12位编码，前4级9位编码是统一的，第五级3位码由清单编制人根据工程特征自行编排。

一、二位为专业工程代码（01—房屋建筑与装饰工程；02—仿古建筑工程；03—通用安装工程；04—市政工程；05—园林绿化工程；06—矿山工程；07—构筑物工程；08—城市轨道交通工程；09—爆破工程。以后进入国标的专业工程代码以此类推）；三、四位为附录分类顺序码；五、六位为分部工程顺序码；七、八、九位为分项工程项目名称顺序码；十至十二位为清单项目名称顺序码。例如：项目编码为040203005表示市政工程（04）、道路工

程（02）、道路面层（03）、水泥混凝土（005）。

第二列是项目名称：是以形成工程实体的名称来命名的。

第三列是项目特征：是相对于同一清单项目名称，影响这个清单项目价格的主要因素的提示，按特征不同的组合由清单编制者自行编排第五级编码。

如道路工程第二节 D.2.2 道路基层中项目如表 5-1 所示。

表 5-1 道路基层的项目

工程名称：

项目编码	项目名称	项目特征	计量单位	工程量计算规则	工程内容
040202003	水泥稳定土	1.厚度 2.水泥含量	m²	按设计图示尺寸以面积计算，不扣除各种井所占面积	1.运料 2.拌和 3.铺筑 4.找平 5.碾压 6.养生

第四列是计量单位：是按第五列工程量计算规则计算的工程量的基本单位列出的。

第五列是工程量计算规则：是按形成工程实物的净量的计算规定的。规定的目的是要使工程各方当事人对同一工程设计图纸进行工程量计算，结果其量是一致的，避免因此而出现歧义。

本处确定的工程量计算规则大多数是与过去的预算定额中的工程量计算规则一致的，与过去预算定额中的计算规则不同的只是少数。例如：桩基工程，过去预算定额是按立方米来计算的，这次除板桩外都是按不同的断面规格以长度计算的；管网工程中管道铺设工程量计算中不扣除井的内壁所占长度。这些修改主要吸取了市场上的习惯做法，使其计量容易，比较直观。

例如：打一道路工程，有两层水泥稳定土基层，第一层厚度为 35cm，水泥含量 9%；第二层厚度为 25cm，水泥含量 15%；工程量各为 10000m²。我们可以根据这个工程要求，按本附录的要求编出清单表 5-2。

表 5-2 分部分项工程量清单表

工程名称：××道路工程

项目编码	项目名称	计量单位	工程数量	金额/元	
				综合单价	合价
040202003001	水泥稳定土（厚度35cm，水泥含量9%）	m²	10000		
040202003002	水泥稳定土（厚度25cm，水泥含量15%）	m²	10000		
	合计				

第六列为工程内容：是提示完成这个清单项目可能发生的主要内容。为编制标底和报价时需要考虑可能发生的主要工程内容的提示。

园林绿化工程量清单项目及计算规则见本书书后附录。

第二节　园林绿化工程分部分项工程划分

园林绿化工程分为 3 个分部工程：绿化工程；园路、园桥、假山工程；园林景观工程。每个分部工程又分为若干个子分部工程。每个子分部工程中又分为若干个分项工程。每个分项工程有一个项目编码，如表5-3所示。

表5-3　园林绿化工程分部分项工程名称

分部工程	子分部工程	分项工程
绿化工程	绿地管理	伐树、挖树根；砍挖灌木丛；挖竹根；挖芦苇根；清除草皮；整理绿化用地；屋顶花园基底处理
	栽植花木	栽植乔木；栽植竹类；栽植棕榈类；栽植灌木；栽植绿篱；栽植攀援植物；栽植色带；栽植花卉；栽植水生植物；铺种草皮；喷播植草
	绿地喷灌	喷灌设施
园路、园桥、假山工程	园路桥工程	园路；路牙铺设；树池围牙、盖板；嵌草砖铺装；石桥基础；石桥墩；石桥台；拱旋石制作、安装；石旋脸制作、安装；金刚墙砌筑；石桥面铺筑；石桥面檐板；仰天石、地伏石；石塑柱；栏杆、扶手；拦板；撑鼓；木质步桥
	堆塑假山	堆筑土山丘；堆砌石假山；塑假山；石笋；点风景石；池石、盆景山；山石护角；山坡石台阶
	驳岸	石砌驳岸；原木桩驳岸；散铺砂卵石护岸（自然护岸）
园林景观工程	原木、竹构件	原木（带树皮）柱、梁、檩、椽；原木（带树皮）墙；树枝吊挂楣子；竹柱、梁、檩、椽；竹编墙
	亭廊屋面	草屋面；竹屋面；树皮屋面；现浇混凝土斜屋面板；现浇混凝土攒尖亭屋面板；就位预制混凝土攒尖亭屋面板；就位预制混凝土穹顶；彩色压型钢板（夹芯板）攒尖亭屋面板；彩色压型钢板（夹芯板）穹顶
	花架	现浇混凝土花架柱、梁；预制混凝土花架柱、梁；木花架柱、梁；金属花架柱、梁
	园林桌椅	木制飞来椅；钢筋混凝土飞来椅；竹制飞来椅；现浇混凝土桌凳；预制混凝土桌凳；石桌石凳；塑树根桌凳；塑树节椅；塑料、铁艺、金属椅
	喷泉安装	喷泉管道；喷泉电缆；水下艺术装饰灯具；电气控制柜
	杂项	石灯；塑仿石音响；塑树皮梁、柱；塑竹梁、柱；花坛铁艺栏杆；标志牌；石浮雕、石镌字；砖石砌小摆设（砌筑果皮箱、放置盆景的须弥座等）

第三节　园林绿化工程工程量清单计价编制及示例

一、绿化工程工程量清单项目设置及工程量计算规则

1.《清单计价规范》附录A绿化工程概况

《清单计价规范》附录A共3节29个项目。包括绿地整理、栽植苗木、绿地喷灌等工程项目。适用于绿化工程。

2.相关项目说明

（1）整理绿化用地　土石方的挖掘、凿石、运输、回填、找平、找坡、耙细。

（2）伐树、挖树根、砍挖灌木林、挖竹根、挖芦苇根、除草项目　砍、锯、挖、剔枝、截断，废弃物装、运、卸，集中堆放、清理现场等工作。

（3）屋顶花园基础处理项目　铺设找平层、粘贴防水层、闭水试验、透水管、排水管埋设、填排水材料、过滤材料剪切、粘贴、填轻质土、材料水平垂直运输等所有工序。

（4）栽植苗木项目　起挖苗木、临时假植、苗木包装、装卸押运、回填土塘、挖穴假

植、栽植、支撑、回土踏实、围堰、浇水、覆土保墒、施工养护等所有工作。

（5）喷播植草项目　人工细整坡地、阴坡、草籽配置、洒黏结剂和保水剂、喷播草籽、覆盖（铺覆盖物、钉固定钉）、施肥、浇水、养护、材料运输等所有工序。

（6）喷灌设施安装项目　阀门井砌筑或浇筑、井盖安装、管材检验、清洁、切割、焊接（或粘接）、套螺纹、阀门、管件、喷头、感应电控装置等的安装、管道固筑、水压试验、调试、管沟回填等所有工序。

3. 相关项目特征的说明

① 整理绿化用地项目包含300mm以内回填土，厚度300mm以上回填土，应按房屋建筑与装饰工程计量规范相应项目编码列项。

② 绿地起坡造型，适用于松（抛）填。

③ 挖土外运、借土回填、挖（凿）土（石）方应包括在相关项目内。

④ 苗木计算应符合下列规定：

a. 胸径应为地表面向上1.2m高处树干直径（或以工程所在地规定为准）。

b. 冠径又称冠幅，应为苗木冠丛垂直投影面的最大直径和最小直径之间的平均值。

c. 蓬径应为灌木、灌丛垂直投影面的直径。

d. 地径应为地表面向上0.1m高处树干直径。

e. 干径应为地表面向上0.3m高处树干直径。

f. 株高应为地表面至树顶端的高度。

g. 冠丛高应为地表面至乔（灌）木顶端的高度。

h. 篱高应为地表面至绿篱顶端的高度。

i. 生长期应为苗木种植至起苗的时间。

j. 养护期应为招标文件中要求苗木种植结束，竣工验收通过后承包人负责养护的时间。

⑤ 苗木移（假）植应按花木栽植相关项目单独编码列项。

⑥ 土球包裹材料、打吊针及喷洒生根剂等费用应包含在相应项目内。

⑦ 挖填土石方应按房屋建筑与装饰工程计量规范附录A相关项目编码列项。

⑧ 阀门井应按市政工程计量规范相关项目编码列项。

4. 相关工程量计算规则的说明

① 伐树、挖树根项目应根据树干的胸径（或胸径范围）以树木的实际株数计算。

② 砍挖灌木丛项目应根据灌木丛高度（或高度范围）以实际的灌木丛数计算。

③ 栽植苗木项目，以设计的规格、数量计算。

④ 喷灌设施项目工程量，应分管径，从施工管道与主管道（或原供水管道）接口处算至喷头各支管（不扣除阀门所占长度，不计喷头长度）的总长度计算。

5. 相关工程内容的说明

① 苗木栽植项目　如苗木由市场购入，投标人则不计起挖苗木、临时假植、苗木包装、装卸押运、回填土塘等报价。以苗木的购入价、运输费等相关费用进行报价。

② 屋顶花园基底处理项目材料运输　包括水平运输和垂直运输。

二、园林绿化工程工程量清单项目及计算规则的规定

1. 绿地整理（《清单计价规范》附录A.1）

工程量清单项目设置及工程量计算规则，按表A.1的规定执行。

2. 栽植花木（《清单计价规范》附录A.2）

工程量清单项目设置及工程量计算规则，按表A.2的规定执行。

3. 绿地喷灌（《清单计价规范》附录 A.3）

工程量清单项目设置及工程量计算规则，按表 A.3 的规定执行。

三、园林绿化工程工程量清单编制与计价示例

[例] 某广场绿地喷灌设施，从供水主管接出分管为 50m，管外径 ϕ34；从分管至喷头支管为 65m，管外径 ϕ22，共 105m；喷头采用美国鱼鸟牌旋转喷头共 8 个；分管、支管均采用川路牌 PPR 塑料管。

解：1. 经业主根据施工图计算

分管为 ϕ34、ϕ50，支管为 ϕ22、ϕ65，共 115m，喷头 8 个，低压塑料丝扣阀门 1 个，水表 1 个。

2. 投标人计算

（1）挖管沟土方及回填 30.2m³

① 人工费：30 元/工日×（0.3404 工日/m³+0.2887 工日/m³）×30.2m³=569.96 元

② 机械费：13 元/台班×（0.0019 台班/m³+0.0811 台班/m³）×30.2m³=32.59 元

③ 合计：602.55 元

（2）低压塑料丝扣阀门安装

① 人工费：30 元/工日×0.4422 工日/个×1 个=13.3 元

② 材料费：10.01 元+63 元/个×1 个+6.1 元/个×2 个=85.21 元

③ 机械费：7.59 元

④ 合计：106.1 元（包括主材价）

（3）水表安装

① 人工费：30 元/工日×0.51 工日/组×1 组=15.3 元

② 材料费：37.02 元/组×1 组+19.1 元/个×1 个=56.12 元

③ 合计：71.42 元

（4）塑料管安装 ϕ34、ϕ22

① 人工费：30 元/工日×0.078 工日/m×50m+30 元/工日×0.065 工日/m×65m=243.75 元

② 材料费：5.1 元/m×50m+3.11 元/m×65m=457.15 元

③ 机械费：0.08 元/m×50m+0.05 元/m×65m=7.25 元

④ 合计：708.15 元

（5）喷头安装

① 人工费：30 元/工日×0.040 工日/个×8 个=9.6 元

② 材料费：119.89 元/个×8 个=959.12 元

③ 机械费：0.04 元/个×8 个=0.32 元

④ 合计：969.04 元

（6）综合

① 直接费合计：2457.26 元

② 管理费：直接费×36%=884.61 元

③ 利润：直接费×8%=196.58 元

④ 总计：3538.45 元

⑤ 综合单价：3538.45 元÷105m=33.70 元/m

以上分部分工程量清单计价及综合单价计算见表 5-4 和表 5-5。

表5-4 分部分项工程量清单计价表

工程名称：广场绿地　　　　　　　　　　　　　　　　　　　　　　　　　　　　　第 页 共 页

序号	项目编码	项目名称	计量单位	工程数量	金额/元	
					综合单价	合价
1	050103001001	E.1　绿化工程 喷灌设施 分管φ34m、φ50m（川路PPR塑料管） 支管φ22m、φ65m（川路PPR塑料管） 美国鱼鸟旋转喷头8个 低压塑料丝扣阀门1个 水表1个 挖土深度0.5m，一类土	m	105	33.70	3538.45
		本页小计				
		合计				

表5-5 分部分项工程量清单综合单价计算表

工程名称：广场绿地　　　　　　　　　　　　　　　计量单位：m
项目编码：050103001001　　　　　　　　　　　　工程数量：105
项目名称：喷灌设施　　　　　　　　　　　　　　　综合单价：33.70元

序号	定额编号	工程内容	单位	数量	其中/元					
					人工费	材料费	机械费	管理费	利润	小计
1	基1-5, 1-66	挖管沟土方及回填（深2m以内，一类土）	m³	0.300	5.43		0.31	2.07	0.46	8.27
2	安06-1348	低压塑料丝扣阀门安装	组	0.010	0.13	0.81	0.07	0.36	0.08	1.45
3	安08-0355	水表安装	组	0.010	0.15	0.53		0.24	0.05	0.97
4	北5-30	塑料管安装	m	1.000	2.32	4.35	0.07	2.43	0.54	9.71
5	北5-82	喷头安装	个	0.076	0.09	9.13		3.32	0.74	13.28
		合计			8.12	14.82	0.45	8.42	1.87	33.70

第四节　园路、园桥、假山工程工程量清单计价编制与示例

一、园路、园桥工程工程量清单项目设置及工程量计算规则的原则与说明

1. 概况

《清单计价规范》附录E.2共3节19个项目。包括园路、园桥、驳岸、护岸等工程项目。适用于公园、广场、游园等园林建设工程。

2. 项目说明

① 园路、园桥、驳岸工程项目等挖土方、开凿石方、土石方运输、回填土石方按附录A有关项目列项。

② 园桥分为石桥、木桥项目。石桥由石基础、石桥台、石桥墩、石桥面、石栏杆等组成；木桥由木桩基础、木梁、木桥面、木栏杆等组成。

③ 园木桩驳岸。指公园、游园、绿地等溪流河边造景驳岸。

3.项目特征的说明

① 园路、园桥工程的挖土方、开凿石方、回填等应按市政工程计量规范相关项目编码列项。

② 如遇某些构配件使用钢筋混凝土或金属构件时，应按房屋建筑与装饰工程计量规范或市政工程计量规范相关项目编码列项。

③ 地伏石、石望柱、石栏杆、石栏板、扶手、撑鼓等应按仿古建筑工程计量规范相关项目编码列项。

④ 亲水（小）码头各分部分项项目按照园桥相应项目编码列项。

⑤ 台阶项目按房屋建筑与装饰工程计量规范相关项目编码列项。

⑥ 混合类构件园桥按房屋建筑与装饰工程计量规范或通用安装工程计量规范相关项目编码列项。

⑦ 驳岸工程的挖土方、开凿石方、回填等应按房屋建筑与装饰工程计量规范附录A相关项目编码列项。

⑧ 木桩钎（梅花桩）按原木桩驳岸项目单独编码列项。

⑨ 钢筋混凝土仿木桩驳岸，其钢筋混凝土及表面装饰按《房屋建筑与装饰工程计量规范》相关项目编码列项，若表面"塑松皮"按附录C园林景观工程相关项目编码列项。

⑩ 框格花木护坡的铺草皮、撒草籽等应按附录A绿化工程相关项目编码列项。

4.工程量计算规则的说明

① 园路有坡度时，工程量以斜面积计算。

② 路牙有坡度时，工程量按斜长计算。

③ 嵌草砖铺设工程量中不扣除漏空部分的面积。在斜坡上铺设时，按斜面积计算。

④ 石旋脸工程量以面积计算。

⑤ 凡以重量、面积、体积计算的山丘、假山等项目，竣工后，按核实的工程量，根据合同条件进行调整。

5.工程内容的说明

① 混凝土园路设置伸缩缝时，预留或切割伸缩缝及嵌缝材料应包括在报价内。

② 围牙、盖板的制作或购置费应包含在报价内。

③ 嵌草砖的制作或购置费应包括在报价内。嵌草砖镂空部分填土有施肥要求时，也应包括在报价内。

④ 石桥基础，在施工时，根据施工方案规定需筑围堰时，筑、拆围堰的费用，应列入工程量清单措施项目费内。

⑤ 石桥面铺筑，设计规定需回填土或做垫层时，可将回填土或垫层包含在石桥面铺筑报价内。

⑥ 凡是构件发生铁扒锔、银锭扣制作安装时，均应包括在报价内。

二、园路、园桥工程工程量清单项目设置及工程量计算规则的规定

1.园路、园桥工程（《清单计价规范》附录B.1）

工程量清单项目设置及工程量计算规则，应按表B.1的规定执行。

2.驳岸、护岸（《清单计价规范》附录B.2）

工程量清单项目设置及工程量计算规则，应按表B.2的规定执行。

三、园路、园桥、假山工程工程量清单编制与计价示例

[例] 某广场园路，面积144m²，垫层厚度、宽度、材料种类：混凝土垫层宽2.5m，厚120mm；路面厚度、宽度、材料种类：水泥砖路面，宽2.5m；混凝土、砂浆强度等级：C20混凝土垫层，M5混合砂浆结合层。

投标人计算（按单价）：

（1）园路土基，整理路床工程量为0.117m³

① 人工费：1.15元

② 合计：1.15元

（2）基础垫层（混凝土）工程量为0.130m³

① 人工费：4.01元

② 材料费：17.51元

③ 机械使用费：0.13元

④ 合计：21.65元

（3）预制水泥方格砖面层（浆垫）工程量为0.100m³

① 人工费：3.53元

② 材料费：21.06元

③ 合计：24.59元

（4）现场搅拌混凝土工程量为0.013m³

① 人工费：1.44元

② 材料费：0.32元

③ 机械使用费：0.88元

④ 合计：2.64元

（5）综合

① 直接费用单价合计：50.03元

② 管理费：直接费×16%=8.10元

③ 利润：直接费×12%=6.08元

④ 综合单价：64.21元

⑤ 总计：9246.24元

（6）填写分部分项工程量清单见表5-6、表5-7。

表5-6　分部分项工程量清单计价表

工程名称：某小区入口广场　　　　　　　　　　　　　　　　　　　　　　第　页　共　页

序号	项目编码	项目名称	计量单位	工程数量	金额/元	
					综合单价	合价
	050201001001	园路 　1.垫层厚度、宽度、材料种类：混凝土垫层宽2.5m，厚120mm 　2.路面厚度、宽度、材料种类：水泥砖路面，宽2.5m 　3.混凝土、砂浆强度等级：C20混凝土垫层，M5混合砂浆结合层	m²	144	64.21	9246.24
		合计				9246.24

表5-7　分部分项工程量清单综合单价计算表

工程名称：某小区入口广场　　　　　　　　　　　　　　　　　　　　计量单位：m²
项目编码：050201001001　　　　　　　　　　　　　　　　　　　　　工程数量：144.00
项目名称：园路　　　　　　　　　　　　　　　　　　　　　　　　　　综合单价：64.21元

| 序号 | 定额编号 | 工程内容 | 单位 | 数量 | 金额/元 | | | | | |
					人工费	材料费	机械费	管理费	利润	小计
	050201001001 园路 1.垫层厚度、宽度、材料种类：混凝土垫层宽2.5m，厚120mm 2.路面厚度、宽度、材料种类：水泥砖路面，宽2.5m 3.混凝土、砂浆强度等级：C20混凝土垫层，M5混合砂浆结合层	园路土基整理路床	m³	0.117	1.15			0.184	0.138	1.15
		基础垫层（混凝土）		0.130	4.01	17.51	0.13	3.464	2.598	21.65
		预制水泥方格砖面层（浆垫）		0.100	3.53	21.06		3.934	2.950	24.59
		现场搅拌混凝土		0.013	1.44	0.32	0.88	0.422	0.317	2.64
		合计			10.13	38.89	1.01	8.10	6.08	64.21

第五节　园林景观工程工程量清单计价编制与示例

一、园林景观工程工程量清单项目设置及工程量计算规则的原则与说明

1.概况

《清单计价规范》附录C共7节61个项目。包括原木、竹构件、亭廊屋面、花架、园林桌椅、喷泉和杂项等工程项目，适用于园林景观工程。

2.项目说明

① 假山（堆筑土山丘除外）工程的挖土方、开凿石方、回填等应按附录A绿化工程相关项目编码列项。

② 如遇某些构件使用钢筋混凝土或金属构件时，应按房屋建筑与装饰工程计量规范或市政工程计量规范相关项目编码列项。

③ 散铺河滩石按点风景石项目单独编码列项。

④ 堆筑土山丘，适用于夯填、堆筑而成。

⑤ 木构件连接方式应包括：开榫连接、铁件连接、扒钉连接、铁钉连接。

⑥ 竹构件连接方式应包括：竹钉固定、竹篾绑扎、铁丝连接。

⑦ 柱顶石（磉磴石）、钢筋混凝土屋面板、钢筋混凝土亭屋面板、木柱、木屋架、钢柱、钢屋架、屋面木基层和防水层等，应按房屋建筑与装饰工程计量规范中相关项目编码列项。

⑧ 膜结构的亭、廊，应按房屋建筑与装饰工程计量规范中相关项目编码列项。

⑨ 竹构件连接方式应包括竹钉固定、竹篾绑扎、铁丝连接。

⑩ 花架基础、玻璃天棚、表面装饰及涂料项目应按房屋建筑与装饰工程计量规范中相关项目编码列项。

⑪ 喷泉水池应按房屋建筑与装饰工程计量规范中相关项目编码列项。

⑫ 管架项目按房屋建筑与装饰工程计量规范中钢支架项目单独编码列项。

⑬ 砌筑果皮箱、放置盆景的须弥座等，应按砖石砌小摆设项目编码列项。

3.项目特征的说明

① 现浇混凝土构件模板以立方米（m³）计量，模板及支架工程不再单列，按混凝土及钢筋混凝土实体项目执行，综合单价中应包含模板及支架。

② 现浇混凝土构件模板以平方米（m²）计量，按模板与现浇混凝土构件的接触面积计算，按措施项目单列清单项目。

③ 编制现浇混凝土构件工程量清单时，应注明模板的计量方式，不得在同一个混凝土工程中的模板项目同时使用两种计量方式。

④ 现浇混凝土构件中的钢筋项目应按房屋建筑与装饰工程计量规范中相应项目编码列项。

⑤ 预制混凝土构件系按成品编制项目。

⑥ 石浮雕、石镌字应按《仿古建筑工程计量规范》附录B中相应项目编码列项。

4.工程量计算规则的说明

① 树枝、竹制的花牙子以框外围面积或个计算。

② 穹顶的肋和壁基梁列入穹顶体积内计算。

③ 喷泉管道工程量从供水主管接口算至喷头接口（不包括喷头长度）。

④ 水下艺术装饰灯具工程量以每个灯泡、灯头、灯座以及与之配套的配件为一套。

⑤ 砖石砌小摆设工程量以体积计算。如外形过于复杂，难以计算，也可以个计算，如有雕饰的须弥座。以个计算工程量时，工程量清单中应描述其外形主要尺寸，如长、宽、高的尺寸。

5.工程内容的说明

① 混凝土构件的钢筋、铁件制作安装应按附录A的相关项目编码列项。

② 原木（带树皮）、树枝、竹制构配件需加热煨弯或校直时，加热费用应包含在报价内。

③ 草屋面需捆把的竹片和篾条应包括在报价内。

④ 就位预制亭屋面和穹顶使用土胎膜时，应计算挖土、过筛、夯筑、抹灰以及构件出槽后的回填等，并将土胎膜发生的费用列入工程量清单措施项目内。

⑤ 彩色压型板（夹心板）亭屋面板、穹顶屋面使用金属骨架的，若工程量清单单独列入金属骨架项目的，骨架不应包括在亭屋面或穹顶屋面报价内。

⑥ 预制混凝土花架、木花架、金属花架的构件安装包括吊装。

⑦ 飞来椅铁件如由投标人制作时，还应包括铁件制作和运输的费用。

⑧ 飞来椅铁件包括靠背、扶手、座凳面与柱或墙的连接铁件、座凳腿与地面的连接铁件。

二、园林景观工程工程量清单项目设置及工程量计算规则的规定

1.堆塑假山（《清单计价规范》附录C.1）

工程量清单项目设置及工程量计算规则，应按表C.1的规定执行。

2.原木、竹构件（《清单计价规范》附录C.2）

工程量清单项目设置及工程量计算规则，应按表C.2的规定执行。

3.亭廊屋面（《清单计价规范》附录C.3）

工程量清单项目设置及工程量计算规则，应按表C.3的规定执行。

4.花架（《清单计价规范》附录C.4）

工程量清单项目设置及工程量计算规则，应按表C.4的规定执行。

5.园林桌椅（《清单计价规范》附录C5）

工程量清单项目设置及工程量计算规则，应按表C.5的规定执行。

6.喷泉安装（《清单计价规范》附录C.6）

工程量清单项目设置及工程量计算规则，应按表C.6的规定执行。

7.杂项（《清单计价规范》附录C.7）

工程量清单项目设置及工程量计算规则，应按表C.7的规定执行。

三、园林景观工程工程量清单编制与计价示例

[例] 某公园步行木桥，桥面长8m、宽2m，桥板厚30mm，满铺平口对缝，采用木桩基础：原木梢径ϕ80m、长6m，共17根，横梁原木梢径ϕ80m、长2m，共10根，纵梁原木梢径ϕ100m、长6m，共8根。栏杆、栏杆柱、扶手、扫地杆、斜撑采用枋木80mm×80mm（刨光），栏杆高900mm。全部采用杉木。

解：1.经业主根据施工图计算步行木桥工程量为16.00m^2

2.投标人计算

（1）原木桩工程量（查原木材积表）为0.64m^3

① 人工费：28元/工日×6.22工日=174.16元

② 材料费：原木830元/m^3×0.64m^3=531.2元

③ 合计：705.36元

（2）原木横、纵梁工程量（查原木材料表）为0.472m^2

① 人工费：28元/工日×4.31工日=120.68元

② 材料费：原木830元/m^3×0.472m^3=391.76元

扒钉3.5元/kg×20.6kg=72.1元

小计：463.86元

③ 合计：584.54元

（3）桥板工程量5.415m^3

① 人工费：28元/工日×25.10工日=702.8元

② 材料费：板材1200元/m^3×5.415m^3=6498元

铁钉2.5元/kg×26kg=65元

小计：6563.00元

③ 合计：7265.80元

（4）栏杆、扶手、扫地杆、斜撑工程量0.24m^3

① 人工费：28元/工日×4.11工日=115.08元

② 材料费：枋材1200元/m^3×0.24m^3=288.00元

铁件3.5元/kg×7.5kg=26.25元

小计：314.25元

③ 合计：429.33元

（5）综合

① 直接费用合计：8864.35元

② 管理费：直接费×25%=2216.09元

③ 利润：直接费×8%=709.15元

④ 总计：11789.59元

⑤ 综合单价：736.85元

以上分部分项工程量清单计价及综合单价计算见表5-8和表5-9。

表5-8 分部分项工程量清单计价表

工程名称：某公园

序号	项目编码	项目名称	计量单位	工程数量	金额/元	
					综合单价	合价
	05020101600	E.3 园林景观工程 木制步桥 桥面长8m、宽2m、桥板厚0.03m 原木桩基础、梢径φ80m、长6m、17根 原木横梁，梢径φ80m、长2m、10根 原木纵梁，梢径φ100m、长6m、8根 栏杆、扶手、扫地杆、斜撑枋木80mm×80mm（刨光），栏杆高900mm 全部采用杉木	m²	16	736.85	11789.60
		合计				

表5-9 分部分项工程量清单综合单价计算表

工程名称：某公园　　　　　　　　　　　　　　　　　计量单位：m²
项目编码：050201016001　　　　　　　　　　　　　　工程数量：16
项目名称：木制步桥　　　　　　　　　　　　　　　　综合单价：736.85元

序号	定额编号	工程内容	单位	数量	金额/元					
					人工费	材料费	机械费	管理费	利润	小计
	估算	原木桩基础	m³	0.040	10.89	33.20		11.02	3.53	58.64
	估算	原木梁	m³	0.030	7.54	28.99		9.13	2.92	48.58
	估算	桥板	m²	0.338	43.93	410.19		113.53	36.33	603.98
	估算	栏杆、扶手、斜撑	m³	0.015	7.19	19.64		6.71	2.15	35.69
		合计			69.55	492.02		140.39	44.93	736.85

表6-8 分部分项工程量清单 (招标) 8.6.5表

第六章

园林绿化工程工程量清单计价应用实例

一、工程量清单封面

某园林绿化工程量的清单封面见表6-1。

表6-1 某园林绿化工程量清单封面

济南市某公园1号园区园林绿化工程

工 程 量 清 单

招标人_____(单位签字盖章)

法定代理人_____(签字盖章)

中介机构法定代理人_____(签字盖章)

造价工程师及注册编号____(签字盖职业专用章)

编制时间

二、填表须知

填表须知见表6-2。

表6-2 填表须知

1. 工程量清单及其计价格式所要求签字、盖章的地方,必须由规定的单位和人员盖章、签字。

2. 工程量清单及其计价格式中的任何内容不得随意删除或涂改。

3. 工程量清单及其计价格式中列明的所有需要填报的单价和合价,投标人均应填报,未填报的单价和合价视为此项费用已包含在工程量清单的其他单价和合价中。

4. 金额(价格)均应以人民币表示。

5. 投标报价必须与工程项目总价一致。

6. 投标报价文件一式三份。

三、总说明

总说明内容与格式见表6-3。

表6-3　总说明内容与格式

总　说　明
工程名称：济南市某公园1号园区园林绿化工程
1. 工程概况：本公园位于济南市某某区，交通便利，园林绿化总面积为5500m²，工期60天。建筑与市政设施已完成，园林绿化施工中不得损坏。 　2. 招标范围：1号园区园林绿化工程。 　3. 编制依据：依据《建筑工程工程量清单计价规范》，结合某某规划设计院设计的本工程施工设计图纸计算实物工程量。 　4. 工程质量应达到优良标准。 　5. 考虑施工中可能发生的设计变更或清单有误，暂列金额6万元。 　6. 投标人在投标文件中应按照《建筑工程工程量清单计价规范》规定的统一格式，提供"分部分项工程量清单综合单价分析表"、"措施项目费分析表"。 　7. 随清单附有"主要材料价格表"，投标人应按照表中规定内容填写。

四、分部分项工程量清单

分部分项工程量清单见表6-4。

表6-4　分部分项工程量清单

工程名称：济南市某公园1号园区园林绿化工程　　　　　　　　　　　　　　　　　　　　　　　　　第　页　共　页

序号	项目编号	项目名称	计价单位	工程数量
		绿地整理		
1	060101006001	现场绿化用地基本平整；二类土；弃渣土运距2.5km	m³	略
		栽植花木		
2	060102001001	栽植栾树，胸径8～10cm，养护1年	株	略
3	060102001002	栽植白玉兰，胸径6～7cm，养护1年	株	略
4	060102001003	栽植合欢，胸径8～10cm，养护1年	株	略
5	060102001004	栽植紫叶李，胸径4～5cm，养护1年	株	略
……	……			
……	……			
……	……			
		绿地喷灌		
20	060103001001	从现状给水阀门接出管线。主管线挖土深度1.5m，支管线挖土0.8m，三类土。主管直径75UPVC管长100m，直径40UPVC管长150m。支管直径32UPVC管长500m。美国雨鸟喷头5004型40个，美国雨鸟快速取水阀P33型10个，水表1组。截止阀（DN75）2个	m	略
		园路桥工程		
1	060201001001	道路铺设为青石板卵石路面，自然曲线型。宽度为1000～2000mm不等。垫层为150mm厚3：7灰土，与面层同宽；30mm厚1：2.5水泥砂浆铺设。青石板长1000～1600mm，宽400～600mm，厚50mm，不规则铺设，粗沙扫缝。卵石粒径30～50mm，米色。青石板面积：卵石面积=6：4	m²	略
2	060201001002	小广场内铺装为600mm×400mm×30mm黑白点花岗岩板。垫层为150mm厚3：7灰土及50mm厚C15素混凝土垫层，均与面层同宽，30mm厚1：2.5水泥砂浆铺设	m²	略

序号	项目编号	项目名称	计价单位	工程数量
3	060201001003	小广场与道路铺装为50mm厚1∶2∶4细石混凝土嵌豆石,表面水刷;垫层为150mm厚3∶7灰土,与面层同宽;30mm厚1∶3水泥砂浆结合层	m²	略
	……	……		
	……	……		
	……	……		
堆塑假山				
13	060202002001	堆砌土山丘,土丘高度为900mm,土丘最大坡度为20%。场地内土方倒运,运距200m以内,无需外购土	m³	略
14	060202005001	点风景石。花岗岩石料加工,具体规格见图纸,1∶2.5水泥砂浆砌筑	块	略
15	060202007001	山石护角。花岗岩石料,1∶2.5水泥砂浆砌筑。规格为长、宽1000～2000mm,高度为400～800mm	m³	略
	……	……		
	……	……		
	……	……		
园林景观工程				
19	060301005001	竹编墙,墙高1.5m。直径为40mm毛竹并列用竹篾绑扎,竹与竹间隙为10mm左右;所有竹材需经过干燥与防腐处理	m²	略
20	060306006001	黑白点花岗岩石灯,高度为800mm,最大截面直径为800mm,基础为100厚C15素混凝土,半径为425mm	个	略
21	A010415001001	水池C20钢筋混凝土池底,厚150mm	m²	略
	……	……		
	……	……		

五、措施项目清单

措施项目清单见表6-5。

表6-5 措施项目清单

工程名称:济南市某公园1号园区园林绿化工程

序号	项目名称	工程数量

六、其他项目清单

其他项目清单见表6-6。

表6-6　　其他项目清单

工程名称：济南市某公园1号园区园林绿化工程

第　页　共　页

序号	项目名称
1	招标人部分
1.1	暂列金额
1.2	材料购置费
1.3	其他
2	招标人部分
2.1	总承包服务费
2.2	计日工费
2.3	其他

七、计日工项目

计日工项目清单见表6-7。

表6-7　计日工项目清单

工程名称：济南市某公园1号园区园林绿化工程

第　页　共　页

序号	名称	计量单位	数量
1	人工 （1）技工 （2）壮工	 工日 工日	 20 30
	小计		
2	材料		
	小计		
3	机械 （1）自卸汽车 （2）履带式推土机60kW	 台班 台班	 3 3
	小计		
	合计		

八、工程量清单报价

工程量清单报价见表6-8。

九、投标总价

投标总价见表6-9。

十、单位工程费用

单位工程费汇总表见表6-10。

表6-8　工程量清单报价表封面

济南市某公园1号园区园林绿化工程

工程量清单报价

招标人_____（单位签字盖章）

法定代理人_____（签字盖章）

造价工程师及注册编号_____（签字盖职业专用章）

编制时间：_____

表6-9　投标总价格式

投 标 总 价

建设单位：_____

工程名称：济南市某公园1号园区园林绿化工程

投标总价（小写）：_____
　　　　　（大写）：_____

投标人：_____（单位签字盖章）

法定代理人：_____（签字盖章）

编制时间：_____

表6-10　单位工程费汇总表

工程名称：济南市某公园1号园区园林绿化工程　　　　　　　　　　第 页 共 页

序号	项目名称	金额/元
1	分部分项工程量清单计价合计	略
2	措施项目清单计价合计	略
3	其他项目清单计价合计	略
4	规费	略
5	不含税工程造价	略
6	税金	略
7	含税工程造价	略
	合计：略	

十一、分部分项工程量清单计价

分部分项工程量清单计价表见表6-11。

表6-11 分部分项工程量清单计价表

工程名称：济南市某公园1号园区园林绿化工程　　　　　　　　　　　　　　　　　第　页　共　页

序号	项目编号	项目名称	计价单位	工程数量	金额/元	
					综合单价	单价
绿地整理						
1	060101006001	现场绿化用地基本平整；二类土；弃渣土运距2km	m³	略	略	略
栽植花木						
2	060102001001	栽植栾树，胸径8～10cm，养护1年	株	略	略	略
3	060102001002	栽植白玉兰，胸径6～7cm，养护1年	株	略	略	略
4	060102001003	栽植合欢，胸径8～10cm，养护1年	株	略	略	略
5	060102001004	栽植紫叶李，胸径4～5cm，养护1年	株	略	略	略
……	……					
……	……					
……	……					
绿地喷灌						
20	060103001001	从现状给水阀门接出管线。主管线挖土深度1.5m，支管线挖土0.8m，二类土。主管直径75UPVC管长100m，直径40UPVC管长150m。支管直径32UPVC管长500m。美国雨鸟喷头5004型40个，美国雨鸟快速取水阀P33型10个，水表1组。截止阀（DN75）2个	m	略	略	略
本页小计						略
园路桥工程						
1	060201001001	道路铺设为青石板卵石路面，自然曲线型。宽度为1000～2000mm不等。垫层为150mm厚3∶7灰土，与面层同宽；30mm厚1∶2.5水泥砂浆铺设。青石板长1000～1600mm，宽400～600mm，厚50mm，不规则铺设，粗沙扫缝。卵石粒径30～50mm，米色。青石板面积∶卵石面积=6∶4	m²	略	略	略
2	060201001002	小广场内铺装为600mm×400mm×30mm黑白点花岗岩板。垫层为150mm厚3∶7灰土及50mm厚C15素混凝土垫层，均与面层同宽，30mm厚1∶2.5水泥砂浆铺设	m²	略	略	略
3	060201001003	小广场与道路铺装为50mm厚1∶2∶4细石混凝土嵌豆石，表面水刷；垫层为150mm厚3∶7灰土，与面层同宽；30mm厚1∶3水泥砂浆结合层	m²	略	略	略
……	……					
……	……					
……	……					

序号	项目编号	项目名称	计价单位	工程数量	金额/元	
					综合单价	单价
堆塑假山						
13	060202002001	堆砌土山丘，土丘高度为900mm，土丘最大坡度为20%。场地内土方倒运，运距200m以内，无需外购土	m³	略	略	略
14	060202005001	点风景石。花岗岩石料加工，具体规格见图纸，1∶2.5水泥砂浆砌筑	块	略	略	略
15	060202007001	山石护角。花岗岩石料，1∶2.5水泥砂浆砌筑。规格为长、宽1000～2000mm，高度为400～800mm	m³	略	略	略
	……	……				
	……	……				
	……	……				
本页小计						略
园林景观工程						
19	060301005001	竹编墙，墙高1.5m。直径40mm毛竹并列用竹篾绑扎，竹与竹间隙为10mm左右；所有竹材需经过干燥与防腐处理	m²	略	略	略
20	060306006001	黑白点花岗岩石灯，高度为800mm，最大截面直径为800mm，基础为100厚C15素混凝土，半径为425mm	个	略	略	略
21	A010415001001	水池C20钢筋混凝土池底，厚150mm	m²	略	略	略
	……	……				
	……	……				
	……	……				
本页小计						略
合　计						略

十二、措施项目清单计价

措施项目清单计价见表6-12。

表6-12　措施项目清单计价表

工程名称：济南市某公园1号园区园林绿化工程　　　　　　　　　　　　第　页　共　页

序号	项目名称	金额/元
1	临时设施费	略
2	大型机械进出场费	略
3	模板费	略
4	环境及成品保护费	略
	小计	略

十三、其他项目清单计价

其他项目清单计价见表6-13。

表6-13 其他项目清单计价表

工程名称：济南市某公园1号园区园林绿化工程　　　　　　　　　　　　　　　　第　页　共　页

序号	项目名称	金额/元
1	招标人部分	
1.1	暂列金	略
1.2	材料购置费	
1.3	其他	略
	小计	
2	投标人部分	
2.1	计日工部分	
2.2	总承包服务费	
	小计	
	合计	略

十四、计日工项目计价

计日工项目计价见表6-14。

表6-14 计日工项目计价表

工程名称：济南市某公园1号园区园林绿化工程　　　　　　　　　　　　　　　　第　页　共　页

序号	名称	计量单位	数量	综合单价	合价
				金额/元	
1	人工				
	技工	工日	20	略	略
	壮工	工日	30	略	略
	小计				略
2	材料				
	小计				
3	机械				
	（1）自卸汽车8t	台班	3	略	略
	（2）履带式推土机60kW	台班	5	略	略
	小计				略
	合计				略

十五、分部分项工程量清单综合单价分析

分部分项工程量清单综合单价分析见表6-15。

表6-15　分部分项工程量清单综合单价分析表

序号	项目编号	项目名称	工程内容	金　额/元					
				人工费	材料费	机械使用费	管理费	利润	小计
第一章　绿化工程									
1	060101006001	整理绿化用地	1.人工整地 2.原土过筛 3.人工装土 4.机械运土	略	略	略	略	略	略
2	060102001001	栽植栾树	1.挖、运苗木 2.栽植 3.养护	略	略	略	略	略	略
3	060102001002	栽植白玉兰	1.挖、运苗木 2.栽植 3.养护	略	略	略	略	略	略
4	060102001003	栽植合欢	1.挖、运苗木 2.栽植 3.养护	略	略	略	略	略	略
……	……	……	……						
……	……	……	……						
20	0601003001001	绿地喷灌	1.挖管道土方、回填 2.管道铺设、固筑 3.阀门、水表、喷头安装 4.水压试验 5.阀门、水表安装	略	略	略	略	略	略
第二章　园路、园桥、假山工程　第三章　园路景观工程									
21	060201001001	青石板嵌卵石铺装	1.平整场地、放线 2.垫层铺设 3.面层铺设	略	略	略	略	略	略
22	060201001002	黑白点花岗岩铺装	1.平整场地、放线 2.垫层铺设 3.面层铺设	略	略	略	略	略	略
23	060201001003	水刷豆石混凝土铺装	1.平整场地、放线 2.垫层铺设 3.面层铺设	略	略	略	略	略	略
……	……	……	……						
……	……	……	……						
32	060201016001	木桥	1.平整场地、放线 2.花岗岩桥面 3.木架制作、安装 4.桥板制作、安装	略	略	略	略	略	略
33	060202001001	堆砌土山	1.放线、取运土 2.堆砌土山丘 3.修整土山丘	略	略	略	略	略	略

序号	项目编号	项目名称	工程内容	金额/元					
				人工费	材料费	机械使用费	管理费	利润	小计
34	060202005001	点风景石	1.定点放线 2.相石、运石、安放、稳固	略	略	略	略	略	略
	……	……	……						
	……	……	……						

十六、措施项目费分析

措施项目费分析见表6-16。

表6-16　措施项目费分析表

工程名称：济南市某公园1号园区园林绿化工程　　　　　　　　　　　　　　　第　页共　页

序号	措施项目名称	单位	数量	金额/元					
				人工费	材料费	机械使用费	管理费	利润	小计

十七、材料暂估价

工程使用的材料暂估价见表6-17。

表6-17　材料暂估价表

工程名称：济南市某公园1号园区园林绿化工程　　　　　　　　　　　　　　　第　页共　页

序号	材料编号	材料名称	规格、型号等特殊要求	单位	单价/元

十八、综合单价组价分析

（一）第1项　060101006001　整理绿化用地

假设业主提供的工程量为4385.00m²。项目特征为：①现场绿化用地基本平整，土质良好；②二类土；③弃渣土运距2km。

以市场价为基准组价。

（1）人工整地，工程量4385.00m²。

人工费：25元/工日×0.045工日/m²=1.13元/m²

机械费：0.03元/m²

直接费小计：1.16元/m²

管理费：1.16元/m²×20%=0.23元/m²

利润：1.16元/m²×8%=0.09元/m²

合计：1.48元/m²

（2）原土过筛，工程量为1315.50m³。

人工费：25元/工日×0.165工日/m³×1315.50m³/4385m²=1.24元/m²

直接费小计：0.16元/m²

现场经费：0.16元/m²×14%×（1−14.45%）=0.02元/m²

企业管理费：0.16元/m²×19%×（1−29.16%）=0.02元/m²

利润：（0.16+0.02+0.02）元/m²×7%=0.01元/m²

合计：0.21元/m²

（3）人工装土，工程量219.25m³。

人工费：25元/工日×0.165工日/m³=4.13元/m³

机械费：0.09元/m³

直接费小计：4.22元/m³

管理费：4.22元/m³×20%=0.84元/m³

利润：4.22元/m³×7%=0.30元/m³

合计：5.36元/m³

（4）机械运渣土5km，工程量为219.25m³。

人工费：25元/工日×219.25m³/4385m²=0.0019元/m²

机械费：12.44元/m³×219.25m³/4385m²=0.62元/m²

直接费小计：0.62元/m²

利润：0.62元/m²×7%=0.04元/m²

合计：0.66元/m²

综合单价为：1.48元/m²+5.36元/m²+0.21元/m²+0.66元/m²=7.71元/m²

（二）第2项　060102001001　栽植栾树

假设业主提供的工程量为36株。项目特征为：①乔木种类为合欢；②胸径8～10cm；③养护期1年。

1. 以市场价为基准组价

（1）挖树坑、筛土、清运渣土，工程量为：筛土量19.80m³，清运渣土量5.94m³。

人工费：（25元/工日×3.27工日）/36株=2.27元/株

材料费：0.29元/36株=0.008元/株

机械费：73.9元/36株=2.05元/株

直接费小计：4.33元/株

管理费：4.33元/m²×20%=0.87元/株

利润：4.33元/m²×8%=0.35元/株

合计：5.55元/株

（2）栽植苗木，工程量为36株。

人工费：30元/工日×0.5工日/株=15元/株

材料费：126.5元/株

机械费：0.35元/株

直接费小计：141.85元/株

管理费：141.85元/株×20%=28.37元/株

利润：141.85元/株×8%=11.35元/株

合计：181.57元/株

（3）养护1年苗木，工程量为36株。

人工费：30元/工日×0.38工日/株=11.40元/株

材料费：14.53元/株

机械费：2.38元/株

直接费小计：28.31元/株

管理费：28.31元/株×20%=5.66元/株

利润：28.31元/株×8%=2.26元/株

合计：36.23元/株

综合单价：5.55+181.57+36.23=223.35元/株

2. 以2001年定额为基准组价

（1）挖树坑、筛土、清运渣土，工程量为：筛土量19.80m³，清运渣土量5.94m³。

人工费：（3.87元/m³×19.8m³）/36株×（1−18.73%）=1.73元/株

材械费：（0.09元/m³×19.8m³）/36株=0.05元/株

直接费小计：1.78元/株

现场经费：1.73元/株×14%×（1−14.45%）=0.21元/株

企业管理费：1.73元/株×19%×（1−29.16%）=0.23元/株

利润：（1.78+0.21+0.23）元/株×7%=0.16元/株

合计：2.38元/株

（2）栽植苗木，工程量为36株。

人工费：14.37元/株×（1−18.73%）=11.68元/株

材料费：125.99元/株

机械费：0.34元/株

直接费小计：138.01元/株

现场经费：11.68元/株×14%×（1−14.45%）=1.40元/株

企业管理费：11.68元/株×19%×（1−29.16%）=1.57元/株

利润：（138.01+1.40+1.57）元/株×7%=9.87元/株

合计：150.85元/株

（3）养护1年苗本，工程量为36株。

人工费：11.71元/株×（1−18.73%）=9.52元/株

材料费：12.13元/株

机械费：2.21元/株

直接费小计：23.86元/株

现场经费：9.52元/株×14%×（1−14.45%）=1.14元/株

企业管理费：9.52元/株×19%×（1−29.16%）=1.28元/株

利润：（23.86+1.14+1.28）元/株×7%=26.28元/株

合计：52.56元/株

综合单价为：2.38元/株+150.85元/株+52.56元/株=205.79元/株

（三）第22项　060201001002　黑白点花岗岩路面

假设由业主提供的工程量为188.76m²。项目特征为：①垫层为150mm厚3∶7灰土及50mm厚C15素混凝土垫层，均与面层同宽；②300mm厚1∶2.5水泥砂浆铺设；③600mm×400mm×3000mm黑白点花岗岩板，表面烧毛。

1. 以市场价为基准组价

（1）平整场地及放线，工程量为：筛土量198m²。

人工费：25元/工日×0.056工日/m²×198m²/188.76m²=1.47元/m²

直接费小计：1.47元/m²

管理费：1.47元/m²×20%=0.29元/m²

利润：1.47 元/m²×8%=0.12 元/m²

合计：1.88 元/m²

（2）灰土垫层，工程量为 28.31m³。

人工费：（28 元/工日×1.019 工日/m³×28.31m³）/188.76m²=4.28 元/m²

材料费：（22.19 元/m³×28.3lm³）/188.76m²=3.33 元/m²

机械费：（0.55 元/m³×28.31m³）/188.76m²=0.08 元/m²

直接费小计：7.69 元/m²

管理费：7.69 元/m²×20%=1.54 元/m²

利润：7.69 元/m²×8%=0.62 元/m²

合计：9.85 元/m²

（3）素混凝土垫层，工程量为 9.44m³。

人工费：（28 元/工日×0.55 工日/m³+1.2 元/m³）×9.44m³/188.76m²=0.83 元/m²

材料费：（172.5 元/m³×9.44m³）/188.76m²=8.63 元/m²

机械费：（11.56 元/m³×9.44m³）/188.76m²=0.58 元/m²

直接费小计：10.04 元/m²

管理费：10.04 元/m²×20%=2.01 元/m²

利润：10.04 元/m²×8%=0.80 元/m²

合计：12.85 元/m²

（4）垫层模板，工程量为 5.22m²。

人工费：（28 元/工日×0.137 工日/m²+0.07 元/m²）×5.22m²/188.76m²=0.11 元/m²

材料费：（7.41 元/m²×5.22m²）/188.76m²=0.20 元/m²

机械费：（0.71 元/m²×5.22m²）/188.76m²=0.02 元/m²

直接费小计：0.33 元/m²

管理费：0.33 元/m²×20%=0.07 元/m²

利润：0.33 元/m²×8%=0.03 元/m²

合计：0.43 元/m²

（5）600mm×400mm×300mm 黑白点花岗岩面层，表面烧毛，工程量为 188.76m²。

人工费：30 元/工日×0.45 工日/m²+1.38 元/m²=14.88 元/m²

材料费：158.78 元/m²

机械费：1.67 元/m²

直接费小计：175.33 元/m²

管理费：175.33 元/m²×20%=35.07 元/m²

利润：175.33 元/m²×8%=14.03 元/m²

合计：224.43 元/m²

综合单价为：1.88 元/m²+9.85 元/m²+12.85 元/m²+0.43 元/m²+224.43 元/m²=249.44 元/m²

2.以 2001 年定额为基准组价

（1）平整场地及放线，工程量为：筛土量 198m²。

人工费：0.94 元/m²×198m²/188.76m²×（1−18.73%）=0.80 元/m²

直接费小计：0.80 元/m²

现场经费：0.80 元/m²×4.1%×（1−14.45%）=0.03 元/m²

企业管理费：0.08 元/m²×5%×（1−29.16%）=0.03 元/m²

利润：（0.8+0.03+0.03）元/m²×7%=0.06 元/m²

合计：0.92元/m²

（2）灰土垫层，工程量为28.31m³。

人工费：28.26元/m³×28.31m³/188.76m²×（1－18.73%）=3.44元/m²

材料费：22.19元/m³×28.31m³/188.76m²=3.32元/m²

机械费：0.55元/m³×28.31m³/188.76m²=0.08元/m²

直接费小计：6.84元/m²

现场经费：6.84元/m²×4.1%×（1－14.45%）=0.24元/m²

企业管理费：6.84元/m²×5%×（1－29.16%）=0.24元/m²

利润：（6.84+0.24+0.24）元/m²×7%=0.51元/m²

合计：7.83元/m²

（3）素混凝土垫层，工程量为9.44m³。

人工费：31.40元/m³×9.44m³/188.76m²×（1－18.73%）=1.28元/m²

材料费：170.22元/m³×9.44m³/188.76m²=8.51元/m²

机械费：11.56元/m³×9.44m³/188.76m²=0.55元/m²

直接费小计：10.37元/m²

现场经费：10.37元/m²×41%×（1－14.45%）=0.36元/m²

企业管理费：10.37元/m²×5%×（1－29.16%）=0.37元/m²

利润：（10.37+0.36+0.37）元/m²×7%=0.78元/m²

合计：11.88元/m²

（4）垫层模板，工程量为5.22m²。

人工费：4.517元/m³×5.22m²/188.76m²×（1－18.73%）=0.10元/m²

材料费：7.405元/m³×5.22m²/188.76m²=0.20元/m²

机械费：0.706元/m²×5.22m²/188.76m²=0.02元/m²

直接费小计：0.32元/m²

现场经费：0.32元/m²×4.1%×（1－14.45%）=0.01元/m²

企业管理费：0.32元/m²×5%×（1－29.16%）=0.01元/m²

利润：（0.32+0.01+0.01）元/m²×7%=0.02元/m²

合计：0.36元/m²

（5）600mm×400mm×30mm黑白点花岗岩面层，表面烧毛，工程量为188.76m²。

人工费：14.09元/m²×（1－18.73%）=11.45元/m²

材料费：229.48元/m²

机械费：1.67元/m²

直接费小计：242.60元/m²

现场经费：242.60元/m²×4.1%×（1－14.45%）=8.11元/m²

企业管理费：242.60元/m²×5%×（1－29.16%）=8.59元/m²

利润：（242.60+8.51+8.59）元/m²×7%=18.18元/m²

合计：277.88元/m²

综合单价为：0.92元/m²+7.83元/m²+11.88元/m²+0.36元/m²+277.88元/m²=298.97元/m²

十九、园林绿化工程图

园林绿化工程的图纸繁多，以该方案某别墅区1号园区园林绿化工程为例，图纸主要包括：总平面图、绿化种植平面图、喷灌平面图、铺装平面图、水池详图、地面铺装详图、石桥详图、木桥详图、竹编墙详图、花岗岩石凳详图、石阵详图、花岗岩石灯详图等（图略）。

第七章

园林绿化工程施工图预算的编制

园林工程施工图预算的编制，即依据拟建园林工程已批准的施工图纸和既定的施工方案，按照规定的工程量计算规则，分步分项地计算出拟建工程各工程项目的工程量，然后逐项地套用相应的现行预算定额，确定拟建工程的单位价值，累计其全部直接费用，再根据各项费用的取费标准，计算出其所需的间接费，最后，综合计算出该单位工程的造价和技术经济指标。另外，再根据分项工程量分析材料和人工用量，最后汇总出各种材料和用工总量。

园林施工图预算包括用于园林建设施工招投标的园林工程预算及用于园林施工企业对拟建工程进行施工管理的园林工程预算等。

第一节 园林绿化工程施工图预算的准备工作

一、基础资料收集

进行园林工程概预算的工作，应准备如下资料。

（1）有关园林工程项目的设计勘察资料、文件、图纸、说明等 主要包括施工图纸、设计说明、相关标准图集等。

（2）施工组织设计文件 主要包括：

① 工期进度要求。

② 劳动定额及人员计划。

③ 材料消耗定额及材料计划（采购、运输、加工）。

④ 施工机械定额及使用（调配）计划。

⑤ 主要施工技术。

⑥ 施工组织措施。

（3）预算定额、费用定额

（4）工具书及有关施工手册

（5）劳务市场、材料市场、机械租赁市场的相关资讯

（6）相关表格

① 使用定额计价的主要表格（表7-1～表7-4）。

② 使用清单计价的主要表格（表7-5～表7-16）。

二、工程量计算

按项目清单列项（在定额计价中是按对项目划分的结果）逐一计算或核实工程量，是工程概预算的重要工作内容。

工程预算都由两个因素决定：一是预算定额中每个分项工程的预算单价（在清单计价中为企业定额单价），另一个是该项工程的工程量。所以，工程量计算的正确与否，直接影响施工图预算的质量。预算人员应在熟悉图纸、预算定额和工程量计算规则的前提下根据施工图上

表7-1　工程预算书封面

工程预算书

建设单位：＿＿＿＿＿＿＿＿＿＿

施工单位：＿＿＿＿＿＿＿＿＿＿

工程名称：＿＿＿＿＿＿＿＿＿＿

工程地处：＿＿＿＿＿＿＿＿＿＿　　　　　单位造价：＿＿＿＿＿＿＿＿＿元/m²

建设单位：　　　　　　　　　　　　　　　施工单位：

（公章）　　　　　　　　　　　　　　　　（公章）

负责人：＿＿＿＿＿＿　　　　　　　　　审核人：＿＿＿＿＿＿

证　号：＿＿＿＿＿＿

经手人：＿＿＿＿＿＿　　　　　　　　　编制人：＿＿＿＿＿＿

证　号：＿＿＿＿＿＿

开户银行：＿＿＿＿＿＿＿＿＿＿＿＿　　　开户银行：＿＿＿＿＿＿＿＿＿＿＿＿

　　　　年 月 日　　　　　　　　　　　　　　　　　年 月 日

表7-2　工程预算汇总表

序号	项目	造价/元

表7-3　工程预算书

单位工程名称：　　　　　　　　　　　　　　　　　　　　　　　　　　第 页 共 页

　　　　　　　　　　　　　　　　　　　　　　　　　　　　　　　　年 月 日

序号	定额编号	分部分项工程名称	单位	数量	预算价值/元	
					单价	合价

表7-4　工程（概）预算书

工程名称：　　　　　　　　　　　年 月 日　　　　　　　　　　　单位：元

序号	定额编号	分项工程名称	工程量		造价		其中						备注
			单位	数量	单价	合价	人工费		材料费		机械费		
							单价	合价	单价	合价	单价	合价	

表7-5　工程量清单报价表

_____工程

工程量清单报价表

投标人：_____（单位签字盖章）

法定代表人：_____（签字盖章）

造价工程师
及注册证号：_____（签字盖执业专用章）

编制时间：_____

表7-6　投标总价表

投标总价

建设单位：_____

工程名称：_____

投标总价（小写）：_____

（大写）：_____

投标人：_____（单位签字盖章）

法定代表人：_____（签字盖章）

编制时间：_____

表7-7　工程项目总价表

工程名称：　　　　　　　　　　　　　　　　　　　　　　　　　　　　　　　第　页　共　页

序号	单项工程名称	金额/元
	合计	

表7-8　单项工程费汇总价表

工程名称：　　　　　　　　　　　　　　　　　　　　　　　　　　　　　　　第　页　共　页

序号	单项工程名称	金额/元
	合计	

表7-9 单位工程费汇总价表

工程名称： 第 页 共 页

序号	项目名称	金额/元
1	分部分项工程量清单计价合计	
2	措施项目清单计价合计	
3	其他项目清单计价合计	
4	规费	
5	税金	
	合计	

表7-10 分部分项工程量清单计价表

工程名称： 第 页 共 页

序号	项目编码	项目名称	计量单位	工程数量	金额/元
		本页小计			
		合计			

表7-11 措施项目清单计价表

工程名称： 第 页 共 页

序号	项目名称	金额/元
	合计	

表7-12 其他项目清单计价表

工程名称： 第 页 共 页

序号	项目名称	金额/元
1	招标人部分	
	小计	
2	招标人部分	
	小计	
	合计	

表7-13 零星项目清单计价表

工程名称： 第 页 共 页

序号	名称	计量单位	数量	金额/元 综合单价	合价
1	人工				
	小计				
2	材料				
	小计				
3	机械				
	小计				
	合计				

表7-14　分部分项工程量清单综合单价分析表

工程名称：　　　　　　　　　　　　　　　　　　　　　　　　　　　　　　　　第　页　共　页

序号	项目编码	项目名称	工程内容	综合单价组成/元					综合单价/元
				人工费	材料费	机械使用费	管理费	利润	

表7-15　措施项目费分析表

工程名称：　　　　　　　　　　　　　　　　　　　　　　　　　　　　　　　　第　页　共　页

序号	措施项目名称	单位	数量	金额/元					
				人工费	材料费	机械使用费	管理费	利润	小计

表7-16　材料暂估价表

工程名称：　　　　　　　　　　　　　　　　　　　　　　　　　　　　　　　　第　页　共　页

序号	材料编码	材料名称	规格、型号等特殊要求	单位	单价/元

的尺寸、数量，按计算规则，正确地计算出各项工程的工作量，并填写工程量计算表格。

1. 园林工程项目的研究与划分

（1）技术交底

① 施工现场勘察　对拟建项目的现场进行实地勘察。应对与施工有关的现场条件作充分的了解，尤其是对可能成为施工限制（或障碍）的非正常因素一定要作调查了解，做好记录。

② 研究施工图，施工设计文件等　进行施工图、施工组织设计等文件的研究，了解施工项目的相关信息。记录设计文件中有疑问的内容，以便参加技术答疑。

③ 施工方质疑和建设方（或设计者）答疑。

（2）项目划分

① 定额计价的项目划分　一般以定额列项的相应子目为划分依据。

② 清单计价的项目划分　应参照清单计价规范附录E编码列项。

③ 企业施工管理用预算的项目划分　通常参照上述定额计价或清单计价的划分方法，依据施工组织管理计划进行。

2.工程量计算

① 工程量计算的规则（参见第五章关于清单计价规范附录的介绍）。

② 项目清单编制或复核 "工程项目清单"由招标人编制，包括工程量计算，投标人应认真审核工程项目清单，并在必要时编制"措施项目清单"。

第二节 园林绿化工程费用计算的基本方法

一、园林绿化工程的费用组成

园林建设工程造价的各类费用组成，除定额直接费是按设计图纸和预算定额（国家定额、地区定额或企业定额等）计算外，其他的费用项目应根据国家及地区制定的费用定额及有关规定计算。通常采用工程所在地区的统一定额。一般情况下，间接费定额与预算定额配套使用。

园林工程预算费用由直接费、间接费、计划利润（差别利润）、税金、其他费用等五部分组成（图7-1）。

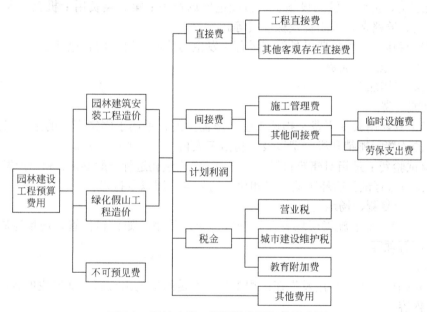

图7-1 园林建设工程预算费用组成示意图

1.直接费

直接费是指施工中直接用在工程上的各项费用的总和，是根据施工图纸结合定额项目的划分，以每个工程项目的工作量乘以该工程项目的预算定额单价来计算的。直接费包括人工费、材料费、施工机械使用费和其他直接费。

（1）人工费 人工费是指列入预算定额的直接从事工程施工的生产工人开支的基本工资及各项津贴等费用（定额中按平均日工资计）。内容包括：

① 基本工资：指发放生产工人的基本工资。

② 工资性补贴：指按规定标准发放的冬煤补贴、住房补贴、流动施工津贴等。

③ 生产工人辅助工资：指生产工人有效施工天数以外非作业天数的工资，包括职工学习、培训、调动工作、探亲、休假、因气候影响的停工工资，女工哺乳期间工资，病假在6个月以内的工资及婚、丧、产假期的工资。

④ 职工福利费：指按规定标准计提的职工福利费。

⑤ 生产工人劳动保护费：指按规定标准发放的劳动保护用品的购置费及修理费、徒工服装补贴、防暑降温费、在有碍身体健康环境中施工的保健费用等。

⑥ 社会保险：包括医疗保险、工伤保险、失业保险、养老保险等费用。

（2）材料费 施工过程中耗用的构成工程实体的原材料、辅助材料、构配件、零件、半成品的费用和周转使用材料的摊销（或租赁）费用，内容包括：

① 材料原价；

② 销售部门手续费；

③ 包装费；

④ 材料自来源地运至工地仓库或指定对方地点的装卸费、运输费及途中损耗等；

⑤ 采购及保管费。

（3）施工机械使用费 是指列入定额的完成园林工程所需消耗的施工机械台班量，按相应机械台班费定额计算的施工机械所发生的费用。

机械使用费一般包括第一类费用：机械折旧费、大修理费、维修费、润滑材料费及擦拭材料费、安装费、拆卸及辅助设施费、机械进出场费等；第二类费用：机上工人的人工费、动力和燃料费、养路费、牌照费及保险费等。

（4）其他直接费 直接费以外施工过程中发生的其他费用。内容包括：

① 冬、雨季施工增加费。

② 夜间施工增加费。

③ 二次搬运费。

④ 生产工具、用具使用费：指施工生产所需要的、不属于固定资产的生产工具及检验、试验用具等的购置、摊销和维修费以及支付给工人自费工具的补贴费。

⑤ 检验试验费：是指对建筑材料、构建和建筑安装物进行一般鉴定、检查所发生的费用，包括自设实验室进行试验所耗用的材料和化学药品等费用以及技术革新和研究试制试验费。

⑥ 工程定位复测、场地清理等费用。

⑦ 现场经费：用于施工现场各项管理等的所需费用。如材料保管、现场监制、质量管理、安全生产管理等。

2.间接费

间接费是指施工中不直接发生在工程本身，而是间接为工程服务而发生的各项费用，一般包括如下内容。

（1）施工管理费 是指施工企业为了组织与管理园林工程施工所需要的各项管理费用，以及为企业职工服务等所支出的人力、物力和资金的费用总和。指用于管理施工企业而必须开支的费用。编制概算时，视工程类别按当地施工管理费标准计算。

① 人员工资：指施工企业的政治、行政、经济、技术、试验、警卫、消防、炊事和服务人员以及行政管理部门汽车司机的基本工资和工资性质的津贴（包括副食品价格补贴、冬煤津贴、夜间值班补贴等），但不包由材料采购保管费、职工福利基金、工会经费，营业外开支的人员的工资。

② 工作人员工资附加费：按国家规定计算的支付工作人员的职工福利基金和工会经费。

③ 工作人员劳动保护：按相关规定标准发放的劳动保护用品的购置费、修理费及其保健费与防暑降温费等。

④ 职工教育经费：按国家有关规定在工资总额百分之一点五的范围内掌握开支的在职职工教育经费。

⑤办公费：行政管理办公用的文具、纸张、账表、印刷、邮电、书报、会议、水电、烧水和集体取暖（包括现场临时宿舍取暖）用燃料等费用。

⑥差旅交通费：职工因公出差、调动工作（包括家属）的差旅费、驻勤补助费、市内交通费和误餐补助费，职工探亲路费、劳动力招募费，职干离退休、退职一次性路费，工伤人员就医费、工地转移费以及行政管理部门使用的交通工具的油料、燃料、养路费及车船使用税等。

⑦固定资产使用费：指行政管理和试验部门使用的属于固定资产的房屋、设备、仪器等的折旧基金、大修理基金、维修、租赁费以及房产税、土地使用税等。

⑧行政工具、用具使用费：指行政管理使用的、不属于固定资产的工具、器具、家具、交通工具和检验、试验、测绘、消防用具等的购置、摊销和维修费。

⑨利息：指施工企业在按照规定支付银行的计划内流动资金贷款利息。

⑩劳动保护费：指按国家有关部门规定标准，发放的劳动保护用品的购置费、修理费和保健费、防暑降温费、技术安全设施费以及职工工地洗澡、饮水的燃料费等。

（2）其他间接费

①临时设施费：指施工企业为进行建筑、安装、市政工程施工所必需的生活和生产用的临时设施费用。

临时设施包括：临时宿舍、文化福利公共事业房屋、构筑物、仓库、办公室、加工厂及塔式起重机路基（基础）小型临时设施以及规定范围内的道路、水、电线管等。

临时设施费用内容包括有临时设施的搭设维修及摊销及拆除的费用以及按规定缴纳的临时用地费、临时建设工程费。

临时设施费由施工企业包干使用，按专用基金核算管理。不包括施工用地面积小于首层建筑面积三倍时，由建设单位申请办理租用临时用地的租金。

②劳动保险基金（劳保支出）：一般包括按劳保条例规定的职工社会保险。以直接费乘以规定费率计算。指施工企业由职工福利基金支出以外的，按劳保条例及有关规定的离退休职工的费用和六个月以上的病假工资，以及按照上述职工工资总额提取的职金福利基金和按规定缴纳的待业救济金。劳动保险基金专用基金核算管理。

3.计划利润

计划利润是指施工企业按国家规定，在工程施工中向建设单位收取的利润，是施工企业职工为社会劳动所创造的那部分价值在建设工程造价中的体现。企业参与市场的竞争，在规定的利润率范围内，可自行确定利润水平。

4.税金

税金是指由施工企业按照国家规定计入建设工程造价内，由施工企业向税务部门缴纳的营业税、城市建设维护税及教育附加费。计划利润以直接费与间接费之和为基数乘以计划利润率计算。

5.其他费用

其他费用是指在现行规定内容中没有包括，但在施工中不可避免地发生的费用。如各种材料价格与预算定额的差价、构配件增值税等。一般来讲，材料差价是由地方政府主管部门颁布的，以材料费或直接费乘以材料差价系数计算。

除了以上费用构成园林工程预算费之外，有些工程复杂、编制预算中未能预先计入的费用，如变更设计、调整材料预算单价等发生的费用，在编制预算中列入不可预计费一项，以工程造价为基数，乘以规定费率计算。

二、直接费的计算

定额计价法，直接费计算可用下面公式表示：

$$直接费=\sum（预算定额基价×项目工程量）+其他直接费$$

或 $$直接费=\sum（预算定额基价×项目工程量）×（1+其他直接费率）$$

清单计价法，直接费计算可用下面公式表示：

$$直接费=\sum（企业预算定额基价×项目工程量）+其他直接费$$

或 $$直接费=\sum（企业预算定额基价×项目工程量）×（1+其他直接费率）$$

1.人工费、材料费、施工机械使用费和其他直接费

（1）人工费 定额计价法人工费的计算可用下面公式表示：

$$人工费=\sum（预算定额基价人工费×项目工程量）$$

清单计价法（或企业施工管理用预算）人工费的计算可用下式表示：

$$人工费=\sum（企业预算定额基价人工费×项目工程量）$$

或 $$人工费=\sum（企业劳动定额×人员工资×项目工程量）$$

（2）材料费 定额计价法材料费的计算可用下面公式表示：

$$材料费=\sum（预算定额基价材料费×项目工程量）$$

清单计价法（或企业施工管理用预算）材料费的计算可用下面公式表示：

$$材料费=\sum（企业定额基价材料费×项目工程量）$$

或 $$材料费=\sum（企业材料定额×材料费×项目工程量）$$

（3）施工机械使用费 定额计价法施工机械使用费的计算可用下面公式表示：

$$施工机械使用费=\sum（预算定额基价机械费×项目工程量）$$

清单计价法（或企业施工管理用预算）施工机械使用费的计算可用下面公式表示：

$$施工机械使用费=\sum（企业预算定额基价机械费×项目工程量）$$

或 $$施工机械使用费=\sum（企业机械台班定额×机械台班费×项目工程量）$$

（4）其他直接费 其他直接费是指在施工过程中发生的具有直接费性质但未包括在预算定额之内的费用。其计算公式如下：

$$其他直接费=（人工费+材料费+机械使用费）×其他直接费率$$

（5）材料差价 定量计价情况下，原材料实际价格常与预算价格不符，因此在确定单位工程造价时，需调整差价。清单计价情况下，通常不含此项。

材料差价是指材料的预算价格与实际价格的差额，一般采用两种方法计算：

① 材料差价的计算 在编制施工图预算时，在各分项工程量计算出来后，按预算定额中相应项目给定的材料消耗定额计算出使用的材料数量，经过汇总，用实际购入单价减去预算单价再乘以材料数量即为某材料的差价。将各种找差的材料差价汇总，即为该工程的材料差价，列入工程造价。

可用下式表示：

$$某材料差价=（实际购入单价-预算定额材料单价）×材料数量$$

② 地方材料差价的计算 地方材料差价的计算通常采用调价系数进行调整（调价系数由各地自行测定）。其计算可用下式表示：

$$差价=定额直接费×调价系数$$

2.综合单价计算

各项工程量计算完毕并经校核后，即可着手编制单位工程施工图预算书，预算书的表格形式如表7-4所示。

采用定额计价法套用预算定额，查找相应子项，得出基价即是综合单价。工作步骤如下：

（1）抄写分项工程名称及工程量　按照预算定额的排列顺序，将分部工程项目名称、工程量抄到预算书中相应栏内，同时将预算定额中相应分项工程的定额编号和计量单位一并抄到预算书中，以便套用预算单价。

（2）抄写预算单价　将预算定额中相应分项工程的预算单价抄到预算书中。抄写时，注意区分定额中哪些分项工程的单价可以直接套用，哪些必须经过换算（指施工时，使用的材料或做法与定额不同时）后才能套用。

由于某些工程与速算的应取费用是以人工费为计算基础的，有些地区在现行取费中，有增调人工费和机械费的规定，所以，应将预算定额中的人工费、材料费和机械费的单价逐一抄入预算书中。

3.计算合价与小计

计算合价是指用预算书中各分项工程的数量乘以预算单价所得的积数。各项合价均应计算填列。

将一个分部工程中所有分项工程的合价竖向相加，即可得到该分部工程的小计。将一个分部工程的小计竖向相加，既可得出该单位工程的定额直接费（包括人工费、材料费、机械费）。

清单计价法（或企业施工管理用预算）的综合单价计算可以参照定额计价法步骤进行。

[例]某广场园路，面积144m²，垫层厚度、宽度、材料种类：混凝土垫层宽2.5m，厚120mm；路面厚度、宽度、材料种类：水泥转路面，宽2.5m；混凝土、砂浆强度等级：C20混凝土垫层，M5混合砂浆结合层。

投标人计算（按单价）：

（1）园路土基，整理路床工程量为0.117m³

① 人工费：1.15元

② 合计：1.15元

（2）基础垫层（混凝土）工程量为0.130m³

① 人工费：4.01元

② 材料费：17.51元

③ 机械使用费：0.13元

④ 合计：21.65元

（3）预制水泥方格砖面层（浆垫）工程量为0.100m³

① 人工费：3.53元

② 材料费：21.06元

③ 合计：24.59元

（4）现场搅拌混凝土工程量为0.013m³

① 人工费：1.44元

② 材料费：0.32元

③ 机械使用费：0.88元

④ 合计：2.64元

（5）综合

① 直接费用单价合计：50.03元

② 管理费：直接费×16%=8.10元

③ 利润：直接费×12%=6.08元

④ 综合单价：64.21元

⑤ 总计：9246.24元

（6）填写分部分项工程量清单　见表7-17、表7-18。

表7-17　分部分项工程量清单计价表

工程名称：某小区入口广场

序号	项目编码	项目名称	计量单位	工程数量	金额/元	
					综合单价	合价
1	050201001001	园路 　1.垫层厚度、宽度、材料种类：混凝土垫层宽2.5m，厚120mm 　2.路面厚度、宽度、材料种类：水泥砖路面，宽2.5m 　3.混凝土、砂浆强度等级：C20混凝土垫层，M5混合砂浆结合层	m²	144.00	64.21	9246.24
		合计				9246.24

表7-18　分部分项工程量清单综合单价计算表

工程名称：某小区入口广场　　　　　　　　　　　　　　　　　计量单位：m²
项目编码：050201001001　　　　　　　　　　　　　　　　　　工程数量：144.00
项目名称：园路　　　　　　　　　　　　　　　　　　　　　　综合单价：64.21元

序号	定额编号	工程内容	单位	数量	金额/元					
					人工费	材料费	机械费	管理费	利润	小计
1	050201001001 园路 　1.垫层厚度、宽度、材料种类：混凝土垫层宽2.5m，厚120mm 　2.路面厚度、宽度、材料种类：水泥砖路面，宽2.5m 　3.混凝土、砂浆强度等级：C20混凝土垫层，M5混合砂浆结合层	园路土基整理路床	m³	0.117	1.15			0.184	0.138	1.15
		基础垫层（混凝土）		0.130	4.01	17.51	0.13	3.464	2.598	21.65
		预制水泥方格砖面层（浆垫）		0.100	3.53	21.06		3.934	2.950	24.59
		现场搅拌混凝土		0.013	1.44	0.32	0.88	0.422	0.317	2.64
		合计			10.13	38.89	1.01	8.10	6.08	64.21

三、其他各项取费的计算

单位工程定额直接费计算出来之后，即可进行间接费、利润、税金等费用的计算。

1.间接费

间接费包括施工管理费和其他间接费。

间接费的计算，是依据干什么工程，执行什么定额的原则。间接费定额与直接费定额，应配套使用。

施工管理费与其他间接费的计算，是用直接费分别乘以规定的相应费率。其计算可用下式表示：

$$施工管理费 = 直接费 \times 施工管理费率$$
$$其他间接费 = 直接费 \times 其他间接费费率$$

在计算时，应按照当地主管部门制定的标准执行。

2. 利润

利润的计算，是用直接费与间接费之和乘以规定的差别利润率。其计算可用下式表示：

$$利润＝（直接费＋间接费）×差别利润率$$

3. 税金

根据国家现行规定，税金是由营业税税率、城市维护建设税税率、教育费附加、其他等部分构成。税金列入工程总造价，由建设单位负担。

应纳税额按直接工程费、间接费、利润及差价四项之和为基数计算。根据有关税法纳税人所在地在市区、县城、镇与非城镇计算的计算税率不同。计算税金的公式如下：

$$应纳税额＝不含税工程造价×税率$$

计算含税工程造价的方法如下：

$$含税工程造价＝不含税工程造价×（1＋税率）$$

四、工程造价的计算程序

为了贯彻落实国家有关规定精神，各地对现行的园林工程费用构成进行了不同程度的改革，反映在工程造价的计算方法上存在着差异。为此，在编制工程预算时，必须执行本地区的有关规定，准确、公正地反映出工程造价。

一般情况下，计算工程预算造价的程序如下：

① 工程直接费计算。

② 间接费计算。

③ 差别利润计算。

④ 税金。

⑤ 确定工程预算造价。

$$工程预算造价＝直接费＋间接费＋利润＋税金$$

工程造价的具体计算程序目前无统一规定，应以各地主管部门制定的费用标准为准。见表7-19、表7-20。

表7-19　绿化、土建工程预算造价计算顺序表

序号	项目名称		计算公式	备注
1	直接费		按定额计算	
2	其他直接费	其他直接费	按定额计算	
3		临时设施费	［（1）－（2）］×相应工程类别费率	
4		现场经费	［（1）－（2）］×相应工程类别费率	
5	直接费小计		（1）－（2）＋（3）＋（4）	
6	调价金额		（5）×调价系数	
7	工程费用合计		（5）＋（6）	
8	综合取费（d%）	企业经营费	（7）×相应工程类别费率（a%）	
9		利润	（7）×相应工程类别费率（b%）	d%＝a%＋b%＋c%
10		税金	（7）×相应工程类别费率（c%）	
11	工程造价		（7）＋（8）＋（9）＋（10）	

表7-20　水、暖、电器工程预算造价顺序表

序号	项目名称		计算公式	备注
1	直接费		按定额计算	
2	其中：人工费		（1）项所含人工费	
3	其中：设备费		（1）项所含	
4	其他直接费		（2）×费率	
5	调价金额		［（1）＋（4）－（3）］×调价系数	
6	工程费用合计		（1）＋（4）＋（5）	
7	综合取费	企业经营费	（2）×相应工程类别费率（$a\%$）	$c\%=a\%+b\%$
8	（$c\%$）	利润	（2）×相应工程类别费率（$b\%$）	
9	税金		［（6）＋（7）＋（8）］×税率	
10	工程造价		（6）＋（7）＋（8）＋（9）	

第三节　园林绿化工程施工图预算编制实施

由于各地对工程预算中的费用构成、各项费用计算标准、工程造价计算程序及使用的工程预算定额不同，因此工程预算具有强烈的地区性。各地区编制工程预算时，必须按照本地区的规定执行。

案例I（山东省）××工厂园林绿化工程预算（定额计价法）

1.封面

工程预算书

建设单位：××××××××

工程名称：××工厂园林绿化工程预算

施工单位：×××××××

工程造价：73926.1元

负责人：×××

编制人：×××

编制时间：2006年9月13日

2.编制说明

① 工程概况　本工程为植物种植工程，绿地面积为3125m²。

② 本工程施工图预算是根据××园林设计单位设计的××工厂园林绿化工程施工图编制的。

③ 预算定额采用《山东省园林绿化工程价目表》；费用定额采用《山东省园林绿化工程消耗量定额》。

④ 施工企业取费类别为五类，包工包料。

3.编制内容

（1）工程预算造价计算表（表7-21）

（2）工程预算表

表 7-21　工程预算造价计算表

工程编号：××××　　　　　　　　　　　　　　　　　　　　　　　　　金额单位：元

序号	取费名称		取费标准及计算式	金额
1	人工费	a_1	按定额计算	21255.84
2	材料费	a_2	按定额计算	34076.7
3	机械费	a_3	按定额计算	5232
4	项目直接费	a	（人工 a_1+材料 a_2+机械 a_3）费之和	6064.54
5	人工费调整	b	定额总工日×20.13$-a_1$	
6	机械费调整	c	a_3×1.45	
7	工程类别人工调整	d	(a_1-b)×（0.890-1）	-2432.17
8	直接费	A	$a+b+c+d$	58141.38
9	其他直接费	A_1	A×费率（2.30%）	1343.07
10	现场经费	A_2	A×费率（5.20%）	3011.73
11	直接工程费	B	$A+A_1+A_2$	62496.17
12	间接费	C	B×费率（2.66%）	1649.9
13	贷款利息	C_1	B×费率（3.01%）	1887.39
14	差别利润	D	$(B+C+C_1)$×费率（1%）	660.34
15	差价	E	1.规定计算差价部分 2.动态调价 a×（1.073-1）	0
16	不含税工程造价	F	$B+C+C_1+D+E$	66693.79
17	四项保险费	G	F×费率（0.8%）	533.55
18	养老保险统筹费	H	F×3.56%	2257.65
19	安全、文明施工定额补贴费	I	F×1.4%	1067.1
20	定额经费	J	F×费率（1.3%）	867.2
21	税金	K	$(F+G+H+I+J)$×税率（3.50%）	2506.82
22	含税工程造价	M	$F+G+H+I+J+K$	73926.1

负责人：　　　　　　　　　校核：　　　　　　　　　计算：

案例2　（山东省）××广场园林工程预算（定额计价法）

1.编制说明

① 本工程只包括花坛小品工程。

② 工程预算根据园林工程施工图及实际施工情况编制。

③ 预算定额采用《山东省园林绿化工程价目表》；费用定额采用《山东省园林绿化工程消耗量定额》。

④ 施工企业取费类别为五类，包工包料。

2.园林工程预算书

见表7-22。

表 7-22　工程预算书

定额编号	工程项目	单位 /m²	数量	基价/(元/200m²)	金额/元	其中：人工 单价/元	其中：人工 金额/元	其中：材料 单价/元	其中：材料 金额/元	其中：机械 单价/元	其中：机械 金额/元
	花坛小品										
1-19	平整场地	200	4.2	130.11	546.46	130.11	546.46				
1-21	原土夯实	200	0.94	41.97	39.44	28.86	27.10			13.11	12.34
3-15	砌弧形砖墙	200	0.94	3450.40	3242.98	992.50	933.00	2322.89	2183.62	135.01	126.46
10-15	内粉水泥砂浆	200	0.94	732.45	688.56	374.0	351.28	327.89	308.48	30.56	28.8
10-700	外贴瓷片	200	0.94	4198.20	3959.86	1192.58	1121.04	2959.61	2781.98	46.01	42.84
10-532	大理石压顶	200	0.66	21035.25	13877.78	1544.02	1019.02	19420.9	12812.46	70.33	46.30
	合计				22415.6		4073.6		18086.4		256.74

3.材料差价分析
见表 7-23。

表 7-23　材料价差分析表

序号	材料名称	单位	数量	预算价/元	市场价/元	合价/元
1	1 : 2.5	m³	1.96	151.8		297.53
2	1 : 2 水泥砂浆	m³	1.04	16.83		17.50
3	1 : 3 水泥砂浆	m³	0.44	130.88		57.59
4	M5 混合砂浆	m³	1.08	86.61		93.54
5	1 : 0.2 : 2	m³	0.82	162.90		133.58
6	107 胶素水泥	m³	0.16	461.72		73.88
7	合计					673.62

4.园林工程预算造价计算程序
见表 7-24。

表 7-24　工程预算造价计算程序

工程编号：200208　　　　　　　　　　　　　　　　　　　　　　　　　　　　　　　　金额单位：元

序号	费用名称	金额	取费标准及说明
A	人工费	4073.6	按定额计算
B	材料费	18086.4	按定额计算
C	机械费	256.74	按定额计算
D	项目直接费	22415.6	D=A+B+C
E	人工费调整		
F	机械费调整		
G	工程类别人工调整	−464.26	（A−E）×（0.890−1）
H	直接费	21951.34	D+E+F+G

序号	费用名称	金额	取费标准及说明
I	其他直接费	507.08	H×2.30%
J	现场经费	1137.08	H×5.20%
K	直接工程费	23595.5	H+I+J
L	间接费	622.92	K×2.66%
M	贷款利息		K×3.01%
N	差别利润	242.18	(K+L+M)×1%
O	规定计算价差部分	1185.8	J+C+A+L
P	动态调价	2151.9	D×0.094
Q	差价	3337.7	O+P
R	不含税工程造价	27798.3	K+L+M+N+Q
S	四项保险费	222.38	R×0.8%
T	养老保险统筹费		R×3.56%
U	安全文明施工定额补贴费		R×1.5%
V	定额经费		R×0.13%
W	税金	383.52	(R+S+T+U+V)×3.50%
X	含税工程造价	29004.2	R+S+T+U+V+W
Y	扣除劳保后的工程造价		X-R（含税金）
Z	含税工程造价（大写）		贰万玖仟零肆圆贰角整

案例3 （××省某市）园林建设工程工程预算书（定额计价）

建设单位：××市H区人民政府

施工单位：××园林建设工程公司

工程名称：××小区中心广场园林绿化工程

建设工程：33995m²

工程地处：H区近郊区　　　　　　　　　　　　　单位造价：201.30元/m²

建设单位：　　　　　　　　　　　　　　　施工单位：

（公章）　　　　　　　　　　　　　　　　（公章）

　　　　　　　　　　　　　　　　　　　　审核人：

负责人：　　　　　　　　　　　　　　　　证号：

　　　　　　　　　　　　　　　　　　　　编制人：

经手人：　　　　　　　　　　　　　　　　证号：

开户银行：　　　　　　　　　　　　　　　开户银行：

2006年×月×日　　　　　　　　　　　　　2006年×月×日

见表7-25～表7-33，图7-2～图7-4所示。

表7-25　××小区中心广场工程预算汇总表

序号	项目	造价/元
1	整理地形工程	856886.15
2	给排水及喷灌工程	165919.44
3	水池及暗池工程	649970.76
4	喷泉工程	203658.64
5	铺装广场、园路工程	1555949.79
6	园林小品及设施工程	582102.42
7	仿古亭工程	15524.85
8	绿化工程	2427175.47
9	合计	6457187.52

表7-26　工程预算书（一）

共 页 第 页
年 月 日

单位工程名称：××小区中心广场整理地形工程

序号	定额编号	分部分项工程名称	单位	数量	预算价值/元	
					单价	合价
1		外购土及运土、卸土	m³	21000	30.00	630000.00
2		90kW推土机台班	个	15	600.44	9006.60
3		132kW推土机台班	个	22	937.31	20619.50
4		小计A				659626.10
5	9-1	临时设施费B=A×2.20%			2.20%	14511.77
6	9-2	现场经费C=A×2.84%			2.84%	18799.34
7		直接费合计D=A+B+C				692937.21
8		企业管理费E=D×12.08%			12.08%	83776.11
9		利润F=D×7.5%			7.50%	51970.29
10		税金G=D×4.05%			4.05%	28202.54
11		工程造价H=D+E+F+G				856886.15

负责人：×××　　　　　　审核人：×××　　　　　　计算人：×××

表7-27　工程预算书（二）

共 页 第 页
年 月 日

单位工程名称：××小区中心广场给排水喷灌工程

序号	定额编号	分部分项工程名称	单位	数量	预算价值/元	
					单价	合价
1		一、直接费				
2	2-43	管道土方（DN70以内）	m	980	11.42	11191.60
3	2-54	管道土方（DN150以内）	m	412	10.67	4401.38
4	2-87	排水管土方	m	92	15.02	1373.42

序号	定额编号	分部分项工程名称	单位	数量	预算价值/元	
					单价	合价
5	2-202	排水管埋设	m	92	48.57	4468.44
6	2-157	DN20镀锌钢管安装	m	490	15.01	7818.57
7	2-160	DN40镀锌钢管安装	m	294	29.88	8790.60
8	2-162	DN50镀锌钢管安装	m	125	37.26	4657.50
9	2-162	DN70镀锌钢管安装	m	132	50.42	6680.65
10	2-163	DN80镀锌钢管安装	m	183	59.83	10947.06
11	2-164	DN100镀锌钢管安装	m	151	80.49	12197.27
12	2-165	DN125镀锌钢管安装	m	78	109.07	8507.46
13	给7-21	DN70阀门安装	个	5	270.00	1350.00
14	给7-23	DN80阀门安装	个	7	303.00	2121.00
15	给7-23	DN100阀门安装	个	3	415.00	1245.00
16	给7-24	DN125阀门安装	个	1	580.98	580.98
17	3-33	排水井	座	1	2436.49	2436.49
18	3-19	防冻给水井	座	6	1162.05	6972.24
19	1900538	球阀50	个	2	333	666
20	005	弯头40	个	62	2.7	167.4
21	002	弯头20	个	62	0.7	43.40
22	005	三通40	个	62	5.3	328.6
23	008	三通80	个	3	21.0	63.00
24		喷头	个	62	220	13640.00
25		小计A				110648.06
26		二、管道其他直接费				
27	6-3	机械使用费	m	1575	4.2	6615.00
28	6-29	工程水电费	m	1575	1.6	2520.00
29	6-56	二次搬运费	m	1575	1.3	2047.50
30	6-82	冬雨季施工费	m	1575	3.25	5118.75
31	6-109	生产工具使用费	m	1575	1.8	2835.00
32	6-136	检验试验费	m	1575	0.25	393.75
33	6-164	定位复测费	m	1575	0.62	960.75
34	6-191	排污费	m	1575	0.04	63
35		小计B				20553.75
36		三、窑井其他直接费				
37	6-25	机械使用费	座	6	41.0	246.00
38	6-51	工程水电费	座	6	13.68	82.08
39	6-78	二次搬运费	座	6	20.11	120.66
40	6-104	冬雨季施工费	座	6	13.43	80.58

序号	定额编号	分部分项工程名称	单位	数量	预算价值/元	
					单价	合价
41	6-131	生产工具使用费	座	6	10.29	61.68
42	6-158	检验试验费	座	6	2.5	15.00
43	6-186	定位复测费	座	6	7.0	42.00
44	6-213	排污费	座	6	1.13	6.78
45		小计 C				654.78
46		合计 D=A+B+C				131856.59
47	7-1	临时设施费 E=D×1.70%			1.70%	2241.56
48	7-3	现场经费 F=D×2.08%			2.08%	2742.62
49		直接费合计 G=D+E+F				136840.77
50		企业管理费 H=G×11.25%			11.25%	15408.27
51		利润 I=G×6%			6.00%	8210.45
52		税金 J=G×4.00%			4.00%	5459.95
53		工程造价 I=G+H+I+J				165919.44

负责人：×××　　　　　　审核人：×××　　　　　　计算人：×××

表7-28　工程预算书（三）

共　页　第　页
年　月　日

单位工程名称：××小区中心广场水池及暗池工程

序号	定额编号	分部分项工程名称	单位	数量	预算价值/元	
					单价	合价
1		一、水池工程				
2	1-1	平整场地	m²	1827	1.45	2630.88
3	1-4	挖土方	m³	1558.44	14.82	23174.00
4	1-8	素土夯实	m²	1013	0.69	729.72
5	2-4	级配石垫层	m³	359.64	66.50	23916.06
6	2-6	素混凝土垫层	m³	119.88	209.49	25113.66
7	3-8	零星砌砖	m³	30.69	234.53	7197.73
8	4-2	混凝土池底（有筋）	m³	179.82	506.08	91003.31
9	4-3	混凝土池底（有筋）	m³	21.84	1212.19	26468.17
10	土6-66	SBS改性沥青防水层	m²	1344.4	53.01	71266.64
11	7-28	水泥砂浆找平层	m²	2688.8	5.48	14734.62
12		池底、池壁贴广场砖	m²	1016.9	140.0	142366.00
13	2-16	池底铺砌乱石	m²	148.25	41.37	6133.10
14		花岗岩压顶及安装	m²	91	450.0	40725.00
15		算子及安装	块	1	850.0	850.00
16		小计 A				476308.89

续表

序号	定额编号	分部分项工程名称	单位	数量	预算价值/元 单价	预算价值/元 合价
17		二、暗池工程				
18	1-1	平整场地	m²	20.7	1.45	29.81
19	1-4	挖土方	m³	25	14.82	371.75
20	1-8	素土夯实	m²	20.7	0.69	14.90
21	2-4	级配石垫层	m³	3.1	66.50	206.48
22	2-6	素混凝土垫层	m³	1.04	209.49	216.82
23	3-8	零星砌砖	m³	4.15	234.53	973.30
24	4-2	混凝土池底	m³	1.54	506.08	776.83
25	4-3	混凝土池壁	m³	5.18	1212.19	6279.14
26	土6-66	防水层	m²	15.53	53.01	823.25
27	7-28	水泥砂浆找平层	m²	79.4	5.48	435.11
28	7-30	防水砂浆	m²	39.7	16.76	665.37
29		箅子	块	100	51.0	5100.00
30		小计 *B*				15892.76
31		三、其他直接费				
32	8-12	中小型机械费	m³	243.21	5.26	1281.72
33	8-18	二次搬运费	m³	243.21	13.40	3251.72
34	8-24	工程水电费	m³	243.21	6.26	1522.49
35	8-30	生产工具使用费	m³	243.21	2.66	646.94
36	8-36	检验试验费	m³	243.21	0.38	87.56
37	8-42	排污费	m³	243.21	0.26	63.23
38	8-57	冬雨季施工费	m³	243.21	4.94	1196.59
39	8-63	工程定位复测费	m³	243.21	1.21	294.28
40		小计 *C*				8344.53
41		合计 *D*=*A*+*B*+*C*				500546.18
42	9-1	临时设施费 *E*=*D*×2.20%			2.20%	11012.02
43	9-2	现场经费 *F*=*D*×2.85%			2.85%	14265.57
44		直接费合计 *G*=*D*+*E*+*F*				525823.77
45		企业管理费 *H*=*G*×12.09%			12.09%	63572.09
46		利润 *I*=*G*×7.50%			7.50%	39436.78
47		税金 *J*=*G*×4.00%			4.00%	21138.12
48		工程造价 *K*=*G*+*H*+*I*+*J*				649970.76

负责人：×××　　　　　审核人：×××　　　　　　　计算人：×××

注：加标"土"字的为《建设工程概算定额——土建分册》。

表7-29 工程预算书（四）

单位工程名称：××小区中心广场喷泉工程

序号	定额编号	分部分项工程名称	单位	数量	预算价格/元	
					单价	合价
1	2-54	管道土方（DN150内）	m	146	11.68	1703.82
2	2-156	DN15镀锌钢管安装	m	86	13.84	1197.16
3	2-157	DN20镀锌钢管安装	m	13	15.95	207.22
4	2-163	DN80镀锌钢管安装	m	208	59.79	12472.47
5	2-164	DN100镀锌钢管安装	m	161	80.50	13002.37
6	园4-49	DN100阀门安装	个	3	415.86	1247.49
7		潜水泵	台	4	6000.0	24000.00
8		钧突喷头	个	1	240.0	240.00
9		直射喷头	个	156	120.0	18720.00
10		玉柱喷头	个	26	150.0	3900.00
11		雾化喷头	个	16	300.0	4800.00
12		喷泉设备安装及调试				5000.00
13		水处理（净化）设备				70000.00
14		小计A				156490.53
15	6-3	机械使用费	m	470	4.2	1972.00
16	6-29	工程水电费	m	470	1.6	752.00
17	6-56	二次搬运费	m	470	1.3	611.00
18	6-82	冬雨季施工费	m	470	3.24	1527.5
19	6-109	生产工具使用费	m	470	1.8	72.00
20	6-136	检验试验费	m	470	0.25	117.50
21	6-164	定位复测费	m	470	0.62	286.70
22	6-191	排污费	m	470	0.04	18.80
23		小计B	m			5357.50
24		合计C=A+B				161848.03
25	7-1	临时设施费D=C×1.70%			1.70%	2751.42
26	7-3	现场经费E=C×2.08%			2.08%	3366.44
27		直接费合计F=C+D+E				167965.89
28		企业管理费G=F×11.25%			11.25%	18912.96
29		利润H=F×6.00%			6.00%	10077.95
30		税金I=F×4.00%			4.00%	6701.84
31		工程造价J=F+G+H+I				203658.64

负责人：×××　　　　　　审核人：×××　　　　　　计算人：×××

注：如标"园"字的为《建设工程概算定额——园林绿化分册》。

表7-30　工程预算书（五）

单位工程名称：××小区中心广场铺装广场、园路工程

共 页 第 页

年 月 日

序号	定额编号	分部分项工程名称	单位	数量	预算价值/元	
					单价	合价
1	1-1	平整场地	m²	11869.2	1.45	17091.65
2	1-8	素土夯实	m²	11869.2	0.74	8545.82
3	2-1	灰土垫层	m³	1793.11	48.69	86194.80
4	2-3	砂垫层	m³	179.31	61.49	11025.77
5	2-6	素混凝土垫层	m³	337.45	209.50	70692.40
6		广场砖路面	m³	337.45	209.49	70692.40
7		花岗岩路面	m²	1233.5	41.37	51029.90
8	参2-17	水刷豆石路面	m²	1233.5	41.37	51029.90
9		混凝土砖路面	m²	5514	130.0	716820.00
10		青石板路面	m²	235	115.0	27025.00
11	2-31	混凝土路牙	m	973	16.83	16374.27
12		小计A				1126521.91
13	8-12	中小型机械费	m²	8478	1.8	15260.4
14	8-19	二次搬运费	m²	8478	1.68	14243.04
15	8-25	工程水电费	m²	8478	0.75	6358.5
16	8-31	生产工具使用费	m²	8478	0.55	4493.34
17	8-37	检验试验费	m²	8478	0.09	763.02
18	8-43	排污费	m²	8478	0.06	508.68
19	8-58	冬雨季施工费	m²	8478	1.33	11190.96
20	8-64	工程定位复测费	m²	8478	2.23	18905.94
21		小计B				71723.88
22		合计C=A+B				1198245.79
23	9-1	临时设施费D=C×2.20%			2.20%	26361.41
24	9-2	现场经费E=C×2.85%			2.85%	34150.01
25		直接费合计F=C+D+E				1258757.21
26		企业管理费G=F×12.08%			12.08%	152183.75
27		利润H=F×7.50%			7.50%	94406.79
28		税金I=F×4.00%			4.00%	50602.04
29		工程造价J=F+G+H+I				1555949.79

负责人：×××　　　　　　　审核人：×××　　　　　　　计算人：×××

表7-31 工程预算书（六）

共 页 第 页

单位工程名称：××小区中心广场园林小品及设施工程　　　　　　　　　　　　　　年 月 日

序号	定额编号	分部分项工程名称	单位	数量	预算价值/元	
					单价	合价
1		一、汀步				
2	7-3	水泥砂浆	m²	16.88	10.25	173.19
3		花岗岩剁斧面	m²	31.28	450.00	14073.75
4		小计				14246.94
5		二、挡墙、花池、坐凳				
6	1-1	平整场地	m²	143.36	1.45	206.44
7	1-4	挖土方	m³	105.27	12.70	1337.98
8	1-8	素土夯实	m²	143.36	0.69	103.22
9	3-8	零星砌砖	m²	65.94	234.53	15464.91
10	7-30	抹防水砂浆	m²	224.29	16.76	3759.10
11		花岗岩蘑菇面	m²	111.1	600.0	66660.00
12		花岗岩火烧面	m²	123.9	550.0	68145.00
13		花岗岩剁斧面	m²	30.6	450.0	13770.00
14		小计				169446.65
15		三、装饰石球				
16	1-1	平整场地	m²	6	1.45	8.64
17	1-4	挖土方	m²	3	12.70	38.13
18	1-8	素土夯实	m²	6	0.69	4.32
19	2-1	灰土垫层	m³	0.6	48.07	28.84
20	2-5	素混凝土垫层	m³	1.54	209.49	322.61
21		石球及安装	个	6	15000.00	90000
22		小计				90402.54
23		四、台阶				
24	1-1	平整场地	m²	38.3	1.45	55.15
25	1-8	素土夯实	m²	38.3	0.69	27.58
26	2-1	灰土垫层	m³	5.75	48.07	276.40
27	2-5	素混凝土垫层	m³	7.47	209.49	1564.89
28	3-8	零星砌砖	m³	4.76	234.53	1116.36
29	6-40	花岗岩踏步	m	90.0	203.40	18306.00
30		小计				21346.38
31		五、景墙				
32	1-1	平整场地	m²	40	1.45	57.6
33	1-4	挖土方	m³	40	12.70	208.4
34	1-8	素土夯实	m²	40	0.69	28.8
35	3-12	毛石基础	m³	25.6	130.60	3343.36
36	土3-67	地梁	m³	4.8	580.22	2785.06

序号	定额编号	分部分项工程名称	单位	数量	预算价值/元	
					单价	合价
37	3-4	弧形外墙	m³	50	203.75	10186.50
38		石板装饰面层	m²	125	240.00	30000.00
39		仿石喷涂装饰面层	m²	125	120.00	15000.00
40		小计				61609.72
41		六、步桥				
42	1-1	平整场地	m²	35	1.45	50.40
43	1-8	素土夯实	m²	35	0.69	25.20
44	6-19	桥墩	m³	15.82	1078.34	17059.34
45	6-42	平桥板制作	m³	10	512.09	5120.90
46	6-43	平桥板安装	m³	10	85.61	855.60
47	6-45	接头灌缝	m³	2	30.14	60.28
48		小计				23171.72
49		七、其他设施				
50		儿童游戏设施	套	1	6000.00	6000.00
51		树池覆盖铸铁格栅	个	38	400.00	15200.00
52		路椅	个	10	700.00	7000.00
53		果皮箱		8	600.00	4800.00
54		公用电话亭	座	1	4000.00	4000.00
55		小计				37000.00
56		八、其他直接费				
57	8-12	中小型机械费	m³	914.77	5.27	4820.84
58	8-18	二次搬运费	m³	914.77	13.42	12230.47
59	8-24	工程水电费	m³	914.77	6.26	5726.46
60	8-30	生产工具使用费	m³	914.77	2.58	2433.29
61	8-42	排污费	m³	914.77	0.26	237.84
62	8-57	冬、雨季施工费	m³	914.77	4.95	4500.67
63	8-63	工程定位复测费	m³	914.77	1.21	1106.87
64		小计				31056.44
65		合计A				448280.39
66	9-1	临时设施费 B=A×2.20%			2.20%	9862.17
67	9-2	现场经费 C=A×2.85%			2.85%	12775.99
68		直接费合计 D=A+B+C				470918.55
69		企业管理费 E=D×12.08%			12.08%	56934.05
70		利润 F=D×7.50%			7.50%	35318.89
71		税金 G=D×4.00%			4.00%	18930.93
72		工程造价 H=D+E+F+G				582102.42

负责人：×××　　　　　　审核人：×××　　　　　　计算人：×××

注：加标"土"字的为《建设工程概算定额——土建分册》。

表7-32 工程预算书（七）

单位工程名称：××小区中心广场仿古六角亭

序号	定额编号	分部分项工程名称	单位	数量	预算价值/元	
					单价	合价
1	1-37	人工挖土方	m³	7.58	0.68	5.08
2	1-65	人工运土方	m²	4.75	0.84	3.99
3	1-75	人工回填土	m²	2.83	1.06	2.97
4	1-101	砌砖	m³	0.31	56.23	17.43
5	1-145	毛石混凝土	m³	1.09	86.88	94.69
6	1-147	钢筋混凝土基础	m³	0.82	120.15	98.52
7	3-142	木圆柱制作	m³	0.41	483.40	198.19
8	3-644	木圆柱安装	m³	0.41	53.90	22.09
9	3-470	木串枋制作	m³	0.22	540.16	118.84
10	3-672	木串枋安装	m³	0.22	23.13	5.08
11	3-579	木圆檩制作	m³	0.21	464.10	97.46
12	3-751	木圆檩安装	m³	0.72	17.50	12.60
13	参3-613	木戗角制作	m³	0.27	548.89	148.20
14	参3-759	木戗角安装	m³	0.27	26.65	7.20
15	3-828	木椽子制安（制作安装）	10m	8.72	29.56	257.68
16	3-846	木飞椽制安	10m	2.76	23.11	63.67
17	3-943	连檐制安	10m	0.93	90.47	84.14
18	3-966	清水望板	10m²	0.13	174.38	22.67
19	3-1361	木靠背	10m	0.49	79.55	38.98
20	3-1004	挂落板制安	10m²	0.19	370.11	70.32
21	3-1356	坐凳面	10m²	0.13	33.65	4.37
22	3-583	雕花雷公柱	m³	0.48	707.37	339.54
23	3-1436	筒瓦屋面	10m²	1.71	358.48	613.05
24	3-1446	滴水沟头	10m	0.94	50.82	47.77
25	3-1518	顶饰	份	1.00	63.25	63.23
26	3-1522	顶饰	份	1.00	134.43	134.43
27	3-1503	戗脊	m	9.9	12.60	124.64
28	3-1506	戗脊附件	m	9.9	3.20	31.58
29	1-398	混凝土垫层	m²	0.52	57.01	29.64
30	1-421	水泥砂浆找平层	10m²	0.52	17.55	9.13
31	1-422	水泥砂浆增厚	10m³	2.6	4.80	12.48
32	参1-440	青石贴侧面	10m²	0.12	1086.03	130.33
33	3-275	青石台阶制作	m²	1.57	139.54	219.08
34	3-386	青石台阶制作	m²	1.57	12.71	19.95

序号	定额编号	分部分项工程名称	单位	数量	预算价值/元	
					单价	合价
35	3-1720	冰缝石板地面	10m²	0.36	355.90	128.14
36	3-289	石鼓制作	m³	0.30	914.91	274.47
37	3-389	石鼓制作	m³	0.30	68.85	20.66
38	3-2096	单皮灰	10m²	4.02	132.29	531.81
39	3-2100	油漆	10m²	4.02	43.54	174.95
40	3-12	脚手架	10m²	0.52	30.40	15.80
41		小计A				4294.85
42		钢材差价	t	0.04	2212.00	88.48
43		水泥差价	t	0.9	221.00	198.9
44		木材差价	m³	2.39	553.00	1321.67
45		人工费差价	工日	265.61	21.01	5583.12
46		小计B				7192.17
47	13-19	工程水电费	m²	5.20	2.12	11.02
48	13-14	中小型机械费	m²	5.20	39.60	205.87
49		小计C				216.89
50		合计D=A+B+C				11703.91
51	14-1	临时设施费E=D×2.20%			2.20%	257.49
52	14-2	现场经费F=D×2.85%			2.85%	333.56
53		直接费合计G=D+E+F				12294.96
54		企业管理费H=G×14.12%				1736.05
55		利润I=G×8.00%				983.60
56		税金J=G×4.15%				510.24
57		工程造价K=G+H+I+J				15524.85

负责人：×××　　　　　　审核人：×××　　　　　　计算人：×××

表7-33　工程预算书（八）

单位工程名称：××小区中心广场绿化工程

序号	定额编号	分部分项工程名称	单位	数量	预算价值/元	
					单价	合价
		一、苗木				
1	6700015	油松 高3～3.5m	株	16	452.00	7232.00
2	6700003	白皮松 高3～3.5m	株	13	657.00	8541.00
3	6700038	桧柏 高3～3.5m	株	35	247.00	8645.00
4	6700021	雪松 高3～3.5m	株	12	555.00	6660.00
5	6700070	云杉 高3～3.5m	株	10	431.00	4310.00
6	6500125	银杏 胸径7～8cm	株	46	520.00	23920.00

序号	定额编号	分部分项工程名称	单位	数量	预算价值/元	
					单价	合价
7	6200063	小叶白蜡 胸径7～8cm	株	68	58.70	3991.60
8	6200006	毛白杨 胸径7～8cm	株	28	45.40	1271.20
9	6500093	栾树 胸径6～7cm	株	27	53.03	1431.81
10	6500051	臭椿 胸径7～8cm	株	6	34.94	209.64
11	6500109	法桐 胸径7～8cm	株	28	71.20	1993.60
12	6500017	馒头柳 胸径7～8cm	株	12	36.14	433.68
13	6500075	国槐 胸径7～8cm	株	26	80.00	2080.00
14	6500088	五角枫 胸径6～7cm	株	9	48.02	432.18
15	6500103	合欢 胸径6～7cm	株	14	58.00	812.00
16	6500142	玉兰 胸径7～8cm	株	26	264.00	6864.00
17	65000148	樱花 胸径5～6cm	株	17	88.98	1512.66
18	6500083	紫叶李 胸径4～5cm	株	3	37.06	111.18
19	7200047	柿子 胸径5～6cm	株	2	44.01	88.02
20	6600003	花石榴 胸径4～6cm	株	6	10.47	62.82
21	6600011	棣棠 高1.2～1.5m	株	10	10.85	108.50
22	6600015	碧桃 高1.2～1.5m	株	12	10.32	123.84
23	6600050	连翘 高1.2～1.5m	株	10	6.71	67.10
24	6600055	丁香 高1.2～1.5m	株	13	6.63	86.19
25	6600072	紫薇 高1.5～1.8m	株	6	11.55	69.30
26	6600144	天目琼花 高1.2～1.5m	株	6	7.97	47.82
27	6600177	红叶小檗 高0.8～1m	株	18	11.90	214.20
28	6900024	迎春4年生	株	22	6.09	133.98
29	7100001	牡丹5年生	株	396	36.17	14323.32
30	7100004	芍药5年生	株	396	31.05	12295.80
31		鸢尾4芽	株	704	12.00	8448.00
32		大花萱草4芽	株	704	10.00	7040.00
33		宿根福禄考1年生	株	704	6.00	4224.00
34		北京小菊4年生	株	704	6.00	4224.00
35		金焰绣线菊4年生	株	704	10.00	7040.00
36		金山绣线菊4年生	株	704	10.00	7040.00
37	7000003	冷季型草	m²	22691	8.07	183116.37
38		苗木损耗费				39542.78
39		小计A				368766.00

序号	定额编号	分部分项工程名称	单位	数量	预算价值/元 单价	预算价值/元 合价
40		二、栽植				
41	1-1	人工整理绿化用地	m²	23043	4.23	97471.89
42	2-1	栽植露乔木（径3～5cm）	株	3	17.38	52.14
43	2-3	栽植露乔木（径3～5cm）	株	68	21.67	1472.88
44	2-5	栽植露乔木（径3～5cm）	株	168	51.34	8625.12
45	2-19	栽植土球苗木	株	72	50.71	3651.12
46	2-23	栽植土球苗木	株	86	143.50	12340.14
47	2-31	栽植露根灌木（高1.2～1.5m）	株	74	2.40	177.60
48	2-33	栽植露根灌木（高1.5～1.8m）	株	7	3.07	21.49
49	2-151	栽植攀援植物（4年生）	株	20	0.72	14.4
50	2-159	铺草块	m²	22691	14.71	333784.61
51	2-169	栽植宿根花卉	m²	352	10.88	3829.76
52		小计B				461441.15
53		三、其他直接费				
54	5-5	中小型机械费	m²	22691	0.24	5445.84
55	5-6	二次搬运费	m²	22691	0.27	6126.57
56	5-7	生产工具使用费	m²	22691	0.27	6126.57
57	5-8	竣工清理费	m²	22691	0.21	4992.01
58	5-17	乔木后期管理费	株	397	18.07	7173.79
59	5-18	灌木后期管理	株	80	8.80	704.00
60	5-20	攀援植物后期管理费	株	20	1.41	28.20
61	5-12	草坪后期管理费	m²	226917.3	4.63	1050627.19
62	5-22	花卉后期管理费	m²	352	4.63	1629.76
63		小计C				1082852.34
64		合计D=A+B+C				1913059.49
65	6-1	临时设施费E=D×1.00%			1.00%	19130.59
66	6-2	现场经费F=D×2.74%			2.74%	52417.83
67		直接费合计G=D+E+F				1984607.91
68		企业管理费H=G×11.28%			11.28%	223863.77
69		利润I=G×7.00%			7.00%	138922.55
70		税金J=G×4.00%			4.00%	79781.24
71		工程造价K=G+H+I+J				2427175.47

负责人：×××　　　　　　审核人：×××　　　　　　计算人：×××

植物名录表

序号	图例	名称	规格	数量
1		油松	高3~3.5m	16
2		白皮松	高3~3.5m	13
3		桧柏	高3~3.5m	35
4		雪松	高3~3.5m	12
5		云杉	高3~3.5m	10
6		银杏	胸径7~8cm	46
7		小叶白蜡	胸径7~8cm	68
8		毛白杨	胸径7~8cm	28
9		栾树	胸径6~7cm	27
10		臭椿	胸径7~8cm	6
11		法桐	胸径7~8cm	28
12		馒头柳	胸径7~8cm	12
13		国槐	胸径7~8cm	26
14		五角枫	胸径6~7m	9
15		合欢	胸径6~7cm	16
16		玉兰	胸径7~8cm	26
17		樱花	胸径5~6cm	17
18		紫叶李	胸径4~5cm	3
19		柿子	胸径5~6cm	2
20		花石榴	胸径4~6cm	6
21		碧桃	高1.2~1.5m	10
22		连翘	高1.2~1.5m	12
23		丁香	高1.2~1.5m	10
24		紫薇	高1.2~1.5m	13
25		天目琼花	高1.5~1.8m	6
26		红叶小檗	高1.2~1.5m	6
27		迎春	高0.8~1m	18
28		牡丹	4年生	22
29		芍药	5年生	396
30		鸢尾	5年生	396
31		大花萱草	4芽	704
32			4芽	704

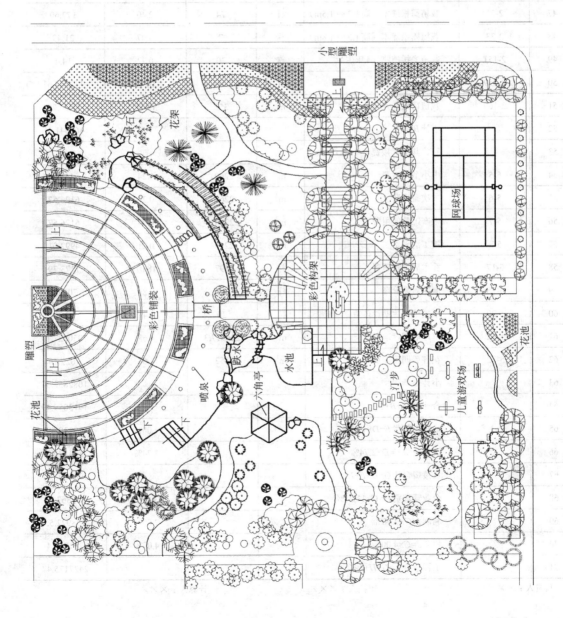

图7-2 总平面图

网球场

小型雕塑

花架

景石

彩色铺装

雕塑

花池

桥

彩色构架

喷泉

跌水

水池

六角亭

汀步

儿童游戏场

花池

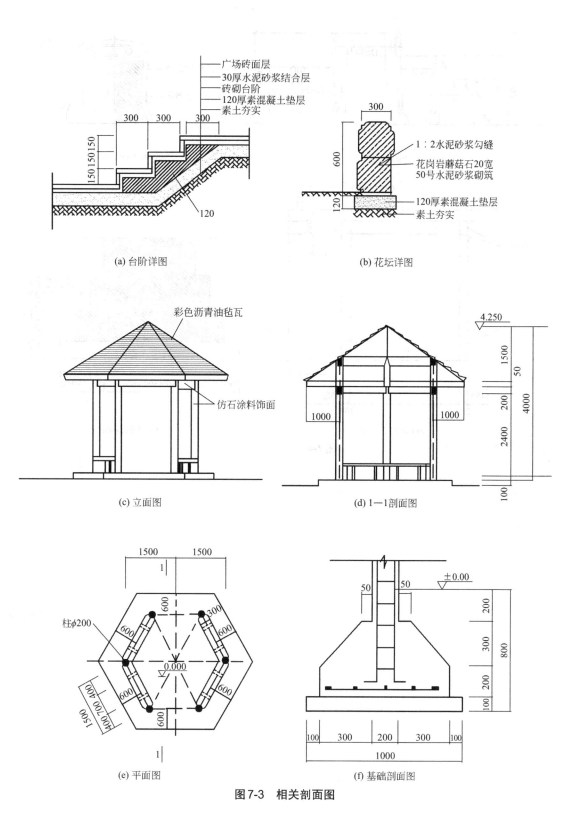

广场砖面层
30厚水泥砂浆结合层
砖砌台阶
120厚素混凝土垫层
素土夯实

300 300 300
150 150 150
120

(a) 台阶详图

300
600
120

1：2水泥砂浆勾缝
花岗岩蘑菇石20宽
50号水泥砂浆砌筑
120厚素混凝土垫层
素土夯实

(b) 花坛详图

彩色沥青油毡瓦
仿石涂料饰面

(c) 立面图

4.250
1500
50
200
4000
2400
100

1000 1000

(d) 1—1剖面图

1500 1500
1
柱φ200
600 300
600 600
0.000
600 600
400 700 400
1500
1

(e) 平面图

50 50
±0.00
200
300
800
200
100

100 300 200 300 100
1000

(f) 基础剖面图

图7-3 相关剖面图

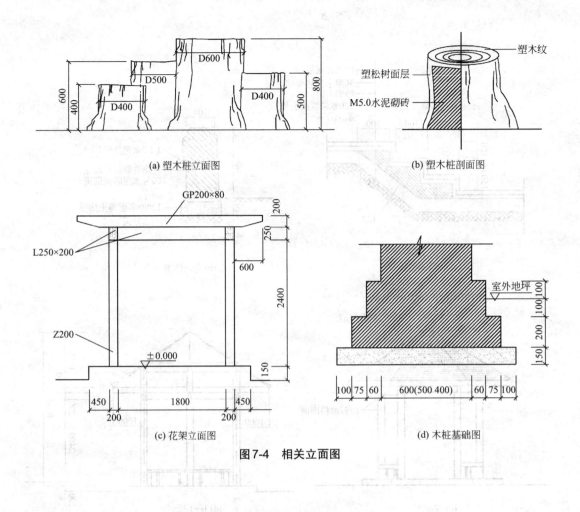

(a) 塑木桩立面图

(b) 塑木桩剖面图

(c) 花架立面图

(d) 木桩基础图

图7-4　相关立面图

第八章

园林绿化工程预算审查与竣工结算

第一节 园林绿化工程施工图预算的审查

园林绿化工程施工图预算包括各种类别的园林绿化工程在整个施工过程中所发生的全部费用的计算，它综合反映了园林绿化工程造价。因此，施工图预算编制完成以后，应由建设单位、设计单位、建设银行、建设监理等其他有关部门进行审查。其目的在于及时纠正预算编制中的错误，保证预算的编制质量，使其接近于客观实际，能真实地反映工程造价，从而达到合理分配基本建设资金和控制基本建设投资规模的目的。因此，对施工图预算进行审查具有非常重要的意义。

一、园林绿化工程施工图预算审查的意义和依据

（一）审查的意义

1.有利于正确确定工程造价、合理分配资金和加强计划管理

基本建设计划的编制、投资额的确定、资金的分配等工作的重要依据就是具体工程的概预算。因此，工程概预算的编制质量直接影响国家对基本建设计划的管理、资金的分配及投资规模的控制。工程概预算编制偏高或偏低，都会造成资金分配不合理。有的项目由于资金过多，产生浪费；有的项目由于资金不足，致使工程建设不能正常进行，因此造成基本建设投资和计划管理上的混乱。由此可见，对工程概预算进行审查，提高其编制质量，是正确确定工程造价、合理分配基本建设资金和加强基本建设计划管理的重要措施。

2.有利于促进施工企业加强经济核算

施工企业依据施工图预算，通过一定的程序从建设单位取得货币收入，施工图预算的高低，直接影响施工企业的经济效益。施工图预算编制偏高，施工企业就能不费力气地降低成本，轻而易举地取得超过实际消耗的货币收入，这样会使施工企业放松或忽视经济核算工作，降低经营管理水平，还会助长施工企业采用不正当手段取得非法收入的不正之风；施工图预算编制偏低，就会使施工企业工程建设中实际消耗的人力、物力和时间得不到应有的补偿，造成企业亏损、资金短缺，甚至无法组织正常的生产活动，挫伤企业的生产积极性。

对施工图预算进行实事求是的审查，该增的即增，该减的即减，使其符合客观实际，准确合理。这样既能保证那些经营管理较好的施工企业能够取得较好的经济效益，保护其生产积极性，同时又能促使那些经营管理较差的施工企业，通过加强经济核算，提高生产效率，降低工程成本等措施来改变企业的经济状况，以求得生存和发展。

3.有利于选择经济合理的设计方案

一个优良的设计方案除具有良好的使用功能外，还必须满足技术先进、经济合理的要求。技术上的先进性，可以依据有关的设计规范和标准等进行评价。经济上的合理性，只有通过审查设计概算或施工图预算来评定。审查后的概预算，可作为衡量同一工程不同设计方案经济合理性的可靠依据，从而可择优选出经济合理的设计方案。

4.审查概预算是完善预算工作的需要

概预算工作有一个完整的体系，包括收集基础资料和有关信息，编制概预算，审查概预算，执行概预算，执行过程中的监督与控制，执行终了的信息反馈与评价等过程。审查概预算是预算工作的一个组成部分。概预算工作系统贯穿于工程建设的整个周期，有编制概预算工作，就应有审查概预算工作。

（二）审查的依据

1.施工图纸和设计资料

完整的园林绿化工程施工图预算图纸说明，以及图纸上注明采用的全部标准图集是审查园林绿化工程预算的重要依据之一。园林建设单位、设计单位和施工单位对施工图会审签字后的会审记录也是审查施工图预算的依据。只有在设计资料完备的情况下才能准确地计算出园林绿化工程中各分部、分项工程的工程量。

2.仿古建筑及园林绿化工程预算定额

《仿古园林工程预算定额》一般都详细地规定了工程量计算方法，如各分项分部工程的工程量的计算单位，哪些工程应该计算，哪些工程定额已经过综合考虑而不应该计算，以及哪些材料允许换算，哪些材料不允许换算等，这些都必须严格按照预算定额的规定办理。这是园林绿化工程施工图预算审查的第二个重要依据。

3.单位估价表

园林绿化工程所在地区颁布的单位估价表是审查园林绿化工程施工图预算的第三个重要依据。工程量升级后，要严格按照单位估价表的规定以分部分项单价，填入预算表，计算出该工程的直接费。如果单位估价表中缺项或当地没有现成的单位估价表，则应由建设单位、设计单位、建设银行和施工单位在当地工程建设主管部门的主持下，根据国家规定的编制原则另行编制当地的单位估价表。

4.补充单位估价表

材料预算价格和成品、半成品的预算价格，是审查园林绿化工程施工图预算的第四个重要依据，在当地没有单位工程估价表或单位估价表所含的项目不能满足工程项目的需要时，须另行编制补充单位估价表，补充的单位估价表必须有当地的材料、成品、半成品的预算价格。

5.园林绿化工程施工组织设计或施工方案

施工单位根据园林绿化工程施工图所做的施工组织设计或施工方案是审查施工图预算的第五个重要依据。施工组织设计或施工方案必须合理，而且必须经过上级或业务主管部门的批准。

6.施工管理费定额和其他取费标准

直接费计算完后，要根据建设工程建设主管部门颁布的施工管理费定额和其他取费标准，计算出预算总值。

7.建筑材料手册和预算手册

在计算工程量过程中，为了简化计算方法，节约计算时间，可以使用符合当地规定的建筑材料手册和预算手册，审查施工图预算。

8.施工合同或协议书及现行的有关文件

施工图预算要根据甲乙双方签订的施工合同或施工协议进行审查。例如，材料由谁负责采购，材料差价由谁负责等。

二、审查的方法

为了提高预算编制质量，使预算能够完整地、准确地反映建筑产品的实际造价，必须认真地审核预算文件。

单位工程施工图预算由直接费用、间接费用、计划利润和税金组成。直接费用是构成工程造价的主要因素，又是计取其他费用的基础，是预算审核的重点。其次是间接费用和计划利润等，常用审核的方法有以下三种。

1. 全面审查法

全面审查法也可称为重算法，它同编预算一样，将图纸内容按照预算书的顺序重新计算一遍，审查每一个预算项目的尺寸计算和定额标准等是否有错误。这种方法全面细致，所审核过的工程预算准确性较高，但工作量大，速度慢。

2. 重点审查法

重点审查法是将预算中的重点项目进行审核的一种方法。这种方法可以在预算中对工程量小、价格低的项目从略审核，而将主要精力用于审核工程量大、造价高的项目。此方法若能掌握得好，能较准确快速地进行审核工作，但不能到达全面审查的深度和细度。

3. 分解对比审查法

分解对比审查法是将工程预算中的一些数据通过分析计算，求出一系列的经济技术数据，审查时首先以这些数据为基础，将要审查的预算与同类同期或类似的工程预算中的一些经济技术数据相比较以达到分析或寻找问题的一种方法。

在实际工作中，可采用分解对比审查法，初步发现问题，然后采用重点审查法对其进行认真仔细的核查，能较准确地快速进行审核工作，达到较好的结果。

三、审核工程预算的步骤

（一）收集编制施工图预算的依据

编制概预算的重要依据有：

① 概预算定额和单位估价表；

② 施工图纸、设计变更通知和现场签证；

③ 工程设计所采用的通用图集和标准图案；

④ 材料预算价格，当地工程造价管理部门颁发的价格信息资料和补充定额；

⑤ 当地工程造价管理部门颁发的其他有关文件等。

（二）了解施工现场情况

在文件资料收集齐全并熟悉其内容之后，审查人员还必须到施工现场深入细致地调查研究，了解和掌握工地环境、施工条件、施工队伍的状况及施工组织设计与实施情况，核查设计和预算文件的各部分内容是否符合施工现场的实际情况。以上所述是审查概预算不可缺少的第一手资料。

（三）对概预算实施全面审查

在占有足够资料并充分掌握了有关情况的基础上，对概预算实施全面的审查。在审查过程中，必须坚持实事求是的原则。对巧立名目、重复计算的项目，要如实核减；对少算、漏算的项目，要按实增加；对高套或低套预算单价，对不按取费标准计取工程间接费或其他费用的现象，均应合理地予以纠正。总之，审查的目的就是使概预算真实地反映工程造价，既要符合国家的方针政策，又要维护施工企业的经济利益。

四、审查施工图预算的内容

审查施工图预算主要是审查工程量的计算、定额的套用和换算、补充定额、其他费用及执行定额中的有关问题等。

（一）工程量计算的审查

对工程量计算的审查，是在熟悉定额说明、工程内容、附注和工程量计算规则以及设计资料的基础上，再审查预算的分部、分项工程，看有无重复计算、错误和漏算。这里，仅对工程量计算中应该注意的地方说明如下。

（1）过程的计算定额中的材料成品、半成品除注明者外，均已包括了从工地仓库、现场堆放点或现场加工点的水平和垂直运输，以及运输和操作损耗，除注明者外，不经调查不得再计算相关费用。

（2）脚手架等周转性材料搭拆费用已包括在定额子目内，计算时，不再计算脚手架费用。

（3）审查地面工程应注意的事项。

① 细石混凝土找平层定额中只规定一种厚度，并没有设增减厚度的子项，如设计厚度与定额厚度不相同时应按其厚度进行换算。

② 楼梯抹灰已包括了踢脚线，因此不能再将踢脚线单独另计。楼梯不包括防滑条，其费用另计。但在水磨石楼梯面层已包括了防滑条工料，不能另计。

③ 装饰工程要注意审查内墙抹灰，其工程量按内墙面净高和净宽计算。计算外墙内抹灰和走廊墙面的抹灰时，应扣除与内墙结合处所占的面积，门窗护角和窗台已包括在定额内，不得另行计算。

④ 金属构件制作的工程量多数以吨为单位。型钢的重量以图示先求出长度，再乘以每米重量，钢板的重量要先求出面积后再乘以每平方米的重量。应该注意的是钢板的面积的求法。多边形的钢板构件或连接板要按矩形计算，即以钢件的最长边与其垂直的最大宽度之积求出；如果是不规则多角形可用最长的对角线乘以最大的宽度计算，不扣孔眼、切肢、切角的重量，焊条和螺栓的重量也应不另计算。另外，金属构件制作中，已包括了一遍防锈漆，因此，在计算油漆时，应予以扣除。

（二）定额套用的审查

审查定额套用，必须熟练定额的说明，各分部、分项工程的工作内容及适用范围，并根据工程特点，设计图纸上构件的性质，对照预算上所列的分部、分项工程与定额所列的分部、分项工程是否一致。套用定额的审查要注意以下几个方面：

① 板间壁（间壁墙）、板天棚面层、抹灰檐口、窗帘盒、贴脸板、木楼地板等的定额都包括了防腐油，但不包括油漆，应单独计算；

② 窗帘盒的定额中已包括了木棍或金属棍，不能单独算窗帘棍；

③ 厕所木间壁中的门扇应与木间壁合并计算，不能套全板门定额；

④ 外墙抹灰中分墙面抹灰和外墙面、外墙群嵌缝起线时另加的工料两个子目，要正确套用定额；

⑤ 内墙抹灰和天棚抹灰有普通抹灰、中级抹灰、高级抹灰三级。三级抹灰要按定额的规定进行划分，不能把普通抹灰套用中级抹灰，把中级抹灰套用高级抹灰。

（三）定额换算的审查

定额中规定，某些分部分项工程，因为材料的不同，做法或断面厚度不同，可以进行换算，审查定额的换算要按规定进行，换算中采用的材料价格应按定额套用的预算价格计算，需换算的要全部换算。

（四）补充定额的审查

补充定额的审查，要从编制区别出发，实事求是地进行。

审查补充定额是建设银行的一项非常重要的工作，补充定额往往出入较大，应该引起重视。

当现行预算定额缺项时，应尽量采用原有定额中的定额子项，或参考现行定额中相近的其他定额子项，结合实际情况加以修改使用。

如果没有定额可参考时，可根据工程实测数据编补定额，但要注意测标数字的真实性和可靠性。要注意补充定额单位估价表是否按当地的材料预算价格确定的材料单价计算，如果材料预算价格中未计入，可据实进行计算。

凡是补充定额单价或换算单价编制预算时，都应附上补充定额和换算单价的分析资料。一次性补充定额，应经当地主管部门同意后，方可作为该工程的预（结）算依据。

（五）材料的二次搬运费定额上已有同样规定的，应按定额规定执行

（六）执行定额的审查

执行定额分为"闭口"部分和"活口"部分，在执行中应分情况不同对待，对定额规定的"闭口"部分，不得因工程情况特殊、做法不同或其他原因而任意修改、换算、补充。对定额规定的"活口"部分。必须严格按照定额上的规定进行换算，不能有剩就换算，不剩就不换算。除此而外，在审查时还要注意以下几点：

① 定额规定材料构件所需要的木材以一、二类木种为准，如使用三、四类木种时，应按系数调整人工费和机械费，但要注意木材单价也应作相应调整；

② 装饰工程预算中有的人工工资都可作全部调整，定额所列镶贴块料面层的大理石或花岗石，是以天然石为准的，如采用人工大理石，其大理石单价可按预算价格换算，其他工料不变（只换算大理石的单价）。

（七）材料差价的审查

第二节　园林绿化工程竣工结算

工程竣工结算是指工程竣工后，施工单位根据施工过程中实际发生的变更情况，对原施工图预算或工程合同造价进行调整修正，重新确定工程造价的技术经济文件。

施工图预算或工程合同是在开工前编制和签订的，但是施工过程中工程条件的变化、设计意图的改变、材料的更换、项目的增减、经有关方面协商同意而发生设计变更等，都会使原施工图预算或工程合同确定的工程造价发生变化。因此，为了如实地反映竣工工程造价，单位工程竣工后必须及时办理竣工结算。

一、竣工结算的作用

① 是施工单位与建设单位办理工程价款结算的依据。

② 是建设单位编制竣工决算的基础资料。

③ 是施工单位统计最终完成工作量和竣工面积的依据。

④ 是施工单位计算全员产值、核算工程成本、考核企业盈亏的依据。

⑤ 是进行经济活动分析的依据。

二、竣工结算的计价形式

园林绿化工程竣工结算计价形式与建筑安装工程承包合同计价方式一样，根据计价方式的不同，一般情况下可以分为三种类型，即总价合同、单价合同和成本加酬金合同。

（一）总价合同

所谓总价合同是指支付给承包方的款项在合同中是一个"规定金额"，即总价。它是以图纸和工程说明书为依据，由承包方与发包方经过商定做出的。总价合同按其是否可调整可分为以下两种不同形式。

1. 不可调整总价合同

这种合同的价格计算是以图纸及规定、法规为基础，承、发包双方就承包项目协商一个固定的总价，由承包方一笔包死，不能变化。合同总价只有在设计和工程范围有所变更的情况下才能随之作相应的变更，除此以外，合同总价是不能变动的。

2. 可调整总价合同

这种合同一般也是以图纸及规定、规范为计算基础，但它是以"时价"进行计算的。这是一种相应固定的价格。在合同执行过程中，由于市场变化而使所用的工料成本增加，可对合同总价进行相应的调整。

（二）单价合同

在施工图纸不完整或当准备发包的工程项目内容、技术、经济指标暂时尚不能准确、具体地给予规定时，往往要采用单价合同形式。

1. 估算工程量单价合同

这种合同形式承包商在报价时，按照招标文件中提供的估算工程量报工程单价。结算时按实际完成工程量结算。

2. 纯单价合同

采用这种合同形式时，发包方只向承包方发布承包工程的有关分部、分项工程以及工程范围，不需对工程量作任何规定。承包方在投标时，只需对这种给定范围的分部分项工程作出报价，而工程量则按实际完成的数量结算。

（三）成本加酬金合同

这种合同形式主要适用于工程内容及其技术经济指标尚未全面确定、投标报价的依据尚不充分的情况下，发包方因工期要求紧迫，必须发包的工程；或者发包方与承包方之间具有高度的信任；承包方在某些方面具有独特的技术、特长和经验的工程。

三、竣工结算的竣工资料

① 施工图预算或中标价及以往各次的工程增减费用。
② 施工全图或协议书。
③ 设计变更、图纸修改、会审记录。
④ 现场地材料部门的各种经济签证。
⑤ 各地区对概预算定额材料价格、费用标准的说明、修改、调整等文件。
⑥ 其他有关工程经济的资料。

四、编制内容及方法

单位工程的增减费用或竣工结算的费用计算方法，是指在施工图预算或中标标价或前一次增减费用的基础上增加或者减少本次费用的变更部分，应计取各项费用的内容及使用各种表格均和施工图预算内容相同，它包括直接费、施工费、现场经费、独立费和法定利润等。

（一）直接费增减表计算

这个部分主要是计算直接费增加或减少的费用，其内容包括：

（1）计算变更增减部分

① 变更增加：指图纸设计变更需要增加的项目和数量。工程量及价值前惯以"+"号。
② 变更减少：指图纸设计变更需要减少的项目和数量。工程量及价值前惯以"−"号。
③ 增减小计：上述①、②之和，符号"+"表示增加费用，符号"−"为减少费用。

（2）现场签证增减部分

（3）增减合计　指上述（1）、（2）项增减之和，结果是增是减以"+"或"−"符号为准。

（二）直接费调整总表计算

这一部分主要计算经增减调整后的直接费合计数量。计算过程为：

① 原工程直接费（或上次调整直接费），第一次调整填原预算或中标标价直接费；第二次以后的调整填上次调整费用的直接费。

② 本次增减额：填上述（一）（1）～（3）的结果数。

③ 本次直接费合计：上述①、②项费用之和。

（三）费用总表计算

无论是工程费用或是竣工结算的编制其各项费用及造价计算方法与编制施工图预算的方法相同。详见预算费用总表的编制方法。

（四）增减费用的调整及竣工结算

增减费用的调整及竣工结算属于调整工程造价的两个不同阶段，前者是中间过渡阶段，后者是最后阶段。无论是哪一个阶段，都有若干项目的费用要进行增减计算，其中有与直接费用有直接关系的项目，也有与直接费间接发生关系的项目。其中有些项目必须立即处理，有些项目可以暂缓处理，这些应根据费用的性质、数额的大小、资料是否正确等情况分不同阶段来处理。现在介绍部分不同情况对下列问题采取不同的处理方法。

① 材料调价：明确分阶段调整的，或还有其他明文调整办法规定的差价，其调整项目应及时调整，并列入调整费用中。规定不明确的要暂后调整。

② 重大的现场经济签证应及时编制调整费用文件，一般零星签证可以在竣工结算时一次处理完。

③ 原预算或标书中的甩项，如果图纸已经确定，应立即补充，尚未明确的继续甩项。

④ 属于图纸变更，应定期及时编制费用调整文件。

⑤ 对预算或标书中暂估的工程量及单价，可以到竣工结算时再作调整。

⑥ 实行预算结算的工程，在预算实施过程中如果发现预算有重大的差别，除个别重大问题应急需调整的应立即处理以外，其余一般可以到竣工结算时一并调整。其中包括工程量计算错误，单价差、套错定额子目等；对招标中标的工程，一般不能调整。

⑦ 定额多次补充的费用调整文件所规定的费用调整项目，可以等到竣工结算时一次处理，但重大特殊的问题应及时处理。

第三节　园林绿化工程竣工决算

对一个单项工程（或称工程项目），当全部单位工程完工后，施工方根据全套施工图纸和施工图预算，结合工程完工后的实际情况，调整、编制单项工程（或分部工程）的最终预算，并经工程验收合格与预算审核签证后，双方办理工程价款的最后结算，就叫作工程竣工决算。

园林工程产品的生产过程是一个复杂的系统工程。施工周期长、工艺要求复杂、设备材料繁多，各种施工因素交叉作用、互相影响，这就不可避免地要导致设计和预算的变化。加地基处理、设计变更、材料代换、现场签证等，这都必然造成整个工程量的增加或减少、材料价格的上升或下降，致使施工前的工程预算造价已不符合竣工后的实际工程价格。因此，在最后一次结算时，必须对原施工图预算进行仔细的复核、调整，以便准确地反映整个工程的真实价值。

竣工决算又称为竣工成本决算，分为施工企业内部单位工程竣工成本核算和基本建设项目竣工决算两项。施工企业内部单位工程竣工成本核算是对施工企业内部进行成本分析，以工程竣工后的工程结算为依据，核算一个单位工程的预算成本、实际成本和成本降低额；而基本建设项目竣工决算是建设单位根据国家建委《关于基本建设项目验收暂行规定》的要求，所有新建、改建和扩建工程建设项目竣工以后都应编报竣工结算。它是反映整个建设项目从筹建到竣工验收投产的全部实际支出费用文件。

一、竣工决算的作用

竣工决算的主要作用如下：

① 确定新增固定资产和流动资产价值，办理交付使用、考核和分析投资效果的依据。

② 及时办理竣工决算，不仅能够准确反映基本建设项目实际造价和投资效果，而且对投入生产或使用后的经营管理，也有重要作用。

③ 办理竣工决算后，建设单位和施工企业可以正确地计算生产成本和企业利润，便于经济核算。

④ 通过编制竣工决算与概、预算的对比分析，可以考核建设成本，总结经验教训，积累技术经济资料，促进提高投资效果。

二、竣工决算的主要内容

工程竣工决算是在建设项目或单位工程完工后，由建设单位财务及有关部门，以竣工决算等资料为基础进行编制的。竣工决算全面反映了竣工项目从筹建到竣工全过程中各项资金的使用情况和设计概预算执行的结果。它是考核建设成本的重要依据，竣工决算主要包括文字说明及决算报表两部分。

（一）文字说明

主要包括：工程概况、设计概算和基本建设投资计划的执行情况，各项技术经济指标完成情况，各项拨款的使用情况，建设工期、建设成本和投资效果分析，以及建设过程中的主要经验、问题和各项建议等内容。

（二）决算报表

按工程规模一般将其分为大中型和小型项目两种。大中型项目竣工决算包括：竣工工程概算表、竣工财务决算表、交付使用财产总表、交付使用财产明细表，反映小型建设项目的全部工程和财务情况。表格的详细内容及具体做法按地方基建主管部门规定填表。

竣工工程概况表：综合反映占地面积、新增生产能力、建设时间、初步设计和概算批准机关和发布文号，完成主要工程量、主要材料消耗及主要经济指标、建设成本、收尾工程等情况。

大中型建设项目竣工财务决算表：反映竣工建设项目的全部资金来源和运用情况，以作为考核和分析基本建设拨款及投资效果的依据。

三、竣工结算与竣工决算的区别和联系

（1）主要区别

① 编制的单位不同　竣工结算由施工单位编制，竣工决算由建设单位编制。

② 编制的范围不同　竣工结算以单位工程为对象编制，竣工决算以单项工程或建设项目为对象编制。

（2）两者的联系　竣工结算是编制竣工决算的基础资料。

第九章

园林绿化工程预算经济管理

第一节　园林绿化工程经济资料的管理

在园林施工企业经济管理工作中园林工程经济资料的管理是一个重要步骤。一个建设工程从始至终，经常出现施工图纸的变化，发生现场各种签证以及其他经济方面的问题。这些经济方面的资料为调整预算造价、办理工程结算提供了重要的依据。为了使竣工结算能收回价款，防止少算、漏算，必须做到经济资料齐全、内容准确、经办及时。这就需要技术、生产、资料等部门及施工现场，加强经济资料的管理，完善经济管理的制度，这对于搞好施工企业的经济管理有着十分深远的意义。做好园林工程经济资料的管理，也是建设单位进行最终决算确定新增资产和交付后管理的重要根据。

一、园林绿化工程经济资料管理的内容

（一）预算费用资料的管理

1. 园林绿化工程合同及概预算资料

① 凡是中标的园林绿化工程，应保管好中标标书、有关招投标文件、费用调整规定以及在中标图纸中未包括的费用项目资料等；要细致研究投标图纸与施工图纸的差别，找出变更的内容，增加的项目以及按合同和费用调整文件应增加的费用项目等，待竣工时用作费用调整的依据。

② 凡实行预决算的工程，或者加系数包干工程，应由工程预算部门主动找建设单位，针对不同结构类型及承包方式所应增加的各种费用、工程包干费用等商洽作出决定，并在预算中或合同中作出明确规定。

2. 园林绿化工程价格变动资料

3. 取费标准变化及调价资料

有关取费项目、取费标准以及多个时期调价系数的数据和定额费用的变动情况，合同预算部门应及时正确掌握，并及时向基层施工单位及负责概预算的编制人员，负责工程经济索赔人员说明，以保证做到在竣工结算时该调整的费用一律不得漏算。

4. 各类经济资料的管理

合同预算部门作为园林绿化工程施工企业全面经营管理的业务部门，除了应该做好自身对外多项经营工作外，还应督促各施工基层单位做好施工索赔及基层单位的各项经营管理工作，做好资料的管理和搜集工作并应保管好各种经营管理资料，索赔资料，以全面做好经营管理工作。

（二）园林绿化施工图纸变更资料管理

（1）对原施工图结构、构造的修改　包括结构形式、断面尺寸、材料标量的修改，层高及跨度的改变等。

（2）建筑装修的修改　包括有木装修、楼地面、内外装饰等做法上的修改及标准的提高。

（3）安装工程的修改　包括给排水、电气、暖气和弱电工程等部分的修改，设置范围和标准的变更等。

（4）增加项目　包括增加设计图纸上没有的工程项目和图纸上原有项目中增加面积、层次、设施、变更做法等变更资料。

以上资料应由技术部门经办后，作为调整造价之用，应及时交预算部门存档。技术部门应对施工现场进行技术监督，凡是设有变更洽商资料的，一律不得随意更改图纸内容。

（三）地基处理及加深的洽商

在基础施工中若发现地基土质不好，地下墓穴道及障碍物，需进行清除，地基加固，基础加深等技术处理的，必须及时办理技术洽商或现场经济签证。

（四）材料代用商洽

在施工过程中，如果发生需用其他的品种、规格、型号的材料代替原设计材料时，必须办理工程洽商，洽商手续可以由技术部门向设计单位办理。

（五）现场经济签证管理

现场发生的经济签证内容是多方面的，内容如下：

① 施工区域的障碍物清理，旧房屋的拆除等发生的费用。

② 施工区域内设计标高与自然标高不符的土方处理，如果土方量较大，必须单独编制土方工程概预算。

③ 在施工过程中发现图纸中的问题，而又必须立即处理的，必须随时在现场办理经济签证。

④ 没有入标或预算的地下排水工程，如果现场按时签证时，要对降低地下水位所采用的排水措施，应逐日做好记录，办理签证手续后，交预算部门进行经济结算。

⑤ 由于图纸中的错误引起的工程返工，修补所增加的费用资料，由技术部门或施工现场办理签证。其经济损失由施工单位向建设单位办理经济签证。

⑥ 施工中突然发生的或长时间的停水、停电造成施工单位的经济损失，应由工长办理签证。

⑦ 由于建设单位的责任造成的材料倒运，仓库及工地用房搬迁等原因而引起的由施工单位发生的费用，应由工长办理签证。

⑧ 由建设单位供应的材料、门窗、预制构件，由于质量不好而需要修理加工的损失费用应由建设单位承担，应由工长办理经济手续。

（六）停工损失费的办理

建设单位承担由于其自身原因造成合同以内的工程停建或中途停建而产生的经济损失，包括以下项目：

① 已经做了施工准备工程，建设单位要求停止开工的，建设单位应赔偿施工管理上的损失及已经投入的工料费，赔偿成品、半成品构件已经提前加工的损失费。

② 建设单位中途无故停工的，除盘点已完的工程按正常预决算收回应取费用外，建设单位应赔偿施工单位的停建损失费。

③ 凡停建的工程，已经进厂的预制构件，半成品等应由施工单位材料部门按规定移交给建设单位，并办理经济结算手续，对于积压的材料原则上也应移交给建设单位，也可以留下施工单位还可以用在其他工程中的材料，但造成的人工倒运费应由建设单位承担。

④ 建设单位和施工单位单方无故停工，除应由责任方赔偿停建损失费以外，还应赔偿对方违约金。

二、现场经济签证办理的方式

现场经济签证有三种方式，第一种是签证工程量；第二种是签证人工、材料、机械工程量；第三种是按照被签证对象实耗记录或凭据进行签证。

（一）签证工程量

按照预算范围以外发生或增加的工程量向建设单位办理签证手续就是签证工程量。它一般用于以下情况：

① 有图纸可以计算工程量的情况，它一般用于现场临时增加的项目或变更图纸的内容，而且可以随时计算工程量的情况；

② 可以用实测的方法测出工程量，而且可以套用定额计算单价的，但无图纸可以计算，只有用实测方法计算工程量；

③ 增加或变更的项目工程量已经明确的情况，一般用于预制构件、门窗、半成品数量、型号、规格、计量都是已知的情况。

（二）签证人工、材料、机械数量

按人工、材料、机械消耗量进行签证大多是在工作进行之前先办签证，而后再施工。这种往往凭经验进行估算的签证，准确性较差。但是作为甲乙双方的经济手续要求来说，必须先签证后施工，但可按消耗量进行估算。适用于一些无法计算工程量的项目，例如障碍物的清理、零星工程、拆除等。

（三）按实耗记录或凭据进行签证

对被签对象在施工过程中记录下所消耗的人工、材料、机械台班或者依凭据进行签证的即按实耗记录或凭据进行签证。例如某些地下排水就是以所消耗的人工数量及水泵台班的数量的记录为准，特殊构件、材料、半成品的制作、加工、采购的费用一般以发票、凭据为准办理经济签证。

第二节　园林绿化工程概预算的发展趋势

一、我国园林绿化工程造价管理的现状问题

在唐朝，我国工程造价就形成了一定的雏形，但发展缓慢。新中国成立后，虽然有了较大发展，但仍未形成一个科学系统的学科。十一届三中全会后，随着社会主义市场经济逐步完善，工程造价的研究有了较大发展，逐步形成了一个新兴的学科。

1985年成立了中国第一个建设概预算定额委员会，1990年在此基础上成立了中国建设工程造价管理协会，1996年国家人事部和建设部已确定并行文建立注册造价工程师制度，标志着该学科已逐步发展为一个系统、完善的学科体系。

尽管我国的工程造价管理工作已经取得了可喜的成绩，但是，与西方发达国家相比还有很大的差距，具体表现在以下几个方面：

（1）工程造价管理的观念落后　我国工程造价管理绝大多数工作还停留在"三性一静"（定额的统一性、综合性、指令性和工料、机价的静态性）基础上。长期以来，我国把工程造价控制的主要精力放在施工阶段工程价款的控制，而忽视建设项目前期阶段的造价控制，致使很多项目出现概算超估算、预算超概算、结算超预算的"三超"现象和"三算"（估算、预算、决算）分离现象，工程造价只能被动反映设计和施工的发展，而不能形成主动控制。所以，必须树立"全过程、全方位的动态工程造价管理"的新理念。

（2）工程造价管理法律、法规不健全　虽然我国已有了工程造价管理相关的法律、法

规，但是仍然不够健全，而且在实践贯彻中还存在着许多问题。由于种种的原因，"依法办事"这四个字就形同虚设，执法的力度不严。就像是在工程项目的招标过程中，还存在议标、串标等违法行为，因此，加强行业立法，与国际惯例接轨，建立一个法制的建筑行业市场经济的环境已经成了当务之急的事。

（3）工程造价管理人员的素质较低　目前，我国工程造价管理领域的从业人员有80多万，这80多万的从业人员中达到本科学历的不到三分之一，有的甚至还没有专科文凭。从专业上看，正规高等院校工程造价专业毕业的不到百分之一，大部分都来源于工程经济、投资经济、工程管理与概预算相近的专业，这些人员从事工程造价管理进行全过程、全方位、动态的工程造价管理是很难的。导致我国工程管理市场中出现从业人员不断增加但是工作素养较低的局面。目前在建筑市场中出现了大量的工程造价人员培训机构，为工程造价管理岗位输送人才，但是其工作内容还是十分局限的，主要就是通过套定额和单价来完成工程决算的编制和审核工作，对于投资控制、组织协调和事故索赔等方面工作中还是存在很大缺陷的，这将造成工程施工严重超出预算，无形间增加了工程造价的成本。另外，工程造价师执业资格考试刚刚起步，目前取得资格证书的还不足全行业从业人员的1%，能够充当总经济师的更是凤毛麟角。

（4）对园林绿化工程成本的重视程度不够　园林绿化工程施工的成本，是决定园林施工企业经济效益的关键内容，园林工程造价工作，就是为了实现对成本的有效控制，进而达到提高经济效益的目标。然而在实际工作当中，对于工程成本重视度不够的情况，却是屡见不鲜。工程材料的浪费、人力资源的冗余都是我国园林绿化工程当中最为常见的，也最不被重视的成本浪费情况。这种不注重园林成本的施工行为，使得园林绿化工程造价管理成为了"形式性工作"，其存在的根本意义近乎于完全丧失。

（5）工程造价管理各环节脱节　工程造价管理是由工程立项一直到工程竣工的全部过程的管理，其中主要包含立项、设计、工程施工、竣工验收。在我国的工程造价管理中普遍存在各环节间的脱节现象，建设单位的投资估算、设计单位的设计概算、施工单位的施工预算，在这几项工作流程中，各管理层之间严重缺少沟通和了解，坐在一起交流的机会更是非常少，这造成工程造价管理在交流和控制中出现了断层，也导致工程经营管理人员和管理人员是相互独立的，没有对工程的具体情况进行及时有效的沟通和交流。对于工程的投标人员而言，无法将自己的思想及时地反映到施工人员那里，造成其工作主要依靠经验完成，也是脱离实际的一种表现。

（6）工程造价信息的收集、处理和发布工作滞后，不能满足信息时代的要求　许多省市都在定期发布部分材料的价格信息，这些价格的收集主要是靠价格信息员将收集到的材料价格定期上报到上级单位，再由单位统一整理、出版，这种方式在前几年非常有效，但随着信息时代的来临，这种方式已不具备价格的时效性，需求者不能在第一时间内获取所需价格信息，而且信息员采集到的信息也具有一定的误差，在利用这些价格信息确定工程造价时，也必然产生较大误差。

二、我国园林绿化工程造价管理的发展趋势

1.工程造价管理的全球化趋势

随着中国经济逐渐融入国际市场，在我国的跨国公司和跨国项目日益增多，我国的许多园林工程项目也要通过国际招标、咨询或BOT方式完成。同时，我国园林工程企业在海外投资和经营的项目也在增加。因此，随着经济全球化的到来，工程造价管理的国际化正形成趋势和潮流。特别是加入WTO后，国内园林工程市场国际化，必然会冲击我国现行的工程

造价管理体系。与此同时，外国企业必然会利用其在资本、技术、人才服务等方面的优势挤占国内市场，尤其是工程承包市场。面对日益激烈的市场竞争，我国园林工程企业必须以市场为导向转换经营模式，增强应变能力，在竞争中学会生存，在搏击中学会发展。

随着入世后享受的最惠国待遇和国民待遇，我们也将获得更多的机会，能更加容易地进入国际市场。同时，我国的园林工程企业可以同其他成员国国家企业拥有同等的权利，并享有同等的关税减免。在贸易自由化原则指导下减少对外工程承包的审批程序，将会有更多的园林工程施工公司从事国际工程承包，并逐步过渡到自由经营工程造价管理的国际化趋势。其次，国际间的学术交流日益频繁。工程造价国际化已成为必然趋势，各国都在努力寻求国际间的合作，寻求自己发展的空间。

2. 工程造价管理的信息化趋势

伴随着知识经济的到来以及网络走进千家万户，工程造价管理越来越依赖于信息手段，其竞争从某种意义上讲已成为信息战。而且，作为21世纪的主导经济的知识经济已经到来，与之相应的工程造价管理也必然发生新的革命。工程造价管理将由过去的劳动密集型转变为知识密集型。知识经济可以理解为把知识转化为效益的经济；知识经济在利用较少的自然资源和人力资源的同时，更重视利用智力资源。知识产生新的创意，形成新的成果，带来新的财富，这一过程靠传统的方式已无法实现。目前，西方发达国家已经在园林工程造价管理中运用了网络技术，通过网上招投标，开始实现了园林工程造价管理的网络化、虚拟化。另外，园林工程造价软件也开始大量使用。21世纪的园林工程造价管理将更多地依靠电脑技术和网络技术已成为现实，未来的园林工程造价管理必将成为信息化管理。

3. 园林价格将实现计划性向指导性价格的转变

我国的经济体制已经实现了计划经济向社会主义市场经济的转变，在市场经济体制下，园林施工企业必须要改变传统的预算定额管理方式，不能仅仅以计划价格为指导性价格。我国园林施工行业发展尚未成熟，政府对园林行业的宏观调控力度不够，能够有效调节园林行业市场供求关系的市场机制尚未形成，从我国市场经济的发展趋势来看，我国园林施工企业的造价管理工作不再仅仅受国家的宏观调控，市场对行业的造价管理工作也逐步发挥作用。

4. 我国园林绿化工程造价管理工作将进一步完善市场监督机制

从目前的发展来看，我国施工市场存在的问题较多，施工市场缺乏监督机制，市场行为有待规范。园林绿化工程的法律体系尚未建立健全，园林行业发展滞后等。因此，在园林行业的发展过程中，我国政府将进一步建立健全园林行业的法律体系，将进一步利用法律法规来加强对园林行业市场行为的约束与管理，以此来有效制止各类不正当的市场竞争行为，以此来维护建筑市场各方的合法权益，从而规范园林市场的各项活动，为园林行业的持续发展提供一个公平竞争的市场环境。

5. 我国园林绿化工程造价管理工作中造价审核工作将逐步正规化

造价审核工作主要是以计算工程量的方式，来考察预结算是否正确、费用是否准确。审核工作的正规化主要表现为园林施工企业签订合同、签订招投标书、工程变更签证等资料的正规化，园林施工企业严格按照文件规定来计算工程造价，审计部门严格进行计算审核。这些都表现出我国园林绿化工程造价管理工作审核逐步正规化。

三、我国园林绿化工程造价管理的对策

（一）加强法律、法规建设，与国际惯例接轨

随着《建筑法》和《招投标法》的相继实施，中国建筑市场将会越来越规范。作为园林工程建设项目的一部分园林工程造价管理应该积极贯彻这两个法律，促使我国园林工程造价

管理走上法制化轨道。但是普及法律只能从客观上加以规范，不可能对园林工程造价管理的各个方面都作出详细的评定，所以，园林工程造价管理应该从加强自身相关法律、法规的建设，与国际惯例接轨。特别是我国入世后，中国园林工程建筑业必然会走出国门，参与国际竞争，那就必须与国际惯例全面接轨。我们只有慎重对待并掌握国际惯例、法规、标准等，才有可能按国际惯例进入国际市场，同时受到国际法律的保护并打开国际市场。具体从以下几个方面加强：

（1）完善各项法规制度　要进一步建立健全建筑工程造价司法鉴定方面的法律、法规，尽快制定和完善与《建筑法》、《合同法》等法律相配套的法规、制度，规范相关主体的行为，保护建设工程项目双方的合法权益。要进一步加大普法力度，深入开展相关法律法规的宣传教育活动。

（2）严格执法，加强监督　政府有关主管部门要严格依法行政，提高执法水平，加强监督。建设行政主管部门要严格执行建筑企业相关制度，完善企业资质管理办法，有效遏制建筑市场的恶性竞争，防止建筑工程合同纠纷的不断增加。鉴定部门要严格按照法律规定的程序和规则进行鉴定，保证鉴定结果的公平、公正性。

（3）规范建筑市场秩序，加强信用体系建设　要充分运用信息网络和社会各方面的监督力量，共同推进建设领域信用体系建设。要研究制定建筑市场各方主体行为信用标准，科学评价企业和从业人员信用状况，完善业主、建筑业企业、从业人员及相关专业人员的信用档案，建立失信惩戒机制，约束建筑市场各方主体行为。

（4）提高工程造价司法鉴定人员的综合素质　一方面要提高工程造价司法鉴定人员的专业素质，加强其专业技能的培训和交流，保证高效、客观、公正的鉴定结论的形成；另一方面要加强鉴定人员的道德素质，在对工程造价进行司法鉴定时，要保持中立、独立性，不受任何外人的干扰和利益的诱惑，科学、公平地作出鉴定结论。

（二）大力推行"工程量清单"的办法

2000年1月1日，正式开始实施的《招投标法》中规定：中标人的中标报价不低于成本价。市场经济条件下，随着科学技术的发展，新材料、新工艺、新技术的引入，许多园林工程施工企业以低于社会成本报价已成为完全可能。2000年12月19～20日，中国工程造价管理协会在北京召开了工程量清单招投标法座谈会，表明在社会主义市场经济条件下推行"量价分离"是完全必要的。目前我国采用的定额是"量价合一"的参考性文件。企业根据定额所作的报价往往比市场参考价高出许多，不能真实反映市场情况。采用新的招投标报价法可以鼓励企业把自己最新的设备、先进的技术、方法展现给业主，以最合理、最能反映目前市场运营情况的报价进行投标。可以进一步规范园林工程建筑市场，使我国的园林工程等建筑市场真正向国际市场接轨。

"量价合一"的定额与市场经济运行规律是不相符的，然而定额又是完成单位产品消耗量的标准，它是客观的、科学的、公正的，具有法律的属性。定额实际上是工程量计算规则与计量标准。所以，我们不但不能废除定额，而且应该加大定额编写补充的力度，为推行"工程量清单办法"奠定良好的基础。

（三）加强项目库的组建

香港工料测量师协会在工程造价管理的实际中，参考过去的类似项目，根据经验来确定工程的造价。实际表明，他们的做法是非常有效的，但是他们保存的类似历史项目的资料，也就是通常所说的项目库相当丰富、完善，这为准确确定工程造价提供了可靠的保证。近年来，也有许多人把神经网络工程理论用到了工程造价管理中。在工程造价管理中，神经网络模拟人脑搜索类似的历史项目资料，最后凭经验来确定工程造价。神经网络方法实际上与香港的模式是一样的，只不过把这一复杂工作利用计算机来完成而已。入世后，面对全球化、网络化，我们有必要在工程造价中引入这些先进方法，这就要求我们必须在相当长的时期内，都应从两个方面来考虑：一方面是社会平均水平，另一方面是企业个别水平，这样我们也可以避免在评标时，去判断企业报价是否低于成本报价这个敏感而又复杂的问题。

（四）加强工程造价管理人才培养

自1986年南方冶金学院创办第一个工程造价管理本科专业，到目前为止，全国已经有很多高等院校设立了这一学科，但是，从这十多年来看，所培养的毕业生大部分还留在概预算的层次上，很少有符合全过程、全方位、动态工程造价管理概念的要求。

在社会主义市场经济条件下，工程造价管理人员的工作已从被动反映造价结构转向能动影响项目决策。但人才质量与企业需求之间的矛盾还相当严重，因此目前需要迫切解决的问题就是如何培养一批适应现代化建设需要的工程造价管理人才。

所以，必须加强工程造价管理学科的建设，在高校建立硕士点、博士点，培养一批懂技术、懂经济、懂法律、兼管理，同时精通计算机和外语的高素质工程造价管理人才；另一方面，大力推行注册造价工程师职业力度。近几年来，已培养了一批注册造价工程师，但这还不到我国所需工程造价管理人员的1%，离10%的目标相差甚远。我们必须培养更多高素质的造价工程师，同时为培养工程总经济师及高级管理人才打下良好的基础。

（五）工程造价管理信息化、网络化

在计算机网络技术日益普及的今天，传统的管理模式、管理方法面对强大的信息流，明显已经无能为力了。在市场竞争日益激烈的今天，通过大量的可供参考的造价信息来判断报价的准确性，对参与市场竞争具备重要的意义。为了向国际接轨以及满足工程造价管理的需要，我们必须寻求更加现代化的管理手段，充分发挥现代化管理手段。在国外，大部分承包商都建立有自己的市场价格报价系统，其市场运作体系更倾向于加强同目前的和潜在的建设者、材料供应商和分包商交流，加强企业内部沟通，以增强市场信息的搜集力度和信息的可信程度；在我国虽然目前已经有一些概预算软件开发公司，建立了造价信息网站，但其覆盖面并不全面，不能涵盖所有建筑材料价格信息，为此，我们应认真做好工程造价管理信息化、网络化方面的工作，组建全面及时的信息化网络系统。因此，目前应建立完善的造价信息系统，充分利用现代化通信手段，及时全面地收集不同行业系统的价格信息，利用真实、可信的市场信息，计算出实际的工程造价。

（六）加强协会建设

自1990年中国建设工程造价协会成立以来，开展了一系列卓有成效的工作。协会总机构及各分支机构的性质是非盈利性的。但由于造价管理机构人员的工作权利和责任大，因此，应确保其劳动报酬保持在社会平均水平以上，使其有较高的社会地位，能够尽职尽责地干好本职工作，对其工作的监督，既要有相应的法规和行规来约束，也需要有微观管理主体来约束。为迎接竞争日益激烈的国际市场，中国建设工程造价协会必须尽快实行行业改革，加强自身建设；大力培养高素质人才，完善注册造价工程师执业制度；全面推行工程量清单制度；建立行业管理和自律制度，完善相关法律、法规，逐步与国际惯例接轨，以促进我国包括园林绿化工程造价在内的工程造价管理事业更上一层楼。

（七）改革现行定额制度

我国的定额是全国统一的，并且是指令性的，显然它已经不能适应市场经济的需要了。应以市场为导向，对定额体系进行改革，现行概（预）算定额制度改革的如下。

（1）定额制度逐步由指令性转变为指导性　建议先在编制标底阶段推行，待时机成熟时逐步推向其他阶段。

（2）加强工程定额网的建设　尽快实现定额修订工作经常化，经常地充实、修改、完善定额库。使用者在使用定额时，应结合工程的具体情况和自己的技术及经验，灵活地调整、使用，使其适应市场经济发展需要。

（3）建立企业定额制度　各施工、设计、咨询单位建立起与施工组织、设计紧密相关的定额库，即每个估算单位都有自己的定额库，这是改革过程中非常重要的一个环节。国家定额由指令性改变为指导性：除涉及公共安全、环境保护等以外，政府不再对工程概算的编制办法，人工、材料、机械消耗定额作硬性规定。但这并不意味着这方面的工作可以减弱，只不过由政府过渡到企业，由企业总结自己长期从事工程建设所积累的实践经验。根据自身的管理水平和生产力水平，在科学、准确、公正的基础上，建立能够反映工程建设和建筑实际情况的一套企业定额。因此，它比国家定额更贴近现实，并在市场经济优胜劣汰的竞争环境中不断促进企业的发展。

（4）实行"量"、"价"分离　定额中的"量"会随科学技术的发展以及施工工艺水平、机械化水平和生产力水平的扭向而变化，但这种变化有一定的时间周期，在一定时期内则相对稳定。而"价"则是个随机变量，市场经济的"价"是指当时当地的价。两种不同的量放在同一固定的定额内显然不合理。因此定额只需制订出人工、材料、机械台班的消耗数量，并且与不同的施工方法相互结合，不确定基价改由地区造价管理部门不定期地颁发动态定额基价，这样所取定的人工、材料、机械台班费的预算价格就可以保持与市场价格同步，定额由静态变为随市场变化而变化的动态定额。定额体系改革，应本着价格形成机制原则，从"量"、"价"分离和工程差别利润入手，逐渐加大市场调节，以保持定额的法定性，改变人工、材料、机械计划价格为指导价格。

（5）宏观层仅负责编制投资估算指标和概算定额，估价表则由施工企业或工程造价咨询单位编制　定额有纵向和横向两个层次。从纵向层次分析，只需制订投资估算指标和概算定额即可，因为国家只对规划阶段和初步设计阶段的工程投资进行宏观调控。但由于各施工时间、地点不同，人、材、机的单价也会有差别，因此应由施工企业或工程造价咨询单位编制单位估价表。减少了这一层次，不仅减少了大量的定额编制修订工作，而且工程造价的价格和价值较为吻合，做到市场调节造价。从横向层次分析，尽快地理顺全国统一、专业统一、地区统一定额的相互关系，避免三者之间的定额水平差异过大，有利于各行业之间的竞争。

园林绿化工程量清单项目及计算规则

园林绿化工程工程量计算规范（原文如下）

附录A　绿化工程

表A.1　绿地整理（编码：050101）

表A.2　栽植花木（编码：050102）

项目编码	项目名称	项目特征	计量单位	工程量计算规则	工作内容
050102001	栽植乔木	1.乔木种类 2.乔木胸径 3.养护期	株	按设计图示数量计算	1.起挖 2.运输 3.栽植 4.养护
050102002	栽植竹类	1.竹种类 2.竹胸径或根盘丛径 3.养护期	1.株 2.丛		
050102003	栽植棕榈类	1.棕榈种类 2.株高或地径 3.养护期	株		
050102004	栽植灌木	1.灌木种类 2.灌丛高或蓬径 3.起挖方式 4.养护期	1.株 2.m²	1.以株计量，按设计图示数量计算 2.以平方米计量，按设计图示尺寸以绿化水平投影面积计算	
050102005	栽植绿篱	1.绿篱种类 2.篱高 3.行数、蓬径或单位面积株数 4.养护期	1.m 2.m²	1.以米计量，按设计图示长度以延长米计算 2.以平方米计量，按设计图示尺寸以绿化水平投影面积计算	
050102006	栽植攀缘植物	1.植物种类 2.地径 3.养护期	1.株 2.m	1.以株计量，按设计图示数量计算 2.以米计量，按设计图示种植长度以延长米计算	1.起挖 2.运输 3.栽植 4.养护
050102007	栽植色带	1.苗木、花卉种类 2.株高或蓬径 3.单位面积株数 4.养护期	m²	按设计图示尺寸以绿化水平投影面积计算	
050102008	栽植花卉	1.花卉种类 2.株高或蓬径 3.单位面积株数 4.养护期	1.株 （丛、缸） 2.m²	1.以株、丛、缸计量，按设计图示数量计算 2.以平方米计量，按设计图示尺寸以水平投影面积计算	
050102009	栽植水生植物	1.植物种类 2.株高或蓬径或芽数/株 3.单位面积株数 4.养护期	1.丛 2.缸 3.m²		

项目编码	项目名称	项目特征	计量单位	工程量计算规则	工作内容
050102010	垂直墙体绿化种植	1.植物种类 2.生长年数或地（干）径 3.养护期	1.m² 2.m	1.以平方米计量，按设计图示尺寸以绿化水平投影面积计算 2.以米计量，按设计图示种植长度以延长米计算	1.起挖 2.运输 3.栽植 4.养护
050102011	花卉立体布置	1.高度或蓬径 2.单位面积株数 3.种植形式 4.养护期	1.单体 2.处 3.m²	1.以单体（处）计量，按设计图示数量计算 2.以平方米计量，按设计图示尺寸以面积计算	1.起挖 2.运输 3.栽植 4.养护
050102012	铺种草皮	1.草皮种类 2.铺种方式 3.养护期			1.起挖 2.运输 3.栽植 4.养护
050102013	喷播植草	1.基层材料种类规格 2.草籽种类 3.养护期	m²	按设计图示尺寸以绿化投影面积计算	1.基层处理 2.坡地细整 3.阴坡 4.草籽喷播 5.覆盖 6.养护
050102014	植草砖内植草（籽）	1.草（籽）种类 2.养护期			1.起挖 2.运输 3.栽植 4.养护
050102015	栽种木箱	1.木材品种 2.木箱外形尺寸 3.防护材料种类	个	按设计图示数量计算	1.制作 2.运输 3.安放

表A.3 绿地喷灌（编码：050103）

项目编码	项目名称	项目特征	计量单位	工程量计算规则	工作内容
050103001	喷灌管线安装	1.管道品种、规格 2.管件品种、规格 3.管道固定方式 4.防护材料种类 5.油漆品种、刷漆遍数	m	按设计图示尺寸以长度计算	1.管道铺设 2.管道固筑 3.水压试验 4.刷防护材料、油漆
050103002	喷灌配件安装	1.管道附件、阀门、喷头品种、规格 2.管道附件、阀门、喷头固定方式 3.防护材料种类 4.油漆品种、刷漆遍数	个	按设计图示数量计算	1.管道附件、阀门、喷头安装 2.水压试验 3.刷防护材料、油漆

附录B 园路、园桥工程

表B.1 园路、园桥工程（编码：050201）

项目编码	项目名称	项目特征	计量单位	工程量计算规则	工作内容
050201001	园路	1.路床土石类别 2.垫层厚度、宽度、材料种类 3.路面厚度、宽度、材料种类 4.砂浆强度等级	m²	按设计图示尺寸以面积计算，不包括路牙	1.路基、路床整理 2.垫层铺筑 3.路面铺筑 4.路面养护
050201002	踏（蹬）道			按设计图示尺寸以水平投影面积计算，不包括路牙	
050201003	路牙铺设	1.垫层厚度、材料种类 2.路牙材料种类、规格 3.砂浆强度等级	m	按设计图示尺寸以长度计算	1.基层清理 2.垫层铺设 3.路牙铺设
050201004	树池围牙、盖板（箅子）	1.围牙材料种类、规格 2.铺设方式 3.盖板材料种类、规格	1.m 2.套	1.以米计量，按设计图示尺寸以长度计算 2.以套计量，按设计图示数量计算	1.清理基层 2.围牙、盖板运输 3.围牙、盖板铺设
050201005	嵌草砖铺装	1.垫层厚度 2.铺设方式 3.嵌草砖品种、规格、颜色 4.漏空部分填土要求	m²	按设计图示尺寸以面积计算	1.原土夯实 2.垫层铺设 3.铺砖 4.填土
050201006	桥基础	1.基础类型 2.垫层及基础材料种类、规格 3.砂浆强度等级	m³	按设计图示尺寸以体积计算	1.垫层铺筑 2.基础砌筑 3.砌石
050201007	石桥墩、石桥台	1.石料种类、规格 2.勾缝要求 3.砂浆强度等级、配合比			1.石料加工 2.起重架搭、拆 3.墩、台、石、脸砌筑 4.勾缝
050201008	拱石制作、安装				
050201009	石脸制作、安装	1.石料种类、规格 2.脸雕刻要求 3.勾缝要求 4.砂浆强度等级、配合比	m²	按设计图示尺寸以面积计算	
050201010	金刚墙砌筑		m³	按设计图示尺寸以体积计算	1.石料加工 2.起重架搭、拆 3.砌石 4.填土夯实
050201011	石桥面铺筑	1.石料种类、规格 2.找平层厚度、材料种类 3.勾缝要求 4.混凝土强度等级 5.砂浆强度等级	m²	按设计图示尺寸以面积计算	1.石材加工 2.抹找平层 3.起重架搭、拆 4.桥面、桥面踏步铺设 5.勾缝
050201012	石桥面檐板	1.石料种类、规格 2.勾缝要求 3.砂浆强度等级、配合比			1.石材加工 2.檐板铺设 3.铁锔、银锭安装 4.勾缝
050201013	石汀步（步石、飞石）	1.石料种类、规格 2.砂浆强度等级、配合比	m³	按设计图示尺寸以体积计算	1.基层整理 2.石材加工 3.砂浆调运 4.砌石

项目编码	项目名称	项目特征	计量单位	工程量计算规则	工作内容
050201014	木制步桥	1.桥宽度 2.桥长度 3.木材种类 4.各部位截面长度 5.防护材料种类	m²	按设计图示尺寸以桥面板长乘桥面板宽以面积计算	1.木桩加工 2.打木桩基础 3.木梁、木桥板、木桥栏杆、木扶手制作、安装 4.连接铁件、螺栓安装 5.刷防护材料
050201015	栈道	1.栈道宽度 2.支架材料种类 3.面层木材种类 4.防护材料种类			1.凿洞 2.安装支架 3.铺设面板 4.刷防护材料

表B.2 驳岸、护岸（编码：050202）

项目编码	项目名称	项目特征	计量单位	工程量计算规则	工作内容
050202001	石（卵石）砌驳岸	1.石料种类、规格 2.驳岸截面、长度 3.勾缝要求 4.砂浆强度等级、配合比	1.m³ 2.t	1.以立方米计量，按设计图示尺寸以体积计算 2.以吨计量，按质量计算	1.石料加工 2.砌石 3.勾缝
050202002	原木桩驳岸	1.木材种类 2.桩直径 3.桩单根长度 4.防护材料种类	1.m² 2.根	1.以米计量，按设计图示桩长（包括桩尖）计算 2.以根计量，按设计图示数量计算	1.木桩加工 2.打木桩 3.刷防护材料
050202003	满（散）铺砂卵石护岸（自然护岸）	1.护岸平均宽度 2.粗细砂比例 3.卵石粒径 4.大卵石粒径、数量	1.m² 2.t	1.以平方米计量，按设计图示平均护岸宽度乘以护岸长度以面积计算 2.以吨计量，按卵石使用重量计算	1.修边坡 2.铺卵石、点布大卵石
050202004	框格花木护坡	1.护岸平均宽度 2.护坡材质 3.框格种类与规格		按设计图示平均护岸宽度乘以护岸长度以面积计算	1.修边坡 2.安放框格

附录C 园林景观工程

表C.1 堆塑假山（编码：050301）

项目编码	项目名称	项目特征	计量单位	工程量计算规则	工作内容
050301001	堆筑土山丘	1.土丘高度 2.土丘坡度要求 3.土丘底外接矩形面积	m³	按设计图示山丘水平投影外接矩形面积乘以高度的1/3以体积计算	1.取土 2.运土 3.堆砌、夯实 4.修整
050301002	堆砌石假山	1.堆砌高度 2.石料种类、单块重量 3.混凝土强度等级 4.砂浆强度等级、配合比	t	按设计图示尺寸以质量计算	1.选料 2.起重机搭、拆 3.堆砌、修整

项目编码	项目名称	项目特征	计量单位	工程量计算规则	工作内容
050301003	塑假山	1.假山高度 2.骨架材料种类、规格 3.山皮料种类 4.混凝土强度等级 5.砂浆强度等级、配合比 6.防护材料种类	m³	按设计图示尺寸以展开面积计算	1.骨架制作 2.假山胎模制作 3.塑假山 4.山皮料安装 5.刷防护材料
050301004	石笋	1.石笋高度 2.石笋材料种类 3.砂浆强度等级、配合比	支		1.选石料 2.石笋安装
050301005	点风景石	1.石料种类 2.石料规格、质量 3.砂浆配合比	1.块 2.t	1.以块（支、个）计量，按设计图示计算 2.以吨计量，按设计图示石料质量计算	1.选石料 2.起重架桥、拆
050301006	池、盆景置石	1.底盘种类 2.山石高度 3.山石种类 4.混凝土砂浆强度等级 5.砂浆强度等级、配合比	1.座 2.个		1.底盘制作、安装 2.池、盆景山石安装、砌筑
050301007	山（卵）石护角	1.石料种类、规格 2.砂浆配合比	m³	按设计图示尺寸以体积计算	1.石料加工 2.砌石
050301008	山坡（卵）石台阶	1.石料种类、规格 2.台阶坡度 3.砂浆强度等级	m³	按设计图示尺寸以水平投影面积计算	1.选石料 2.台阶砌筑

表C.2 原木、竹结构（编码：050302）

项目编码	项目名称	项目特征	计量单位	工程量计算规则	工作内容
050302001	原木（带树皮）柱、梁、檩、椽	1.原木种类 2.原木梢径（不含树皮厚度） 3.墙龙骨材料种类、规格 4.墙底层材料种类、规格 5.构件联结方式 6.防护材料种类	m	按设计图示尺寸以长度计算（包括榫长）	1.构件制作 2.构件安装 3.刷防护材料
050302002	原木（带树皮）墙		m²	按设计图示尺寸以面积计算（不包括柱、梁）	
050302003	树枝吊挂楣子			按设计图示尺寸以框外围面积计算	
050302004	竹柱、梁、檩、椽	1.竹种类 2.竹梢径 3.连接方式 4.防护材料种类	m	按设计图示尺寸以计算长度	
050302005	竹编墙	1.竹种类 2.墙龙骨材料种类、规格 3.墙底层材料种类、规格 4.防护材料种类	m²	按设计图示尺寸以面积计算（不包括柱、梁）	
050302006	竹吊挂楣子	1.竹种类 2.竹梢径 3.防护材料种类		按设计图示尺寸以框外围面积计算	

表C.3 亭廊屋面（编码：050303）

项目编码	项目名称	项目名称	计量单位	工程量计算规则	工作内容
050303001	草屋面	1.屋面坡度 2.铺草种类 3.竹材种类 4.防护材料种类	m²	按设计图示尺寸以斜面计算	1.整理、选料 2.屋面铺设 3.刷防护材料
050303002	竹屋面			按设计图示尺寸以实铺面积计算（不包括柱、梁）	
050303003	树皮屋面			按设计图示尺寸以实铺框外围面积计算	
050303004	油毡瓦屋面	1.冷底子油品种 2.冷底子油涂刷数遍 3.油毡瓦颜色规格		按设计图示尺寸以斜面计算	1.清理基层 2.材料裁接 3.刷油 4.铺设
050303005	预制混凝土穹顶	1.穹顶弧长、直径 2.肋截面尺寸 3.板厚 4.混凝土强度等级 5.拉杆材质、规格	m³	按设计图示尺寸以体积计算。混凝土脊与穹顶的肋、基梁并入屋面体积	1.制作 2.运输 3.安装 4.接头灌缝、养护
050303006	彩色压型钢板（夹芯板）攒尖亭屋面板	1.屋面坡度 2.穹顶弧长、直径 3.彩色压型钢板（夹芯板）品种、规格、品牌、颜色 4.拉杆材质、规格 5.嵌缝材料种类 6.防护材料种类	m²	按设计图示尺寸以实铺面积计算	1.压型板安装 2.护角、包角、泛水安装 3.嵌缝 4.刷防护材料
050303007	彩色压型钢板（夹芯板）穹顶				

表C.4 花架（编码：050304）

项目编码	项目名称	项目特征	计量单位	工程量计算规则	工作内容
050304001	现浇混凝土花架柱、梁	1.柱截面、高度、根数 2.盖梁截面、高度、根数 3.连系梁截面、高度、根数 4.混凝土强度等级 5.模板计量方式	m³	按设计图示尺寸以体积计算	1.模板制作、运输、安装、拆除、保养 2.混凝土制作、运输、浇筑、振捣、养护
050304002	预制混凝土花架柱、梁	1.柱截面、高度、根数 2.盖梁截面、高度、根数 3.连系梁截面、高度、根数 4.混凝土强度等级 5.砂浆配合比			1.构件安装 2.砂浆制作、运输 3.接头灌缝、养护
050304003	木花架柱、梁	1.木材种类 2.柱、梁截面 3.连接方式 4.防护材料种类		按设计图示截面乘长度（包括榫长）以体积计算	1.构件制作、运输、安装 2.刷防护材料、油漆
050304004	金属花架柱、梁	1.钢材品种、规格 2.柱、梁截面 3.油漆品种、刷漆遍数	t	按设计图示尺寸以质量计算	1.制作 2.运输 3.安装 4.油漆
050304005	竹花架柱、梁	1.竹种类 2.竹胸径 3.油漆品种、刷漆遍数	1.m 2.根	1.以长度计量，按设计图示花架构件尺寸以延长米来计算 2.以根计量，按设计图示花架柱、梁计算	

表C.5　园林桌椅（编码：050305）

项目编码	项目名称	项目特征	计量单位	工程量计算规则	工作内容
050305001	木质飞来椅	1.木材种类 2.座凳面厚度、宽度 3.靠背扶手截面 4.靠背截面 5.座凳楣子形状、尺寸 6.铁件尺寸、厚度 7.油漆品种、刷油遍数	m	按设计图示尺寸以座凳面中心线长度计算	1.坐凳面、靠背扶手、靠背、楣子制作、安装 2.铁件安装 3.刷油漆
050305002	预制钢筋混凝土飞来椅	1.座凳面厚度、宽度 2.靠背扶手截面 3.靠背截面 4.座凳楣子形状、尺寸 5.混凝土强度等级 6.砂浆配合比 7.油漆品种、刷油遍数			1.构件安装 2.砂浆制作、运输、抹面、养护 3.接头灌缝、养护 4.刷油漆
050305003	竹制飞来椅	1.竹材种类 2.座凳面厚度、宽度 3.靠背扶手截面 4.靠背截面 5.座凳楣子形状、尺寸 6.铁件尺寸、厚度 7.防护材料种类			1.坐凳面、靠背扶手、靠背、楣子制作、安装 2.铁件安装 3.刷防护材料
050305004	水磨石飞来椅	1.座凳面厚度、宽度 2.靠背扶手截面 3.靠背截面 4.座凳楣子形状、尺寸 5.砂浆配合比			1.砂浆制作、运输 2.飞来椅制作 3.飞来椅运输 4.飞来椅安装
050305005	现浇混凝土桌凳	1.桌凳形状 2.基础尺寸、埋设深度 3.桌面尺寸、支墩高度 4.凳面尺寸、支墩高度 5.混凝土强度等级、砂浆配合比 6.模板计量方式	个	按设计图示数量计算	1.模板制作、运输、安装、拆除、保养 2.混凝土制作、运输、浇筑、振捣、养护 3.砂浆制作、运输
050305006	预制混凝土桌凳	1.桌凳形状 2.基础形状、埋设深度、尺寸 3.桌面形状、支墩高度、尺寸 4.凳面尺寸、支墩高度 5.混凝土强度等级 6.砂浆配合比			1.桌凳制作、安装 2.砂浆制作、运输 3.接头灌缝、养护
050305007	石桌石凳	1.石材种类 2.基础形状、尺寸、埋设深度 3.桌面形状、支墩高度、尺寸 4.凳面尺寸、支墩高度 5.混凝土强度等级 6.砂浆配合比	个	按设计图示数量计算	1.土方挖运 2.桌凳制作 3.砂浆制作、运输 4.桌凳安排

项目编码	项目名称	项目特征	计量单位	工程量计算规则	工作内容
050305008	水磨石桌凳	1.基础形状、尺寸、埋设深度 2.桌面形状、支墩高度、尺寸 3.凳面尺寸、支墩高度 4.混凝土强度等级 5.砂浆配合比	个	按设计图示数量计算	1.砂浆制作、运输 2.桌凳制作 3.桌凳运输 4.桌凳安装
050305009	塑树根桌凳	1.桌凳直径 2.桌凳高度 3.砖石种类 4.砂浆强度等级、配合比 5.颜料品种、颜色			1.砂浆制作、运输 2.砖石砌筑 3.塑树皮 4.绘制树纹
050305010	塑树节椅				
050305011	塑料、铁艺、金属椅	1.木座板面截面 2.座椅规格、颜色 3.混凝土强度等级 4.防护材料种类			1.座椅制作 2.座板安装 3.刷防护材料

表C.6 喷泉安装（编码：050306）

项目编码	项目名称	项目特征	计量单位	工程量计算规则	工作内容
050306001	喷泉管道	1.管材、管件、阀门、喷头品种 2.管道固定方式 3.防护材料种类	m	按设计图示尺寸以长度计算	1.土（石）方挖运 2.管材、管件、阀门、喷头安装 3.刷防护材料 4.回填
050306002	喷泉电缆	1.保护管品种、规格 2.电缆品种、规格			1.土（石）方挖运 2.电缆保护管安装 3.电缆敷设 4.回填
050306003	水下艺术装饰灯具	1.灯具品种、规格、品牌 2.灯光颜色	套	按设计图示数量计算	1.灯具安装 2.支架制作、运输、安装
050306004	电气控制柜	1.规格、型号 2.安装方式	台		1.电气控制柜（箱）安装 2.系统调试
050306005	喷泉设备	1.设备品种 2.设备规格、型号 3.防护网品种、规格			1.设备安装 2.系统调试 3.防护网安装

表C.7 杂项（编码：050307）

项目编码	项目名称	项目特征	计量单位	工程量计算规则	工作内容
050307001	石灯	1.石料种类 2.石灯最大截面 3.石灯高度 4.砂浆配合比	个	按设计图示数量计算	1.石灯（球）制作 2.石灯（球）安装

项目编码	项目名称	项目特征	计量单位	工程量计算规则	工作内容
050307002	石球	1.石料种类 2.球体直径 3.砂浆配合比	个	按设计图示数量计算	1.胎膜制作、安装 2.铁丝网制作、安装 3.砂浆制作、运输 4.喷水泥浆 5.埋置仿石音箱
050307003	塑仿石音箱	1.音箱石内空尺寸 2.铁丝型号 3.砂浆配合比 4.水泥浆品牌、颜色			
050307004	塑树皮梁、柱	1.塑树种类 2.塑竹种类 3.砂浆配合比 4.喷字规格、颜色 5.油漆品种、颜色	1.m² 2.m	1.以平方米计量,按设计图示尺寸以梁柱外表面积计算 2.以米计量,按设计图示尺寸以构件长度计算	1.灰塑 2.刷涂颜料
050307005	塑竹梁、柱				
050307006	铁艺栏杆	1.栏杆高度 2.铁艺栏杆单位长度重量 3.防护材料种类	m	按设计图示尺寸以长度计算	1.铁艺栏杆安装 2.刷防护材料
050307007	塑料栏杆	1.栏杆高度 2.塑料种类	m	按设计图示尺寸以长度计算	1.下料 2.安装 3.校正
050307008	钢筋混凝土艺术围栏	1.围栏高度 2.混凝土强度等级 3.表面涂敷材料种类	m²	按设计图示尺寸以面积计算	1.安装 2.砂浆制作、运输 3.接头灌缝、养护
050307009	标志牌	1.材料种类、规格 2.镌字规格、种类 3.喷字规格、颜色 4.油漆品种、颜色	个	按设计图示数量计算	1.选料 2.标志牌制作 3.雕凿 4.镌字、喷字 5.运输、安装 6.刷油漆
050307010	景墙	1.土质类别 2.垫层材料种类 3.基础材料种类、规格 4.墙体材料种类、规格 5.墙体厚度 6.混凝土、砂浆强度等级、配合比 7.饰面材料种类	1.m² 2.段	1.以立方米计量,按设计图示尺寸以体积计算 2.以段计量,按设计图示尺寸以数量计算	1.土(石)方挖运 2.垫层 3.墙体砌筑 4.面层铺贴
050307011	景窗	1.景窗材料种类、规格 2.混凝土强度等级 3.砂浆强度等级、配合比 4.涂刷材料品种	m²	按设计图示尺寸以面积计算	1.制作 2.运输 3.砌筑安放 4.表面涂刷
050307012	花饰	1.花饰材料品种、规格 2.浆砂配合比 3.涂刷材料品种			

项目编码	项目名称	项目特征	计量单位	工程量计算规则	工作内容
050307013	博古架	1.博古架材料品种、规格 2.混凝土强度等级 3.砂浆配合比 4.涂刷材料品种	1.m² 2.m 3.个	1.以平方米计量，按设计图示尺寸以面积计算 2.以米计量，按设计图示尺寸以延长米计算 3.以个计量，按设计图示尺寸以数量计算	1.制作 2.运输 3.砌筑安放 4.勾缝 5.表面涂刷
050307014	花盆（坛、箱）	1.花盆（坛）的材质及类型 2.规格尺寸 3.混凝土强度等级 4.砂浆配合比	个	按设计图示尺寸以数量计算	1.制作 2.运输 3.安放
050307015	花池	1.土质类别 2.池壁材料种类、规格 3.混凝土、砂浆强度等级、配合比 4.饰面材料种类 5.模板计量方式	1.m³ 2.m 3.个	1.以立方米计量，按设计图示尺寸以体积计算 2.以米计量，按设计图示尺寸以池壁中心线外延长米计算 3.以个计量，按设计图示数量计算	1.垫层铺设 2.基础砌（浇）筑 3.墙体砌（浇）筑 4.面层铺贴
050307016	垃圾箱	1.垃圾箱材质 2.规格尺寸 3.混凝土强度等级 4.砂浆配合比	个	按设计图示尺寸以数量计算	1.制作 2.运输 3.安放
050307017	砖石砌小摆设	1.砖种类、规格 2.石种类、规格 3.砂浆强度等级、配合比 4.石表面加工要求 5.勾缝要求	1.m³ 2.个	1.以立方米计量，按设计图示尺寸以体积计算 2.以个计量，按设计图示数量计算	1.砂浆制作、运输 2.砌砖、石 3.抹面、养护 4.勾缝 5.石表面加工
050307018	其他景观小摆设	1.名称及材质 2.规格尺寸	个	按设计图示尺寸以数量计算	1.制作 2.运输 3.安装
050307019	柔性水池	1.水池深度 2.防水（漏）材料品种	m²	按设计图示尺寸以水平投影面积计算	1.清理基层 2.材料裁接 3.铺设

C.8 其他相关问题应按下列规定处理：

① 现浇混凝土构件模板以"m³"计量，模板及支架工程不再单列，按混凝土及钢筋混凝土实体项目执行，综合单价中应包含模板及支架。

② 现浇混凝土构件模板以"m²"计量，按模板与现浇混凝土构件的接触面积计算，按措施项目单列清单项目。

③ 编制现浇混凝土构件工程量清单时，应注明模板的计量方式，不得在同一个混凝土工程中的模板项目同时使用两种计量方式。

④ 现浇混凝土构件中的钢筋项目应按房屋建筑与装饰工程计量规范中的相应项目编码列项。

⑤ 预制混凝土构件系按成品编制项目。

⑥《石浮雕、石镌字应按仿古建筑工程计量规范》附录B中相应项目编码列项。

附录D 措施项目

表D.1 脚手架工程（编码：050401）

项目编码	项目名称	项目特征	计量单位	工程量计算规则	工作内容
050401001	砌筑脚手架	1.搭设方式 2.墙体高度	m²	按墙的长度乘墙的高度以面积计算（硬山建筑山墙高算至山尖）。独立砖石柱高度在3.6m以内时，以柱结构周长乘以柱高计算；独立砖石柱高度在3.6m以上时，以柱结构周长加3.6m乘以柱高计算；凡砌筑高度在1.5m及以上砌体，应计算脚手架	1.场内、场外材料搬运 2.搭、拆脚手架、斜道、上料平台 3.铺设安全网 4.拆除脚手架后材料分类堆放、保养
050401002	抹灰脚手架	1.搭设方式 2.墙体高度		按抹灰墙面的长度乘以高度以面积计算（硬山建筑山墙高算至山尖）。独立砖石柱高度在3.6m以内时，以柱结构周长乘以柱高计算，独立砖石高度在3.6m以上时，以柱结构周长加3.6m乘以柱高计算	
050401003	亭脚手架	1.搭设方式 2.檐口高度	1.座 2.m²	1.以座计量，按设计图示数量计算 2.以平方米计量，按建筑面积计算	
050401004	满堂脚手架	1.搭设方式 2.施工面高度		按搭设的地面主墙间尺寸以面积计算	
050401005	堆砌（塑）假山脚手架	1.搭设方式 2.假山高度	m²	按外围水平投影最大矩形面积计算	
050401006	桥身脚手架	1.搭设方式 2.桥身高度		按桥基础地面至桥面平均高度乘以河道两侧宽度以面积计算	
050401007	斜道	斜道高度	座	按搭设数量计算	

表D.2 模板工程（编码：050402）

项目编码	项目名称	项目特征	计量单位	工程量计算规则	工作内容
050402001	现浇混凝土垫层	1.模板材料种类 2.支架材料种类	m²	按混凝土与模板接触面积计算	1.制作 2.安装 3.拆除 4.清理 5.刷润滑剂 6.材料运输
050402002	现浇混凝土路面				
050402003	现浇混凝土路牙、树池围牙				
050402004	现浇混凝土花架柱	1.柱子直径 2.柱子自然层高 3.模板材料种类 4.支架材料种类			
050402005	现浇混凝土花架梁	1.梁断面尺寸 2.梁底高度 3.模板材料种类 4.支架材料种类			
050402006	现浇混凝土花池	1.模板材料种类 2.支架材料种类			
050402007	现浇混凝土飞来椅		1.m² 2.个	以平方米计量，按混凝土与模板接触面积计算	
050402008	现浇混凝土桌凳				
050402009	石桥拱石、石脸胎架	1.胎架面高度 2.面层材料种类 3.支架材料种类	m²	按拱石、石脸弧形底面展开尺寸以面积计算	

表D.3 垂直运输机械（编码：050403）

项目编码	项目名称	项目特征	计量单位	工程量计算规则	工作内容
050403001	现浇混凝土结构建筑物	1.建筑形式 2.结构形式 3.檐口高度	1.m² 2.天	1.以平方米计量，按设计图示建筑面积计算 2.以天计量，按合同总日历天数计算	1.在施工工期内完成全部工程项目所需要的垂直运输机械台班 2.合同工期期间垂直运输机械的修理与保养
050403002	其他结构建筑物				
050403003	纪念及观赏性景观项目			按合同日历天数计算	
050403004	垂直绿化	垂直绿化高度	1.m 2.项	1.以米计量，按垂直绿化长度以延长米计算 2.以项计量，按垂直绿化项目整体以数量计算	

表D.4 树木支撑架、草绳绕树干、搭设遮阴（防寒）棚工程（编码：050404）

项目编码	项目名称	项目特征	计量单位	工程量计算规则	工作内容
050404001	树木支撑架	1.支撑类型、材质 2.支撑材料规格 3.单株支撑材料数量	株	按设计图示数量计算	1.制作 2.运输 3.安装 4.维护
050404002	草绳绕树干	1.胸径（干径） 2.草绳所绕树干高度			1.搬运 2.绕干 3.余料清理 4.养护期后清除
050404003	搭设遮阴（防寒）棚	1.搭设高度 2.搭设材料种类、规格	m²	按遮阴（防寒）棚外围覆盖层的展开尺寸以面积计算	1.制作 2.运输 3.搭设、维护 4.养护期后清除
050404004	反季节栽植影响措施	1.措施名称 2.材料种类、规格	项	按措施项目数量计算	1.制作 2.运输 3.实施、维护 4.清理

表D.5 围堰、排水工程（编码：050405）

项目编码	项目名称	项目特征	计量单位	工程量计算规则	工作内容
050405001	围堰	1.围堰断面尺寸 2.围堰长度 3.围堰材料及灌装袋材料品种、规格	1.m³ 2.m	1.以立方米计量，按围堰断面面积乘以堤顶中心线长度以体积计算 2.以米计量，按围堰堤顶中心线长度以延长米计算	1.取土、装土 2.堆筑围堰 3.拆除、清理围堰 4.材料运输
050405002	排水	1.水泵种类及管径 2.水泵数量 3.排水长度	1.m³ 2.天台班	1.以立方米计量，按需要排水量以体积计算，围堰排水按堰内水面面积乘以平均水深计算。 2.以天计量，按需要排水日历天计算 3.以台班计量，按水泵排水工作台班计算	1.安装 2.使用、维护 3.排除水泵 4.清理

表 D.6　绿化工程保存养护（编码：050406）

项目编码	项目名称	项目特征	计量单位	工程量计算规则	工作内容
050406001	乔木	胸径	株	按数量计算	1. 松耕施肥、整地除草、修剪剥芽 2. 防除病害 3. 树桩绑扎、加土扶正、清除枯枝、环境清理、灌溉排水等
050406002	灌木	丛高			
050406003	绿篱	生长高度	1. m 2. m²	1. 以米计量，按长度计算 2. 以平方米计量，按养护面积计算	
050406004	竹	竹高度	株（丛）	按数量计算	
050406005	植物花卉	1. 植物蓬径 2. 植物高度 3. 生长年数	1. 株 2. m²	1. 以株计量，按数量计算 2. 以平方米计量，按养护面积计算	1. 淋水、开窝、培土、除草 2. 杀虫、施肥 3. 修剪剥芽、扶正、清理
050406006	草坪	1. 草坪功能 2. 植草高度	m²	按养护面积计算	1. 整地镇压、铲草修边、草梢清除、挑除杂草、空秃补植 2. 加土施肥、灌溉排水 3. 防病除害
050406007	水体护理	护理内容	m²	按护理的水域面积计算	1. 清理水面杂物 2. 清除水底沉淀物

参考文献

[1] 中华人民共和国国家标准.GB 50500—2013 建设工程工程量清单计价规范.

[2] 鲁敏主编.园林绿化工程施工技术与养护管理.北京：化学工业出版社，2015.

[3] 鲁敏等编著.园林工程概预算及工程量清单计价.北京：化学工业出版社，2007.

[4] 王玉龙主编.工程项目工程量清单计价实用手册.北京：同济大学出版社，2003.

[5] 徐占发主编.工程量清单计价编制与实例详解（市政、园林绿化工程分册）.北京：中国建筑工业出版社，2004.

[6] 张舟.仿古建筑工程及园林工程定额与预算.北京：中国建筑工业出版社，1999.

[7] 董三孝.园林工程概预算与施工组织管理.北京：中国林业出版社，2003.

[8] 巢时平.园林工程概预算.北京：气象出版社，2004.

[9] 市政与园林绿化工程概预算招标投标实务全书.北京：中国石化出版社，2000.

[10] 朱维益等编著.市政与园林工程预决算手册.北京：中国建筑工业出版社，2003.